口絵 1　拡散モデルで生成された画像の例. Ho, J., Jain, A. and Abbeel, P. (2020).　→ 図 8.2

口絵 2　PGGAN の生成画像例. Karras, T., et al. (2017). → 図 9.5

深層学習

生成AIの基礎

岡留　剛 著

共立出版

まえがき

本書は，大学学部の2年生の後期から3年生むけの深層学習の教科書である．ニューラルネットワークの基本からはじめて，生成AI（画像生成と言語生成）を読者が理解することを目標とする．一般的な用語ではないが，本書では，ChatGPTやLlama 2など，大規模言語モデルを強化学習をつかってファインチューニングしたモデルを言語生成モデルとよぶ．

本書では，まず，第I部で，生成モデルの実現をささえる基盤技術と基盤アーキテクチャを解説する．そこでは，進化・深化した要素技術と，表現学習の代表例である単語埋めこみ，さらに，ネットワーク基盤としてのトランスフォーマーを，その基礎である注意機構とともに解説する．大規模言語モデルを言語生成モデルへと昇華させるのに必要となった強化学習についても，本質的な事柄にしぼって詳述する．

本書の中核となる第II部では，言語の生成と画像の生成をあつかう．言語モデルから説きおこし，言語処理の基盤アーキテクチャとして応用範囲の広い大規模言語モデルを導入し，その発展形である言語生成モデルを紹介する．それにつづき，画像生成として，発展いちじるしい拡散モデルを取りあげる．また，GAN（生成的敵対ネットワーク）も解説する．GANは，学習が不安定であるという問題をはらむが，その考え方は多方面で通用し，とくにワッサースタインGANは，さまざまな場面で活用される最適輸送距離の導入に適切であると思われる．

最後に第III部で，半教師あり学習や不均衡なデータにおける学習・知識蒸留など，さまざまな学習の枠組みについても解説する．ただし，CNN（たたみこみニューラルネットワーク）と，VAE (variational autoencoder) については，拙著，『機械学習（1, 2, 3）』（共立出版）に記載したので割愛した．

本書の執筆に際しては，多くの論文と専門書・解説書・Webページにお世

話になった．とりわけ，

Bishop, C. M.『パターン認識と機械学習（上・下）』（元田浩監訳，丸善出版）
森村哲郎『強化学習』（講談社）
岡野原大輔『ディープラーニングを支える技術（1, 2）』（技術評論社）
岡崎直観ほか『自然言語処理の基礎』（オーム社）
岡谷貴之『深層学習 改訂第 2 版』（講談社）
佐藤竜馬『最適輸送の理論とアルゴリズム』（講談社）
Sutton, R. and Barto, A.『強化学習 第 2 版』（奥村エルネスト純ほか訳，森北出版）

を参考にさせていただいた．また，各手法や技術・考え方など，できるだけ，もととなった論文にあたるようにし，本文中の脚注にそれらの情報を掲載した．

今回も，TeX による清書や，図表の作成では，関西学院大学工学部課程秘書の堀口恵子さんにお世話になった．前著と同様に，共立出版の山内千尋さんには，出版の計画時から世にでるまですべての段階で相談にのっていただいた．あわせてお礼申しあげる．

2024 年 2 月
岡留　剛

記法　Notation

- $\equiv$ は，左辺が右辺で定義されることを表わす．
- イタリック体の小文字（たとえば x）はスカラーを表わす．
- 立体で太字の小文字（たとえば $\mathbf{x}$）は列ベクトルを表わす．ベクトル（や行列）の右肩につけた T は転置を表わし，たとえば，$\mathbf{x}^{\mathrm{T}}$ は行ベクトルとなる．
- この表記のもとで，2 つのベクトル $\mathbf{x}$ と $\mathbf{y}$ の通常の内積は $\mathbf{x}^{\mathrm{T}}\mathbf{y}$ とかける．もちろん，$\mathbf{x}^{\mathrm{T}}\mathbf{y} = \mathbf{y}^{\mathrm{T}}\mathbf{x}$ が成りたつ．
- ベクトル $\mathbf{x}$ に対し，$\|\mathbf{x}\|$ は，そのノルム（大きさ）を表わし，$\|\mathbf{x}\| \equiv \sqrt{\mathbf{x}^{\mathrm{T}}\mathbf{x}}$ で定義される．
- 立体で太字の大文字（たとえば $\mathbf{M}$）は行列を表わす．とくに，$\mathbf{I}$ は単位行列を表わす．また，$\mathbf{M}^{\mathrm{T}}$ は，$\mathbf{M}$ の転置行列を表わす．
- (a, b) は開区間を，$[a, b]$ は閉区間を表わす．x 座標が a，y 座標が b の 2 次元平面上の点の座標表示など，実数 a, b の組も (a, b) で表わす．
- 行ベクトルの成分表示は，カンマのない表現 $(a_1 \ \cdots \ a_D)$ とする．
- N 個の D 次元ベクトルの観測値 $\mathbf{x}_1, \ldots, \mathbf{x}_N$ に対し，$\mathbf{X}$ は，集合 $\{\mathbf{x}_1, \ldots, \mathbf{x}_N\}$ を表わす．ただし，$\mathbf{X}$ は，第 i 行が $\mathbf{x}_i^{\mathrm{T}}$ である行列を表わすこともある．また，N 個のスカラー観測値をならべた 1 次元ベクトルは，x（N 次元ベクトル；フォント注意）とかく．
- 観測値の集合以外の一般的な集合は，イタリック体の大文字（たとえば S）で表わす．とくに，実数全体の集合は $\boldsymbol{R}$，D 次元実ベクトル全体は $\boldsymbol{R}^D$ で表わす．ただし，データの集合は $\mathcal{D}$ で表わす．
- スカラー値をとる関数はイタリック体（たとえば $f(\mathbf{x})$）で表わす．また，ベクトル値をとる関数は太字（たとえば $\boldsymbol{\phi}(\mathbf{x})$）で表わす．ロジスティックシグモイド関数は $\sigma(x)$ と表記し，ソフトマックス関数は $\boldsymbol{\sigma}(\mathbf{x})$ と表わす．

目　次

第1章　はじめに

ニューラルネットワークの基礎事項をまとめることからはじめよう．

1.1　ニューラルネットワークの基礎

ニューラルネットワークは，脳における多数の神経細胞と，神経細胞どうしをむすぶ軸索からなる脳の機構と機能を単純化した数学的モデルであり，学習によってどのような計算もおこなえるようになる．

図1.1は，3層パーセプトロンとよばれるニューラルネットワークの機構を表現しており，ユニットと，ユニットとユニットをむすぶリンクからなっている．

リンクは，リンクごとに異なった重みをもつ．1番左側にならんだユニットのあつまりを**入力層**といい，真ん中にならんだユニットのあつまりを**隠れ層**(**中間層**ともいう)，1番右側にならんでいるユニット群を**出力層**という．1つのニューラルネットワークは，特定の関数$\mathbf{F}$を計算する．すなわち，ベクトル$\mathbf{x}$を入力層が受けとり，$\mathbf{x}$におうじたベクトル$\mathbf{y} = \mathbf{F}(\mathbf{x})$を出力層が出力する．隠れ層は，入力層からリンクを伝わってきた情報をもとに単純な計算をおこない，その結果をリンクをつかって出力層にわたす．

隠れ層を1つ以上もつニューラルネットワークは，**多層パーセプトロン**とよばれる．とりわけ，層が深い（層の数が多い）多層パーセプトロンは**深層ニューラルネットワーク** (deep neural network; DNN) といわれる．**深層学習**とは，深層ニューラルネットワークをつかった機械学習の枠組みのことである．

本節では，この3層パーセプトロンを中心に，ニューラルネットワークが

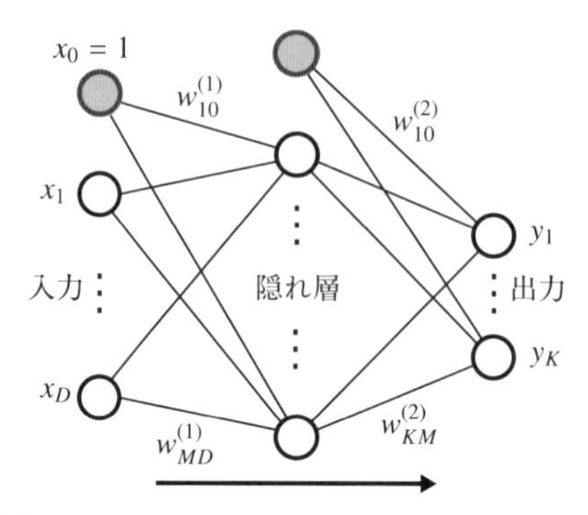

図 1.1　3層パーセプトロンとよばれるニューラルネットワークの構造図．丸で示されたユニットのあつまりである入力層・隠れ層（中間層）・出力層と，それぞれの層のユニットをむすんだリンクとよばれる線で構成されている．リンクには重みとよばれる実数が付随している．灰色のユニットはダミーユニットで，入力はなく，出力は1に固定されている．

おこなう計算と学習の基本的事項を復習する．隠れ層が2つ以上あるニューラルネットワークの計算と学習は，本質的には3層パーセプトロンのそれと同じである．3層パーセプトロンでは，入力層と隠れ層のすべてのユニット間と，隠れ層と出力層のすべてのユニット間にリンクがあり，かつリンクの重みがすべて独立である．このように，となりあう層のすべてのユニット間にリンクがあり，リンクの重みが独立なとき，**全結合**ニューラルネットワークという．

異なる重みや異なる構造（隠れ層の数とユニットの総数）をもつニューラルネットワークは，基本的には異なる関数を計算することを強調しておく．逆にいうと，重みと構造をかえることによって，ニューラルネットワークの枠組みの中でさまざまな関数が表現できる．

1.1.1　前向きの計算：関数としてのニューラルネットワーク

以下，各層でおこなう計算を具体的に示そう．

- **入力層**：入力層には，入力ベクトル $\mathbf{x}$ の次元数 D と同数のユニットがあり，i 番めのユニット i は，$\mathbf{x}$ の第 i 成分 x_i を受けとる．ユニット i は，右にでているリンクをとおして隠れ層のすべてのユニットに，入力された x_i とリンクの重みとをかけたものをわたす．すなわち，隠れ層のユニット j には，入力層のユニット i からのリンクの重み $w_{ji}^{(1)}$ と x_i をかけたものがわたされる．

● **隠れ層**：隠れ層のユニット j は，入力層のおのおののユニットから受けとった $w_{ji}^{(1)}x_i$ の和 $\sum_{i=1}^{D} w_{ji}^{(1)}x_i$ をとり，さらに**バイアスパラメータ**とよばれる $w_{j0}^{(1)}$ をくわえた**活性**

$$u_j = \sum_{i=1}^{D} w_{ji}^{(1)}x_i + w_{j0}^{(1)}, \quad j = 1, \ldots, M$$

を求めて，**活性化関数**とよばれる関数 f_1 の u_j に対する値

$$z_j = f_1(u_j), \quad j = 1, \ldots, M$$

を計算する．ここで，M は，バイアスパラメータに関するユニットをのぞいた隠れ層のユニット数である．さらに，でているリンクから，そのリンクの重み $w_{kj}^{(2)}$ に z_j をかけたものを出力層のすべてのユニットにわたす．

● **出力層**：出力層のユニットは，出力ベクトル $\mathbf{y}$ の次元数 K と同数ある．出力層のユニット k は，隠れ層の各ユニットからきた $z_j w_{kj}^{(2)}$ を受けとり，それらの和 $\sum_{j=1}^{M} w_{kj}^{(2)}z_j$ にバイアスパラメータ $w_{k0}^{(2)}$ をくわえて活性

$$u_k = \sum_{j=1}^{M} w_{kj}^{(2)}z_j + w_{k0}^{(2)}, \quad k = 1, \ldots, K$$

を求め，活性化関数 f_2 の u_k に対する値

$$y_k = f_2(u_k), \quad k = 1, \ldots, K$$

を出力する．

回帰のときには，K 個のユニットは，出力ベクトルのそれぞれの成分を出力する．2 クラス分類のときには，$K = 1$, すなわち，出力層のユニットが 1 つだけの場合には，普通の 2 クラス分類の結果として，1 つのクラスの確率を出力する．$K > 1$，つまり出力層のユニットが 2 つ以上あるときには，K 個の 2 クラス分類の結果（確率）をそれぞれのユニットが出力する．たとえば，

入力された画像中の物体の2クラス分類として，ユニット1は車か車でないか，ユニット2は飛行機か飛行機でないか，といった具合である．多クラス分類（K クラス分類）では，普通，それぞれのユニットは，K 個の物体のうちのいずれかである確率を出力する．たとえば，画像中の物体が，車である確率をユニット1は出力し，飛行機である確率をユニット2は出力し，…, 自転車である確率をユニット K は出力する．

上でのべた3層パーセプトロンの入出力の関数を書きくだすと，

$$y_k(\mathbf{x}) = f_2\left(\sum_{j=1}^{M} w_{kj}^{(2)}\, f_1\left(\sum_{i=1}^{D} w_{ji}^{(1)} x_i + w_{j0}^{(1)}\right) + w_{k0}^{(2)}\right), \quad k = 1, \ldots, K \tag{1.1.1}$$

となる．

比較的層が浅い多層パーセプトロンでは，隠れ層でもちいる活性化関数として，微分可能なロジスティックシグモイド関数

$$\sigma(x) \equiv \frac{1}{1+\exp(-x)}$$

やハイパーボリックタンジェント関数

$$\tanh(x) \equiv \frac{e^x - e^{-x}}{e^x + e^{-x}}$$

がもちいられることが多い．しかし，隠れ層の数が多い深層学習では，重みの学習のとき，勾配が消失して学習が進まなくなることをふせぐため，連続ではあるが原点で微分不可能な ReLU 関数

$$\mathrm{ReLU}(x) \equiv \begin{cases} 0, & x < 0, \\ x, & x \geq 0 \end{cases}$$

が多用される[1)]．

また，出力層でもちいる活性化関数としては，通常，回帰では恒等関数がもちいられる．分類においては，クラスの確率を表現するため，2クラス分類で

[1)] ReLU 関数に関しては第2章の 2.2 節で詳述する．

はロジスティックシグモイド関数，多クラス分類では，K 次元ベクトル変数 $\mathbf{x} = (x_1 \cdots x_K)^{\mathrm{T}}$ に対し，ベクトル値をとるソフトマックス関数

$$\boldsymbol{\sigma}(\mathbf{x}) \equiv \mathrm{softmax}(\mathbf{x}) \equiv \left(\frac{\exp(x_1)}{\sum_{j=1}^{K} \exp(x_j)} \ \frac{\exp(x_2)}{\sum_{j=1}^{K} \exp(x_j)} \ \cdots \ \frac{\exp(x_K)}{\sum_{j=1}^{K} \exp(x_j)} \right)^{\mathrm{T}}$$

がもちいられる．

1.1.2　ニューラルネットワークの学習

ニューラルネットワーク中の重みをすべてあつめたベクトルを $\mathbf{w}$ としよう．3 層ニューラルネットワークでは，$\mathbf{w}$ は式 (1.1.1) 中のすべての $w_{ji}^{(1)}$ と $w_{kj}^{(2)}$ を成分とするベクトルである．ニューラルネットワークでも，線形回帰モデルやロジスティックシグモイド回帰モデルと同様に，あたえられたデータに対し，重み $\mathbf{w}$ を決定することが学習である．ニューラルネットワークの学習は，データに対する誤差を最小にする方略をとる．そこで，ニューラルネットワークの学習でよくもちいられる誤差をのべよう．以下では，ニューラルネットワークが計算する関数を，それが重みに依存することを明示して $\mathbf{y}(\mathbf{x}, \mathbf{w})$ とかく．これはベクトルであり，その第 k 成分がニューラルネットワークの出力層の k 番めのユニットの出力にあたる．また，データは

$$\mathcal{D} = \{(\mathbf{x}_1, \mathbf{t}_1), \ldots, (\mathbf{x}_N, \mathbf{t}_N)\}$$

とする．ただし，ラベルとしてあたえられる $\mathbf{t}_n$ は，入力 $\mathbf{x}_n$ に対する目的変数値であり，回帰のときは K 次元実ベクトル，K 個の 2 クラス分類では，成分を 0 または 1 とする K 次元ベクトル，K クラス分類のときには K 次元の one-hot 表現である．

■ 誤差関数（損失関数）

まず，回帰では，誤差関数[2)]として，最も単純な 2 乗和誤差，すなわち

[2)] 以下，とりわけ次章以降では，誤差関数を，損失関数あるいは簡単に損失とかくことが多い．

$$E(\mathbf{w}) = \frac{1}{2}\sum_{n=1}^{N}\|\mathbf{y}(\mathbf{x}_n, \mathbf{w}) - \mathbf{t}_n\|^2$$

がもちいられる．

単純な2クラス分類では，一般化線形モデルなどによる分類と同様にニューラルネットワークでも，目標変数 t がとる値は0か1のどちらかで，$t = 1$ のときにはクラス $\mathcal{C}_1$ を，$t = 0$ のときはクラス $\mathcal{C}_2$ を表わすとする．先にのべたように，クラス分類の場合には，通常，出力層のユニットの活性化関数としてロジスティックシグモイド関数を採用する．とくに，単純な2クラス分類のためのニューラルネットワークはただ1つの出力ユニットをもち，その出力 $\mathbf{y}(\mathbf{x}, \mathbf{w})$ は，確率 $p(\mathcal{C}_1 \,|\, \mathbf{x})$ を表わしていると解釈し，$p(\mathcal{C}_2 \,|\, \mathbf{x})$ は $1 - \mathbf{y}(\mathbf{x}, \mathbf{w})$ であたえられるとする．したがって，入力 $\mathbf{x}$ に対する目標変数 t の条件つき確率はベルヌイ分布

$$p(t \,|\, \mathbf{x}, \mathbf{w}) = y(\mathbf{x}, \mathbf{w})^t \{1 - y(\mathbf{x}, \mathbf{w})\}^{1-t}$$

で表現される．独立同分布にしたがうデータ $\mathcal{D} = \{(\mathbf{x}_1, t_1), \ldots, (\mathbf{x}_N, t_N)\}$ に対し，尤度関数は

$$\prod_{n=1}^{N} y(\mathbf{x}_n, \mathbf{w})^{t_n} \{1 - y(\mathbf{x}_n, \mathbf{w})\}^{1-t_n}$$

となり，これの負の対数をとれば，交差エントロピー誤差関数

$$E(\mathbf{w}) = -\sum_{n=1}^{N}\{t_n \ln y_n + (1 - t_n)\ln(1 - y_n)\}$$

となる．ここで，$y_n = y(\mathbf{x}_n, \mathbf{w})$ とおいた．

K 個の異なる2クラス分類では，ニューラルネットワークは K 個のユニットからなる出力層をもち，そのおのおののユニットの活性化関数をロジスティックシグモイド関数とする．出力層の k 番めのユニットは，入力 $\mathbf{x}$ に対し，目標変数（クラスラベル）t_k が1をとる確率と解釈できる $y_k(\mathbf{x}, \mathbf{w})$ を出力する．K 個の目標変数 $t_k, k = 1, \ldots, K,$ が独立であると仮定すると，入力 $\mathbf{x}$ に

対し，目標変数 $\mathbf{t} = (t_1 \ \cdots \ t_K)^{\mathrm{T}}$ の条件つき分布は

$$p(\mathbf{t} \,|\, \mathbf{x},\, \mathbf{w}) = \prod_{k=1}^{K} y_k(\mathbf{x},\, \mathbf{w})^{t_k} \left\{1 - y_k(\mathbf{x},\, \mathbf{w})\right\}^{1-t_k}$$

となる．したがって，独立同分布にしたがうと仮定したデータ $\mathcal{D} = \{(\mathbf{x}_1,\, \mathbf{t}_1),\, \ldots,\, (\mathbf{x}_N,\, \mathbf{t}_N)\}$, $\mathbf{t}_n = (t_{n1} \ \cdots \ t_{nk})^{\mathrm{T}}$ に対し，尤度関数は，

$$\prod_{n=1}^{N} \prod_{k=1}^{K} y_k(\mathbf{x}_n,\, \mathbf{w})^{t_{nk}} \{1 - y_k(\mathbf{x}_n,\, \mathbf{w})\}^{1-t_{nk}}$$

となり，これの負の対数をとると交差エントロピー誤差関数

$$E(\mathbf{w}) = -\sum_{n=1}^{N} \sum_{k=1}^{K} \{t_{nk} \ln y_{nk} + (1 - t_{nk}) \ln(1 - y_{nk})\}$$

となる．ただし，$y_{nk} = y_k(\mathbf{x}_n,\, \mathbf{w})$ である．

最後に，K 個の異なるクラスに対する多クラス分類を考えよう．ニューラルネットワークは，K 個のユニットからなる出力層をもち，入力 $\mathbf{x}$ に対し，目標変数（クラスラベル）$\mathbf{t}$ は，ベクトル成分の t_1 から t_K のうち 1 つだけが値 1 を，のこりは 0 をとる．出力層ユニットの活性化関数は，通常，ソフトマックス関数が選ばれ，出力層の k 番めのユニットの出力は，$y_k(\mathbf{x},\, \mathbf{w}) = p(t_k = 1 \,|\, \mathbf{x})$ と解釈される（ただし，ソフトマックス関数が計算できるためには，k 番めのユニットの活性だけではなく，出力層のほかのユニットの活性も必要である）．このとき，損失関数は，交差エントロピー誤差関数

$$E(\mathbf{w}) = -\sum_{n=1}^{N} \sum_{k=1}^{K} t_{nk} \ln y_k(\mathbf{x}_n,\, \mathbf{w})$$

となる．

■ パラメータの学習

あたえられたデータ $\mathcal{D}$ に対し，前節でのべた誤差関数 $E(\mathbf{w})$ を最小にする重み $\mathbf{w}^*$ が所望の重みである．勾配をつかわずに，関数の極値を求める方法

が多く知られている．しかし，勾配情報が利用できるときには，それを利用したほうが，一般には効率よく極値を求めることができる．ニューラルネットワークの学習においても，誤差関数の勾配 $\nabla E(\mathbf{w})$ が通常利用される．原理的には，誤差関数を最小にする $\mathbf{w}^*$ では，$E(\mathbf{w})$ の $\mathbf{w}$ による微分，すなわち，勾配 $\nabla E(\mathbf{w})\big|_{\mathbf{w}=\mathbf{w}^*}$ [3] が $\mathbf{0}$ となる．しかし，誤差関数は高次元ベクトルである重みに関して複雑な形をしており，方程式 $\nabla E(\mathbf{w}) = \mathbf{0}$ をといて $\mathbf{w}^*$ を簡単な形で求めることはできない．

そこで，勾配法や確率的勾配降下法がもちいられる．とりわけ，並列計算環境がある場合に，高速化に有利なミニバッチ学習とよばれる確率的勾配降下法がもちいられることが多い．ミニバッチ学習では，学習データを，ミニバッチとよばれる B（たとえば，100）個ずつふくむまとまりにわけ[4]，ミニバッチごとに，回帰であればミニバッチ内のデータに対する2乗和誤差

$$E_{mb}(\mathbf{w}) = \sum_{i=1}^{B} \|\mathbf{y}(\mathbf{x}_i,\, \mathbf{w}) - \mathbf{t}_i\|^2$$

が減る方向に $\mathbf{w}$ を少し変化させる．すなわち，乱数をふるなどして決めた初期値 $\mathbf{w}_0$ からはじめて，

$$\mathbf{w}^{(\tau+1)} = \mathbf{w}^{(\tau)} - \eta \nabla E_{mb}(\mathbf{w})\big|_{\mathbf{w}=\mathbf{w}^{(\tau)}}$$

のように，重み $\mathbf{w}^{(\tau)}$ を $\mathbf{w}^{(\tau+1)}$ に変化させる．ここで，η は小さい定数（学習率）である．この重みの変更をミニバッチごとにおこない，さらに，誤差が変化しなくなるまで繰りかえす．全データを1回カバーした段階を1単位とし，それをエポックといい，エポックを繰りかえした回数をエポック数とよぶ．なお，勾配 $\nabla E_{mb}(\mathbf{w})$ の計算は，データごとに独立におこなうことができ，簡単に並列化できる．そのため，GPU などによる並列計算環境がある場合には，適切な大きさのミニバッチをもちいることが計算上有利となる．

やっかいなことに，$E(\mathbf{w})$ は $\mathbf{w}^*$ の非線形関数であるため，最小値をとる $\mathbf{w}^*$ 以外にも，極値をとる複数の $\mathbf{w}$ が $\nabla E(\mathbf{w}) = \mathbf{0}$ をみたす（図1.2）．その

---

3) $\nabla E(\mathbf{w})\big|_{\mathbf{w}=\mathbf{w}^*}$ は，勾配 $\nabla E(\mathbf{w})$ の $\mathbf{w} = \mathbf{w}^*$ における値（ベクトル）である．

4) ただし，ミニバッチの大きさ B は，可変で，通常は，10から100の範囲でそのつどランダムに設定する．

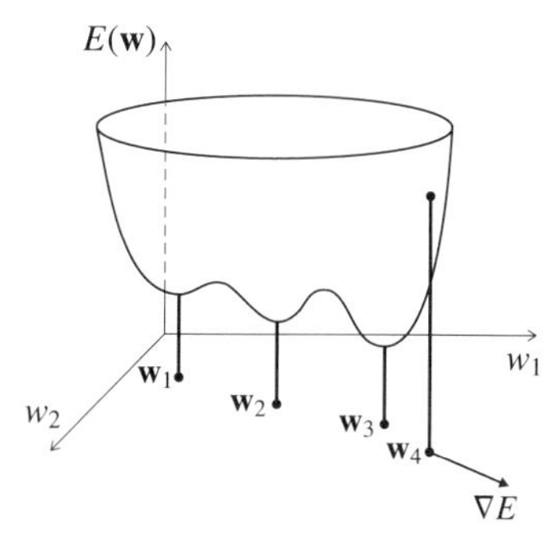

図 1.2　重みの空間上で曲面として表現される誤差関数 $E(\mathbf{w})$．一般的に，極値はいくつもあり，勾配 $\nabla E(\mathbf{w})$ は，重みの空間中の誤差関数の等高面に直交するベクトルであり，また，極値においては勾配 $\nabla E(\mathbf{w})$ は $\mathbf{0}$ となる．

ため，確率的勾配降下法で求めた $\hat{\mathbf{w}}$ が誤差関数を最小とする $\mathbf{w}^*$ であるとはかぎらない．実用的には，求めた $\hat{\mathbf{w}}$ が，最適解である必要はなく，十分に誤差を小さくするものであればよい．そのような $\hat{\mathbf{w}}$ を見つけだすために，初期値 $\mathbf{w}_0$ を振りなおして，確率的勾配降下法を複数回おこない，その中で誤差が最小となったときの重みを採用する．

さて，勾配を利用して最適解を見つける方法では，勾配 $\nabla E(\mathbf{w})$ を繰りかえし計算する必要がある．そのため $\nabla E(\mathbf{w})$ の高速な計算が重要となる．歴史的には，次項で紹介するバックプロパゲーションとよばれる勾配の高速計算法が見つかったため，ニューラルネットワークの学習が実用的になり，現在の深層学習もまたしかりである．バックプロパゲーションを紹介する前に，本項の最後に，単純な勾配計算では計算量が大きくなってしまうことをのべよう．

勾配 $\nabla E(\mathbf{w})$ は，重みベクトル $\mathbf{w}$ の各成分 w_{ji} で $E(\mathbf{w})$ を偏微分したものをならべたベクトルである．すなわち，

$$\nabla E(\mathbf{w}) = \left(\frac{\partial E(\mathbf{w})}{\partial w_{11}} \ \frac{\partial E(\mathbf{w})}{\partial w_{21}} \ \cdots \ \frac{\partial E(\mathbf{w})}{\partial w_{ji}} \ \cdots \frac{\partial E(\mathbf{w})}{\partial w_{MK}} \right)^{\mathrm{T}}.$$

いま，縦に 100，横に 100 の画素からなる画像の 10 クラス分類をおこなう 3 層パーセプトロンを考えてみよう．その 3 層パーセプトロンの入力層は，画素数の $100 \times 100 = 10{,}000$ 個のユニットからなり，出力層はクラス数の 10 個のユニットからなる．簡単のため，中間層も入力層と同じ 10,000 個のユニ

ットがあるとすると，重みは，$10{,}000 \times 10{,}000 \times 10 = 1{,}000{,}000{,}000$（10億）個ある．したがって，勾配 $\nabla E(\mathbf{w})$ も10億次元のベクトルとなる．前項でのべた確率的勾配降下法をもちいた最適計算の繰りかえしごとに，これだけの偏微分計算をおこなう必要がある．

偏微分 $\frac{\partial E(\mathbf{w})}{\partial w_{ji}}$ は，w_{ji} 以外の重みの値を固定し，w_{ji} をわずかに変化させた変化量に対する $E(\mathbf{w})$ の変化量の比（の極限）である．これをもう少し詳しくみてみよう．たとえば，ミニバッチ学習における誤差 $E_{mb}(\mathbf{w})$ は，ミニバッチ内の B 個の学習データを，ニューラルネットワークにそれぞれ入力したときの，それぞれの出力と正解（ラベル）との誤差の総和である．したがって，偏微分の定義にしたがった $\frac{\partial E_{mb}(\mathbf{w})}{\partial w_{ji}}$ の素朴な計算法としては，まず，ミニバッチの B 個の学習データをニューラルネットワークに入力したときの誤差の総和 $E_{mb}(\mathbf{w})$ を計算し，つづいて，重み w_{ji} すべてについて，1つずつわずかに変化させて，同じ B 個の学習データを入力したときの誤差の総和 $E_{mb}(\mathbf{w} + \Delta w_{ji})$ を求め，$E_{mb}(\mathbf{w} + \Delta w_{ji}) - E_{mb}(\mathbf{w})$ を求めることが考えられる．

この素朴な勾配計算法の計算量を見つもるため，ここでは，ユニットにおける活性計算の乗算の回数をかぞえる．リンクは，となりあう層のユニットの組みあわせだけあるので，重みの数はユニットの数よりも圧倒的に多いことが普通である．それゆえ重みに関する乗算をかぞえれば十分である．重みの総数を W とすると，学習データ1つにつき，誤差 $E_n(\mathbf{w})$ の計算で W 回の乗算が必要で，また，重み w_{ji} ごとに誤差 $E_n(\mathbf{w} + \Delta w_{ji})$ の計算で W 回の乗算が必要である．すべての W 個の重みすべてについて同様の計算が必要なので，学習データ1つあたりの乗算の回数はざっと見つもって $W + W^2$ となる．画像の10クラス分類をおこなう3層パーセプトロンの例では，W は10億なので，乗算の回数は10億の2乗のオーダーとなってしまう．

■ 誤差逆伝播

本項では，$\mathbf{w}$ の最適化のために，学習データ1つごとに誤差関数値を計算し，$\mathbf{w}$ を変更する確率的勾配降下法を想定する．そのため，1つの学習データ $\mathbf{x}_n$，$\mathbf{t}_n$ の組に対する誤差 $E_n(\mathbf{w})$ をあつかうが，簡単のため添字 n を落とし

て $E(\mathbf{w})$（あるいは E）とかく．なお，以下では，学習データ一つひとつについての誤差 E_n を考えるが，たとえば，ミニバッチ学習では，ミニバッチごとの勾配は，ミニバッチ内の学習データについての勾配の和

$$\frac{\partial E_{mb}}{\partial w_{ji}} = \sum_{n=1}^{B} \frac{\partial E_n}{\partial w_{ji}}$$

とすればよい．ただし，B はミニバッチのデータ数である．

誤差逆伝播（誤差のバックプロパゲーション）による誤差関数の勾配計算では，各ユニット j における「誤差」といわれる量 δ_j がもちいられる．具体的には，重み w_{ji} のリンクでむすばれたユニット j と i に対し，「誤差」δ_j と，ユニット i の出力 z_i をかけた $\delta_j z_i$ が勾配の成分 $\frac{\partial E(\mathbf{w})}{\partial w_{ji}}$ となる．誤差のバックプロパゲーションでは，入力 $\mathbf{x}$ に対する出力 y_k の誤差 $\delta_k = y_k - t_k$ を出力ユニット k の誤差として，出力層から入力層に向かってユニットの誤差を伝播させながら 1 つ前の層のユニットの誤差を計算する．

その誤差であるが，ユニット j の誤差は，

$$\delta_j \equiv \frac{\partial E}{\partial u_j} \tag{1.1.2}$$

で定義される．ここで，u_j は，先に定義したユニット j の活性で，たとえば，j が中間層のユニットなら

$$u_j = \sum_{i=0}^{D} w_{ji}^{(1)} x_i, \quad j = 1, \ldots, M$$

である．ただし，出力が 1 に固定された入力ユニット 0（すなわち $x_0 = 1$）を導入してバイアス $w_{j0}^{(1)}$ を和の中にふくめた．この定義の形式上の注意をあとでのべることとし，この定義にもとづくと，出力層のユニットの誤差 δ_k が $y_k - t_k$ となることをまず示そう．出力層のユニット k の活性は，出力が 1 に固定された中間層のユニット 0 ($z_0 = 1$) を導入してバイアスを和の中にふくめると

$$u_k = \sum_{j=0}^{M} w_{kj}^{(2)} z_j, \quad k = 1, \ldots, K$$

であり，出力は

$$y_k = f_2(u_k), \quad k = 1, \ldots, K$$

であった．回帰のときには，出力ユニットの活性化関数 f_2 として恒等関数を仮定すると，

$$y_k = u_k, \quad k = 1, \ldots, K$$

であり，さらに，損失関数として2乗和誤差関数を仮定すれば

$$E(\mathbf{w}) = \frac{1}{2}\sum_{k=1}^{K}(y_k - t_k)^2 = \frac{1}{2}\sum_{k=1}^{K}(u_k - t_k)^2$$

なので，

$$\frac{\partial E}{\partial u_k} = u_k - t_k = y_k - t_k$$

となる．分類のときも，出力ユニットの活性化関数としてロジスティックシグモイド関数を，誤差関数として交差エントロピー誤差関数

$$E(\mathbf{w}) = -\sum_{k=1}^{K}\{t_k \ln y_k + (1 - t_k)\ln(1 - y_k)\}, \quad y_k = \sigma(u_k)$$

を採用すれば，この場合も，$\sigma'(u_k) = \sigma(u_k)(1 - \sigma(u_k)) = y_k(1 - y_k)$ をつかうと

$$\begin{aligned} \frac{\partial E}{\partial u_k} = \frac{\partial E}{\partial y_k}\frac{\partial y_k}{\partial u_k} &= -\left(\frac{t_k}{y_k} - \frac{1 - t_k}{1 - y_k}\right) y_k(1 - y_k) \\ &= -t_k(1 - y_k) + (1 - t_k)y_k = y_k - t_k \end{aligned}$$

となる．同様に，多クラス分類のときも，出力ユニットの活性化関数としてソフトマックス関数を，誤差関数として交差エントロピー誤差関数を仮定す

れば，出力層のユニット k について $\delta_k = y_k - t_k$ を示すことができる．これで，出力層のユニットに対して δ が誤差の意味をもつことがわかった[5)]．それゆえ，そのほかの層のユニットに対しても δ を誤差という．

さて，このユニット j の誤差 δ_j をつかうと勾配の成分が簡単に計算できる．それを示そう．勾配の成分 $\frac{\partial E}{\partial w_{ji}}$ は，ユニット i からユニット j へのリンクの重み w_{ji} 以外の重みを固定して，w_{ji} だけをわずかに変化させたときの E の変化率である．誤差関数 E の計算で，w_{ji} があらわれるのはユニット j の活性

$$u_j = w_{j1}z_1 + w_{j2}z_2 + \cdots + w_{ji}z_i + \cdots + w_{jI}z_I \tag{1.1.3}$$

だけであり，それゆえ，w_{ji} の変化にともなう E の変化量は，活性 u_j の変化量で決まる．すなわち，w_{ji} 以外の重みの集合を固定すると，u_j は w_{ji} の関数 $u_j = u_j(w_{ji})$ とみることができ，誤差関数は合成関数 $E(u_j(w_{ji}))$ とみなせる．そのため，合成関数の微分則により

$$\frac{\partial E}{\partial w_{ji}} = \frac{\partial E}{\partial u_j}\frac{\partial u_j}{\partial w_{ji}} \tag{1.1.4}$$

が成立する．式 (1.1.3) から

$$\frac{\partial u_j}{\partial w_{ji}} = z_i$$

であり，また，ユニット j の誤差の定義 (1.1.2) をもちいると，式 (1.1.4) は

$$\frac{\partial E}{\partial w_{ji}} = \delta_j z_i \tag{1.1.5}$$

となる．すなわち，ユニットの誤差 δ と，そのユニットにつながっている入力側のユニットの出力 z をかけあわせるだけで，勾配の成分が得られる．

各ユニットの出力 z は，入力 $\mathbf{x}$ をニューラルネットワークに入力して出力を求める順方向の計算の途中で求まる．また，その計算の出力層のユニット k の出力を y_k とすれば，各ユニットの誤差 δ は，出力層のユニット k の誤差 δ_k からはじめて，入力層へ向けた逆方向の計算

---

5) ただし，誤差関数（と活性化関数）によっては，出力層のユニットにおいて，$\delta_k = y_k - t_k$ が成りたつとはかぎらない．これについては本項の最後でまたふれる．

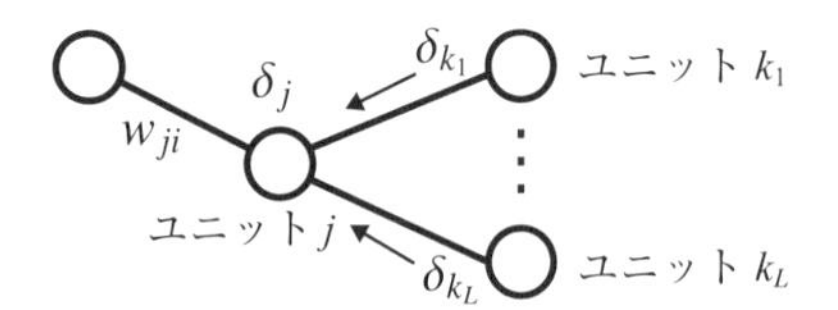

図 1.3　誤差の逆伝播．ユニット j の誤差 δ_j は，出力側につながっているユニットの誤差の重みづけ和になる．

$$\delta_j = f'(u_j) \sum_{l=1}^{L} w_{k_l j} \delta_{k_l} \tag{1.1.6}$$

により効率的に順次求めることができる．ただし，和は，ユニット j の出力側につながっているユニットすべてについてとる（図 1.3）．この公式は，誤差の逆伝播公式（バックプロパゲーション公式）とよばれる．この公式の証明を本章末の付録にあげた．図 1.3 に示すように，ユニットの誤差 δ の値が，出力側のユニットから δ を逆向きに伝播させて得られる．出力層のユニット k の誤差 δ_k から出発して，逆伝播公式 (1.1.6) を入力側に向かって適用することにより，すべてのユニットの誤差 δ を求めることができる．

以上をまとめよう．活性化関数を f で代表させてかくと，

1. 学習データの入力 $\mathbf{x}_n$ をニューラルネットワークにいれ，すべてのユニットについて，活性 $u_j = \sum_i w_{ji} z_i$ と出力 $z_j = f(u_j)$ を順方向に求める．
2. 出力層のユニット k の誤差 δ_k を $\frac{\partial E}{\partial u_k}$ より求める（本文中でのべたように，2 乗和誤差関数を誤差関数とし，出力層ユニットの活性化関数を恒等関数とするときなどでは $\delta_k = y_k - t_k$）．
3. 誤差の逆伝播公式 (1.1.6) により，ユニットの誤差を逆伝播させて，すべてのユニットの誤差 δ_j を求める．ただし，入力層の誤差は勾配計算には無関係なため，それは不要である．
4. 勾配 $\dfrac{\partial E}{\partial w_{ji}} = \delta_j z_i$ を求める．

最後に，誤差に関する注意をのべよう．先に脚注 4 でふれたように，出力層のユニット k において，$\delta_k = y_k - t_k$ がつねに成りたつとはかぎらない．

目標変数の分布を指数分布族とよばれる分布からとり，誤差関数をその分布で決まる対数尤度とし，出力層の活性化関数をその分布に対する正準連結関数とよばれる関数にとったときに，$\delta_k = y_k - t_k$ が成りたつことが知られている．たとえば，本文でのべたような 2 乗和誤差関数と恒等関数や，交差エントロピー誤差関数とロジスティックシグモイド関数の組みあわせのときには $\delta_k = y_k - t_k$ となる．そうではない場合は，たとえば，誤差関数 $E(\mathbf{w})$ を，出力 y_k のエントロピー関数

$$-\sum_k \{y_k \ln y_k + (1-y_k)\ln(1-y_k)\}$$

とし，活性化関数をロジスティックシグモイド関数 $\sigma(u_k)$ としたときは，出力ユニット k の誤差 δ_k は

$$\delta_k = \frac{\partial E}{\partial u_k} = \sigma(u_k)(1-\sigma(u_k))\ln\left(\frac{1-y_k}{y_k}\right)$$

となる．

1.2 ニューラルネットワークの行列表記

本節では，DNN（deep neural network，深層ニューラルネットワーク）の計算と学習を行列をつかって表現する．すなわち，ユニットの活性 u・出力 z・リンクの重み w・活性化関数 f を，ミニバッチと層ごとにまとめて行列で表現し，ミニバッチに依存しないバイアス b を層ごとにまとめてベクトル表記する．計算を行列表記することは，表現の簡潔化に寄与するのみならず，計算の実現・実装上でも重要となる．

入力層を第 1 層とし，出力層を第 L 層とすると，ミニバッチや活性などは以下のように行列表現される（図 1.4）．

- ミニバッチ：$\mathbf{X} = (\mathbf{x}_1 \cdots \mathbf{x}_N)$ を入力のミニバッチとし，$\mathbf{Y} = (\mathbf{y}_1 \cdots \mathbf{y}_N)$ を $\mathbf{X}$ に対応する出力とする．すなわち，$\mathbf{y}_n$ は入力 $\mathbf{x}_n$ に対するニューラルネットワークの出力である．
- 活性：$\mathbf{U}^{(l)}$ を，第 l 層のユニットの活性 $u_{jn}^{(l)}$ を成分とする行列とする．行列 $\mathbf{U}^{(l)}$ の第 j 行は j 番めのユニットに，第 n 列は n 番めのミニバッチのデー

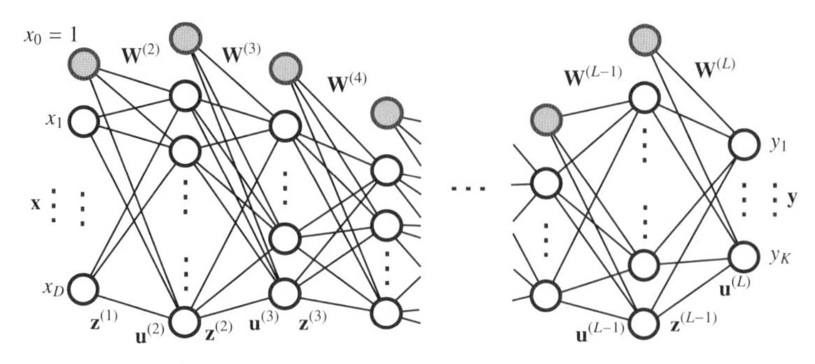

図 **1.4**　ニューラルネットワークの行列表記.

タに対応する．入力 $\mathbf{x}_n$ に対する第 l 層のユニットの活性をまとめて $\mathbf{u}_n^{(l)}$ とベクトル表記すると，$\mathbf{U}^{(l)} = (\mathbf{u}_1^{(l)} \ \cdots \ \mathbf{u}_N^{(l)})$ である．

● 活性化関数：$\mathbf{f}^{(l)}(\mathbf{U}^{(l)})$ を，(j, n) 成分が，$\mathbf{U}^{(l)}$ の成分 u_{jn} に対する活性化関数値 $f^{(l)}(u_{jn})$ の行列とする．

● 出力：$\mathbf{Z}^{(l)}$ を，l 層のユニットの出力 $z_{jn}^{(l)}$ を成分とする行列とする．行列 $\mathbf{Z}^{(l)}$ の第 j 行は j 番めのユニットに，第 n 列は n 番めのミニバッチのデータに対応する．入力 $\mathbf{x}_n$ に対する第 l 層のユニットの出力をまとめて $\mathbf{z}_n^{(l)}$ とベクトル表記すると，$\mathbf{Z}^{(l)} = (\mathbf{z}_1^{(l)} \ \cdots \ \mathbf{z}_N^{(l)})$ である．

● 重み：$\mathbf{W}^{(l)}$ を，(j, i) 成分が，$l-1$ 層のユニット i と，l 層のユニット j のリンクの重み $w_{ji}^{(l)}$ の行列とする．

● バイアス：$\mathbf{b}^{(l)}$ を，l 層のユニットへのバイアス $w_{j0}^{(l)}$ を成分とするベクトルとする．

以上の表記をつかって，順計算を書きくだそう．すなわち，まず，l 層のユニット j の活性と $l-1$ 層のユニット i の出力の関係

$$u_j^{(l)} = \sum_{i=1}^{D} w_{ji}^{(l)} z_i^{(l-1)} + w_{j0}^{(l)}$$

は，まとめて

$$\mathbf{U}^{(l)} = \mathbf{W}^{(l)} \mathbf{Z}^{(l-1)} + \mathbf{b}^{(l)} \mathbf{1}_N^{\mathrm{T}}$$

とかくことができる．ただし，$\mathbf{1}_N$ は，すべての成分を 1 とする N 次元ベクトル $(1\ 1\ \cdots\ 1)^{\mathrm{T}}$ である．同様に，l 層のユニット j の出力

$$z_j^{(l)} = f^{(l)}(u_j^{(l)}),\ 1 < l < L, \quad z_j^{(1)} = x_j, \quad z_k^{(L)} = y_k$$

は

$$\mathbf{Z}^{(l)} = \mathbf{f}^{(l)}(\mathbf{U}^{(l)}),\ 1 < l < L, \quad \mathbf{Z}^{(1)} = \mathbf{X}, \quad \mathbf{Z}^{(L)} = \mathbf{Y}$$

と表現される．

つぎに，誤差逆伝播の計算を行列表現しよう（図 1.3）．誤差逆伝播の公式は，ユニット j の誤差を δ_j とすると

$$\delta_j = f'(u_j)\sum_{l=1}^{L} w_{k_l j}\delta_{k_l}$$

である．ただし，和は，ユニット j と直接つながっている出力側のユニットについてとる．そこで，

- 誤差：$\boldsymbol{\Delta}^{(l)}$ として，(j, n) 成分が誤差 $\delta_{jn}^{(l)}$ の行列を導入する．ただし，この行列の第 j 行は l 層の j 番めのユニットに，第 n 列は，ミニバッチの n 番めのデータ $\mathbf{x}_n$ に対応させる．データ $\mathbf{x}_n$ に対する第 l 層のユニットの誤差をまとめてベクトル $\boldsymbol{\delta}_n^{(l)}$ で表記すると，$\boldsymbol{\Delta}^{(l)} = (\boldsymbol{\delta}_1^{(l)}\ \cdots\ \boldsymbol{\delta}_N^{(l)})$ である．

すると，誤差逆伝播は，まとめて

$$\boldsymbol{\Delta}^{(l)} = \mathbf{f}^{(l)'}(\mathbf{U}^{(l)}) \odot (\mathbf{W}^{(l+1)\mathrm{T}}\boldsymbol{\Delta}^{(l+1)}) \tag{1.2.1}$$

とかくことができる．ただし，$\odot$ は行列のアダマール積（成分どうしの積）であり，$\mathbf{f}^{(l)'}(\mathbf{U}^{(l)})$ は，(j, n) 成分を，$\mathbf{U}^{(l)}$ の各成分 $u_{jn}^{(l)}$ に対する活性化関数の導関数値 $f'(u_{jn}^{(l)})$ とする行列である．

すべての重みを $\mathbf{W} = (\mathbf{W}^{(1)}\ \cdots\ \mathbf{W}^{(L)})$ とかき[6]，ミニバッチに対する損失（誤差関数）を $E(\mathbf{W})$ とし，ミニバッチ中の 1 つのデータ $\mathbf{x}_n$ に対する損失を $E_n(\mathbf{W}) = E_n(\mathbf{W}^{(1)}\ \cdots\ \mathbf{W}^{(L)})$ とすると

---

[6] 行列 $\mathbf{W}^{(1)}$ はダミー．

$$E(\mathbf{W}) = \frac{1}{N}\sum_{n=1}^{N} E_n(\mathbf{W}^{(1)} \ \ldots \ \mathbf{W}^{(L)})$$

とかける．以下，簡単のため，$E(\mathbf{W})$ を E と，$E_n(\mathbf{W})$ を E_n とかき，しばしば $\mathbf{W}$ を落とす．さて，損失の1つの重み w_{ji}（と1つのバイアス $b_j = w_{j0}$）に対する勾配は

$$\frac{\partial E}{\partial w_{ji}} = \delta_j z_i, \quad \frac{\partial E}{\partial b_j} = \delta_j \times 1$$

である．そこで，

- 重みに関する勾配：$\partial\mathbf{W}^{(l)}$ を，(j, i) 成分が，E の $w_{ji}^{(l)}$ についての微分である行列とし，
- バイアスに関する勾配：$\partial\mathbf{b}^{(l)}$ を，第 j 成分が，E の $w_{j0}^{(l)}$ についての微分であるベクトルとする．

すると，勾配は，まとめて

$$\partial\mathbf{W}^{(l)} = \frac{1}{N}\mathbf{\Delta}^{(l)}\mathbf{Z}^{(l-1)\mathrm{T}},$$

$$\partial\mathbf{b}^{(l)} = \frac{1}{N}\mathbf{\Delta}^{(l)}\mathbf{1}_N$$

とかくことができる．

勾配降下法の更新式も，まとめてかくと

$$\mathbf{W}^{(l)} \leftarrow \mathbf{W}^{(l)} - \eta \cdot \partial\mathbf{W}^{(l)},$$

$$\mathbf{b}^{(l)} \leftarrow \mathbf{b}^{(l)} - \eta \cdot \partial\mathbf{b}^{(l)}$$

となる．ただし，η は学習率である．

1.3　深層学習の発展とその要因

あとの章でも示すように，1つ以上隠れ層をもつパーセプトロンでは，隠れ層のユニットを増やした極限では，「いかなる」関数も任意の精度で近似が可能であることから，ニューラルネットワークは万能計算機と考えられる．しかし，パラメータ数は中間層のユニット数の2乗に比例するため，学習に

は膨大なデータが必要となる．それに対して，深層ニューラルネットワーク(DNN) は，中間層のユニット数をおさえ，層を深くすることにより，ユニット数に比例する形でパラメータ数をおさえ，また，ラベルなしの大量データをつかうことにより，各層で入力の特徴をとらえてコンパクトに表現（表現学習）することができ，「量から質への転換」，あるいは，「量そのものが質となる」ともいえる．そのため，深層学習は，画像や言語の生成において人間を凌駕するまでになった．

量から質への転換は，単にデータが大量にあつまったから起きたというのではなく，そこには，ニューラルネットワークの要素技術の進化と深化があった．例をあげれば，確率的勾配降下法の深化や活性化関数としての ReLU 関数の採用・残差接続・活性の正規化などがある．また，ラベルなしの大量のデータをつかう学習方略が積極的に採用されたことも質を高めた大きな要因である．具体的には，各層で入力の特徴をとらえた表現（表現学習）と，学習ずみの DNN を似た領域で再学習（転移学習），さらには，複雑なデータを生成するモデル（生成モデル）の学習があげられる．

表現学習は，各層で入力の特徴をとらえてコンパクトに表現することを目的に設計される．入力から中間層への計算を

$$F : \boldsymbol{R}^M \to \boldsymbol{R}^D$$

としたとき，入力空間 $\boldsymbol{R}^M$ は，ユークリッド空間としても，要素の間の内積や距離は，処理したいことに対して意味をもたない．たとえば，単語の one-hot 表現を考えてみればよい．これに対して，埋めこみ先の $\boldsymbol{R}^D$ は，たとえば，ユークリッド空間で，要素どうしの内積や距離が意味をもつ．単語の埋めこみ表現はその典型的な例である．深層学習は，この表現をラベルをもちいることなしにデータから獲得する．

転移学習とは，あるタスクをとくように獲得した知識を，別のタスクをとくための学習に転用する学習の枠組みをいう．転移学習においては，大量のデータで表現学習し，たとえば，最終の全結合層への入力までの DNN の出力を特徴抽出機として利用して，全結合層だけを，ときたいタスクに対して学習する方略をしばしばとる．また，あるタスクに対して事前学習した DNN の重みを

初期重みとして，ときたいタスクに対して再学習することを，転移学習と区別してファインチューニングとよぶことがある．転移学習あるいはファインチューニングを目的としたとき，もとのタスクに対する DNN の学習を事前学習という．

1.4　付　録

1.4.1　誤差逆伝播の公式の証明

まず，ユニット j の誤差の定義 (1.1.2)

$$\delta_j \equiv \frac{\partial E}{\partial u_j}$$

にかえり，その形式的側面をみておく．もともとは，誤差関数 $E(\mathbf{w})$ は重み（の集合）$\mathbf{w}$ の関数である．ところが，重み w_{ji} は，活性 u_j をとおしてのみ E の値に影響するので，w_{ji} 以外の重みを固定すれば u_j で E の値が定まる．逆に，w_{ji} 以外の重みを固定すれば，E の値から u_j が定まる．すなわち，w_{ji} 以外の重みの集合を $\mathbf{w}_{-ji}$ とかくと，誤差関数 E は，$\mathbf{w}_{-ji}$ と u_j の関数 $E(\mathbf{w}_{-ji}, u_j)$ とみなせる．ユニットの誤差 (1.1.2) の偏微分は，このように誤差関数をみて，$\mathbf{w}_{-ji}$ を固定し，変数 u_j だけを変化させたときの偏微分である．

さて，ユニット j の誤差 δ_j は，$\mathbf{w}_{-ji}$ を固定し，j の活性 u_j をわずかに変化させたときの誤差関数 E の変化率である．ユニット j の出力側につながっているユニットを $k_1, \ldots, k_L$ とし，それらの活性を $u_{k_1}, \ldots, u_{k_L}$ とする（図 1.3）．活性 u_j の変化は，ユニット $k_1, \ldots, k_L$ の活性を変化させる．逆に，重み $\mathbf{w}_{-ji}$ を固定したもとでは，ユニット $k_1, \ldots, k_L$ への入力で変化するのはユニット j からの出力だけである．さらに，重み $\mathbf{w}_{-ji}$ を固定したときには，活性 u_j の変化により生じる E の変化は，u_j の変化が引きおこす $u_{k_1}, \ldots, u_{k_L}$ の変化により生じると考えることができる．これは，$\mathbf{w}_{-ji}$ を固定したもとでは，活性 u_{k_l} が u_j の関数であり，誤差関数が合成関数 $E(u_{k_1}(u_j), \ldots, u_{k_L}(u_j))$ とみなせることを意味する（$\mathbf{w}_{-ji}$ は省略した）．そこで，合成関数 $h(y_1(x), \ldots, y_L(x))$, $y_1 = g_1(x), \ldots, y_L = g_L(x)$ の x による微分が，合成関数の微分則により

$$\frac{dh(x)}{dx} = \sum_{l=1}^{L} \frac{\partial h(y_1, \ldots, y_L)}{\partial y_l} \frac{dy_l}{dx}$$

であることをつかうと

$$\delta_j = \frac{\partial E}{\partial u_j} = \sum_{l=1}^{L} \frac{\partial E}{\partial u_{k_l}} \frac{\partial u_{k_l}}{\partial u_j} \tag{1.4.1}$$

となる．ただし，和は，ユニット j の出力側につながっているユニットすべてについてとる（図 1.3）．さらに，$u_{k_l} = \sum_j w_{k_l j} z_j$ と，活性化関数を f として $z_j = f(u_j)$ であることをつかうと

$$\delta_j = f'(u_j) \sum_{l=1}^{L} w_{k_l j} \delta_{k_l}$$

を得る．

第I部
基　盤

第2章　深層学習をささえる要素技術

単純に深層化したニューラルネットワークでは，学習にいくつもの困難が生じる．そもそも，多くのパラメータをもつニューラルネットワークの最適化計算では，ニュートン法などの2階微分を利用した高速な最適化計算がおこなえない．また，ロジスティックシグモイド関数やハイパーボリックタンジェント関数などの活性化関数をもちいた場合，層が深いことに起因した，勾配が0になる，あるいは発散するという勾配消失/勾配発散（爆発）が起き，学習が進まなくなることが知られている．さらに，時間的あるいは空間的に離れた入力どうしの関係をとらえることができないという，制限された計算と表現の問題がある．

学習時の問題を克服する方法として，最適化計算における確率的勾配降下法の改良があげられる．この改良として，モメンタム（いきおい，物理でいう「運動量」）の導入や，学習率の適応的調整をおこなう手法があげられる．勾配消失/発散問題への対応には，活性化関数としてReLU関数（あるいはその類似関数）の採用や，残差接続の導入，また，層の出力の正規化などがある．推論時の問題に関しても，制限された計算と表現を克服するため，注意機構が導入された．まず，確率的勾配降下法の改良の解説からはじめよう．

2.1　確率的勾配降下法の進化と深化

DNNの学習においては，通常，重みの更新式は，ミニバッチごとにおこなわれる．

2.1.1　モメンタム確率的勾配降下法（モメンタム法）

時刻 t における重みを $\mathbf{w}_t$ とする．時刻 t におけるモメンタム $\mathbf{v}_t$ を

$$\mathbf{v}_t \equiv \mathbf{w}_t - \mathbf{w}_{t-1}$$

と定義する．学習率を η とする確率的勾配降下法の更新式

$$\mathbf{w}_{t+1} = \mathbf{w}_t - \eta \nabla E(\mathbf{w}_t)$$

に対し，モメンタム確率的勾配降下法（モメンタム法）[1]は，モメンタムを考慮して

$$\mathbf{w}_{t+1} = \mathbf{w}_t - \eta \nabla E(\mathbf{w}_t) + \mu \mathbf{v}_t \tag{2.1.1}$$

を更新式とする．ここで，η（学習率）と μ $(0.5 \sim 0.9)$ は超パラメータである．この式からわかるように，重みの修正量をモメンタム（いきおい）として，前回の更新のいきおいを反映させた勾配法といえる．

モメンタム法の性質をいくつかのべよう．まず，$\mathbf{v}_{t+1} = \mathbf{w}_{t+1} - \mathbf{w}_t$ と $\mathbf{w}_{t+1} = \mathbf{w}_t - \eta \nabla E(\mathbf{w}_t) + \mu \mathbf{v}_t$ から

$$\mathbf{v}_{t+1} = \mu \mathbf{v}_t - \eta \nabla E(\mathbf{w}_t)$$

を得る．ここで，$\mu = 1$ とすると，$-\eta \nabla E(\mathbf{w}_t)$ は，重みの修正量の修正量とみなせる．さらに，$\mathbf{v}_0 = \mathbf{0}$ とすると

$$\mathbf{v}_t = -\eta \cdot (\mu^{t-1} \nabla E(\mathbf{w}_0) + \mu^{t-2} \nabla E(\mathbf{w}_1) + \cdots + \nabla E(\mathbf{w}_{t-1}))$$

となり，重みの修正量は，過去の修正量の重みつき平均とみなせる．

このモメンタム法の性質により，誤差関数が，深くて細長く平坦な谷の形をしているときに，モメンタム法の収束が早くなることが期待される．すなわち，深くて細長く平坦な谷の形をしている誤差関数に対し，勾配降下法では，谷底を少しでもはずれると，谷と直交する方向に大きな勾配ができ，更新のつ

---

[1] Polyak, B. T. (1964). Some methods of speeding up the convergence of iteration methods. *USSR Computational Mathematics and Mathematical Physics*, **4**, 1-17.

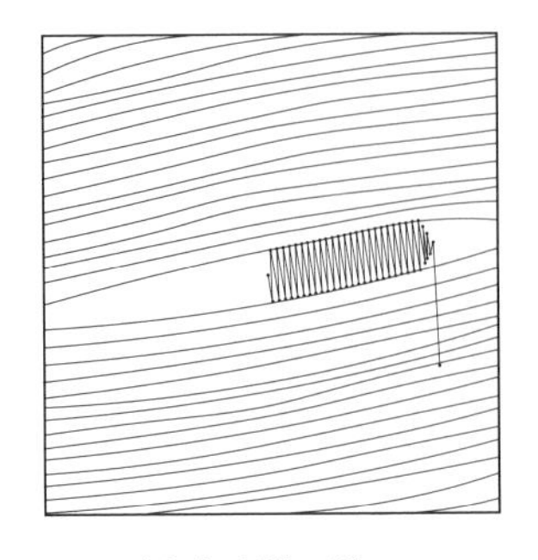

(a) 勾配降下法.

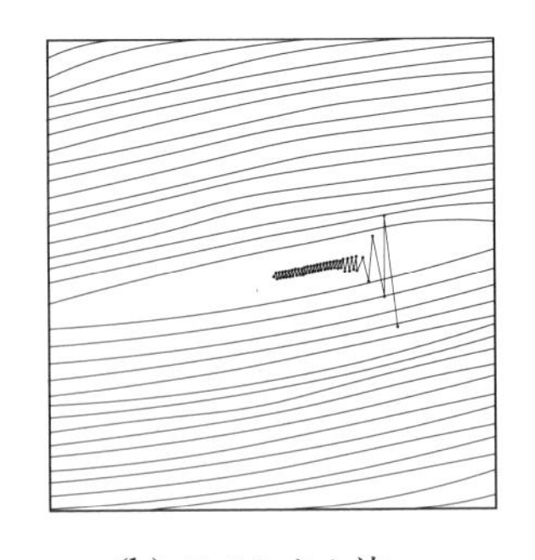

(b) モメンタム法.

図 2.1　誤差関数が，深くて細長く平坦な谷の形をしているとき：(a) 勾配降下法では，谷底を少しでもはずれると，谷と直交する方向に大きな勾配ができ，更新のつど，重みは，谷と直交する方向に修正される．(b) モメンタム法では，谷と直交する方向の修正量は，平均化されて **0** に近くなる．

ど，重みは，谷と直交する方向に修正される．そのため，勾配降下法では，経路はジグザグになり，極小点になかなかたどりつかない（図 2.1a）．それに対し，モメンタム法では，谷と直交する方向の修正量は，平均化されて **0** に近くなる（図 2.1b）．そのため，振動がおさえられて収束が早くなると考えられる．

以上の定性的な分析を，極値の近傍で誤差関数を 2 次関数で近似することにより定量的に評価しよう．ここでは，収束の早さを，更新 1 回あたりの誤差の小さくなる率である収束率で評価する．近似の 2 次関数の等値面は楕円体であり，誤差関数のヘッセ行列の最大固有値 λ_D と最小固有値 λ_1 の比（ヘッセ行列の条件数）

$$\kappa = \frac{\lambda_D}{\lambda_1} \geq 1$$

が大きいほど，楕円がつぶれており，谷が細長い（図 2.2a,b）．本章末の付録に示すとおり，勾配降下法の収束率は $\dfrac{\kappa-1}{\kappa+1}$ であり，モメンタム法の収束率は $\dfrac{\sqrt{\kappa}-1}{\sqrt{\kappa}+1}$ である．それゆえ，モメンタム法のほうが，勾配降下法よりも早く誤差が小さくなることがわかる．

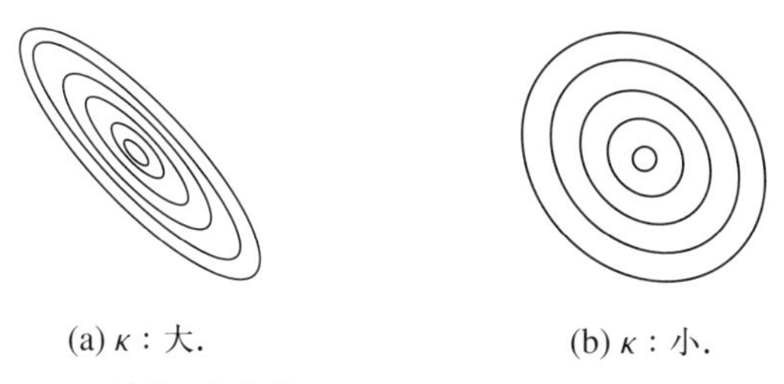

(a) κ：大.　(b) κ：小.

図 **2.2**　ヘッセ行列の条件数 κ のちがいによる誤差関数の形のちがい．楕円は，誤差関数の 2 次近似の等高線.

2.1.2　学習率の適応的調整

最も単純な勾配降下法の更新式

$$\mathbf{w}_{t+1} = \mathbf{w}_t - \eta \nabla E(\mathbf{w}_t)$$

では，学習率 η は固定された定数で，更新が進むにつれ更新される値が変化しなくなる現象がよくみられる．そのため，学習の進み具合によって人手で学習率を調整することがおこなわれてきた．その適切な調整には熟練が必要である．そこで，更新の状況に適応的に学習率を変化させる手法が開発された．ここでは，代表的な学習率の適応的調整法である，AdaGrad と RMSProp, Adadelta を紹介する.

以下では，時刻 t における 1 回の更新での $\mathbf{w}_t$ の増分を

$$\Delta \mathbf{w}_t = \mathbf{w}_{t+1} - \mathbf{w}_t$$

とし，$\Delta \mathbf{w}_t$ の第 i 成分を Δw_{ti} とする．また，誤差関数の勾配を $\mathbf{g}_t$ と表記する．すなわち，

$$\mathbf{g}_t \equiv \nabla E(\mathbf{w}_t)$$

とし，$\mathbf{g}_t$ の第 i 成分を g_{ti} とかく．以下で紹介する AdaGrad と RMSProp, Adadelta のいずれも，基本的に，単純な勾配降下法では成分によらない定数の学習率 η に代えて，成分ごとに調整する方策をとる．具体的には，超パラメータ ε（これもやはり学習率とよばれる）を g_{ti} の「2 次モーメント」でわった "η_{ti}" をもちいる．これにより，現在までに，勾配が大きかったものはひ

かえめに，また，はじめからずっと小さい勾配は大きくなる傾向をもつようになる．

まず，**AdaGrad**[2]は，更新の1回の増分の第i成分が

$$\Delta w_{ti} = -\frac{\varepsilon}{\sqrt{\sum_{\tau=1}^{t} g_{\tau i}^2 + \epsilon}} g_{ti} \tag{2.1.2}$$

であたえられ，学習率εを，学習のはじめから現在までの勾配の2乗和（とϵの和）でわる手法である[3]．AdaGradの欠点は，学習が進むと，勾配の2乗和は大きくなり，更新幅Δw_{ti}はほとんど0になってしまうことである．また，分母にあるϵを，データから決める必要がある．

RMSProp[4]では，更新の増分の第i成分が

$$\Delta w_{ti} = -\frac{\varepsilon}{\sqrt{m_{ti}^{(g)} + \epsilon}} g_{ti} \tag{2.1.3}$$

であたえられる．ただし，$m_{ti}^{(g)}$は，$0 < \gamma < 1$なる定数γをもちいて，再帰式

$$m_{ti}^{(g)} = \gamma \cdot m_{t-1,\,i}^{(g)} + (1-\gamma) g_{ti}^2 \tag{2.1.4}$$

で定義され，それまでの「平均」と現在の勾配の2乗との加重平均で，（時間tにおける）勾配の2乗の移動平均（の第i成分）とよばれる．勾配の2乗の移動平均（とϵの和）で学習率εをわることにより，AdaGradの欠点を克服している手法といえる．ただし，分母にあるϵを，データから決める必要がある．

---

[2] Duchi, J., Hazan, E. and Singer, Y. (2011). Adaptive subgradient methods for online learning and stochastic optimization.*Journal of Machine Learning Research*, **12**, 2121–2159.

[3] ゼロでわることを避けるため小さな定数ϵをくわえる．

[4] Hinton, J. Neural Networks for Machine Learning. https://www.cs.toronto.edu/~tijmen/csc321/slides/lecture_slides_lec6.pdf

Adadelta[5)]は

$$\Delta w_{ti} = -\frac{\sqrt{m_{ti}^{(\Delta w)}}}{\sqrt{m_{ti}^{(g)} + \epsilon}} g_{ti} \tag{2.1.5}$$

のように，更新の増分の第 i 成分があたえられる．ただし，$m_{ti}^{(g)}$ は，式 (2.1.4) の勾配の 2 乗の移動平均であり，また，$m_{ti}^{(\Delta w)}$ は，定数 γ', $0 < \gamma' < 1$, をもちいて

$$m_{ti}^{(\Delta w)} = \gamma' \cdot m_{t-1,\,i}^{(\Delta w)} + (1 - \gamma')\Delta w_{ti}^2$$

で定義される更新幅の 2 乗の移動平均である．この手法では，勾配の 2 乗の移動平均（と ϵ の和）でわることにより，パラメータと更新幅の物理的単位が一致し，分母にある ϵ は，適当な小さな数であればよく，それをデータから決める必要はない．

2.1.3 モメンタム法＋学習率の適応的調整

モメンタム法と学習率の適応的調整の両方をふくむ手法として Adam を紹介しよう．**Adam**[6)]では，更新の 1 回の増分の第 i 成分が

$$\Delta w_{ti} = -\frac{\varepsilon}{\sqrt{\hat{g}_{ti}} + \epsilon} \hat{v}_{ti} \tag{2.1.6}$$

であたえられる．ただし，

$$\hat{g}_{ti} \equiv \frac{m_{ti}^{(g)}}{1 - \gamma^t}, \quad \hat{v}_{ti} \equiv \frac{m_{ti}^{(v)}}{1 - \mu^t}$$

で，

$$m_{ti}^{(g)} = \gamma \cdot m_{t-1,\,i}^{(g)} + (1 - \gamma) g_{ti}^2$$

は勾配の 2 次の移動平均，また，$m_{ti}^{(v)}$ は

---

5) Zeiler, M. D. (2012). ADADELTA: an adaptive learning rate method. *arXiv: 1212.5701.*

6) Kingma, D. P. and Ba, J. (2014). Adam: a method for stochastic optimization. *arXiv:1412.6980.*

$$m_{ti}^{(v)} = \mu \cdot m_{t-1,\,i}^{(v)} + (1-\mu) g_{ti}$$

で定義される勾配の1次の移動平均である．ここで，γ と μ は，$0 < \gamma, \mu < 1$ なる定数である．また，右辺の分母で，ϵ が平方根の外にでているが，これは歴史的経緯でそうなっているだけであり本質的なことではない．モメンタム法では，時刻 t のモメンタムを $\mathbf{v}_t$ としたとき，$\mathbf{v}_{t+1} = \mu \mathbf{v}_t - \eta \nabla E(\mathbf{w}_t)$ であることを思いだせば，$m_{ti}^{(v)}$ は，モメンタム $\mathbf{v}_t = \mathbf{w}_t - \mathbf{w}_{t-1}$ の第 i 成分に相当することがわかる．

Adam は，モメンタム法と，学習率の適応的調整の両者をふくみ，学習率 ε がある程度の幅の中にある値であれば収束するという学習率に対する頑健性をもち，安定した結果が得られることが多い．

2.2　勾配消失/発散に対する対応

誤差逆伝播の式は，誤差 $\boldsymbol{\Delta}$ に関して線形である．そのため，出力から入力への誤差逆伝播において，重みが大きいと，誤差は急速に大きくなり発散し，逆に，重みが小さいと誤差は急速に小さくなり $\mathbf{0}$ につぶれる．とくに

$$\begin{aligned}\boldsymbol{\Delta}^{(l-2)} &= \mathbf{f}^{(l-2)\prime}(\mathbf{U}^{(l-2)}) \odot (\mathbf{W}^{(l-1)\mathrm{T}} \boldsymbol{\Delta}^{(l-1)}) \\ &= \mathbf{f}^{(l-2)\prime}(\mathbf{U}^{(l-2)}) \odot (\mathbf{W}^{(l-1)\mathrm{T}} (\mathbf{f}^{(l-1)\prime}(\mathbf{U}^{(l-1)}) \odot (\mathbf{W}^{(l)\mathrm{T}} \boldsymbol{\Delta}^{(l)})))\end{aligned}$$

と変形するとわかるように，出力層から入力層へ伝播させる誤差は

$$\mathbf{f}^{(L)\prime},\ \mathbf{f}^{(L-1)\prime},\ \ldots,\ \mathbf{f}^{(2)\prime},\ \mathbf{f}^{(1)\prime}$$

を因子としてふくむ．そのため，活性化関数 f としてロジスティックシグモイド関数や，ハイパーボリックタンジェント関数をもちいた場合には，$\mathbf{f}^{(l)\prime}$ の成分の絶対値は1未満なので，重みにもよるが，入力層に近い層の誤差の成分はほとんどが0になる可能性が高い．そのため，学習が進まなくなる現象が起きる．この問題に対処するため，活性化関数として ReLU 関数（あるいはその類似関数）の採用や，スキップ接続の導入，また，ユニットの活性の正規化などがはかられた．以下，順にこれらについて解説する．

2.2.1 ReLU 関数

深層学習において，安定した学習の実現のために活性化関数がもつべき性質を列記しよう．

1. まず，活性化関数は非線形性でなければならない．非線形性は，線形関数以外の一般的な関数を表現するのに必要である．さらに，活性化関数の（集合の）完全性が要求される．すなわち，活性化関数の合成や線形和により，不連続関数をふくむ広い範囲の関数を十分に近似できなければならない．
2. つぎに，スケールの保存性があげられる．すなわち，階層数だけ，活性化関数は繰りかえし適用されるので，活性化関数がとる値が極端に大きくなると発散し，0 に近づくと 0 につぶれてしまう．この現象を回避するためには，独立変数がとる値に対する関数値が同程度のオーダーとなるスケールの保存性が必要となる．
3. さらに，微分可能性がある．これは最適化計算のために必要である．また，関数値と同様に，微分値も極端に大きくなると発散し，0 に近づくと 0 につぶれてしまうので，適切な大きさとなることが望ましい．

ReLU 関数[7)]

$$\mathrm{ReLU}(x) = \begin{cases} x, & 0 \le x, \\ 0, & x < 0 \end{cases}$$

は，これらの望ましい性質をすべてもつ関数で，かつ単純である（図 2.3）．本章末の付録で示すように，非線形である ReLU 関数を活性化関数とする隠れ層のユニットを増やせば，ニューラルネットワークは，任意の折れ線関数（区分線形関数）を表現できる．不連続関数をふくむ広い範囲の関数は折れ線関数でいくらでも近似できるので，その意味で ReLU 関数は完全である．入

[7)] Hahnloser, R. H. R., et al. (2000). Digital selection and analogue amplification coexist in a cortex-inspired silicon circuit. *Nature*, **405**, 947-951. Nair, V. and Hinton, G. E. (2010). Rectified linear units improve restricted Boltzmann machines. *ICML* 2010, 807-814. Glorot, X., Bordes, A. and Bengio, Y. (2011). Deep sparse rectifier neural networks. *AISTATS* 2011, 315-323.

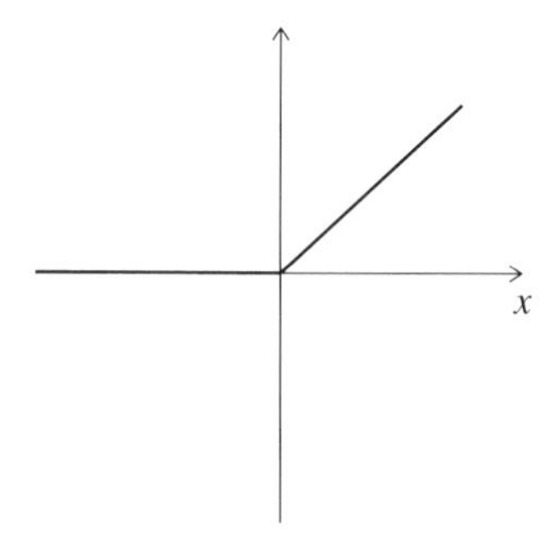

図 **2.3**　ReLU 関数.

力 0 あるいは $x > 0$ に対し，関数値もそれぞれそのまま $0, x$ であるのでスケールは当然保存される．微分可能性も

$$\mathrm{ReLU}'(x) = \begin{cases} 1, & 0 \leq x, \\ 0, & x < 0 \end{cases}$$

から明らかである[8)].

2.3　残差接続

残差接続[9)]とは，いくつかの層を迂回するリンクをつくり，迂回せずに層をとおってきた出力と合算する方法である（図 2.4）．残差接続により，誤差の逆伝播における勾配消失をふせぐ効果と，順計算における（複数の層をへるために起こる）情報の欠落をふせぐ効果が見こまれる．残差接続において，$\mathbf{z}$ を迂回される部分への入力，$\mathbf{y} = \mathbf{f}(\mathbf{z})$ を迂回される部分の出力，$\mathbf{z}'$ を残差接続の出力とすると，

$$\mathbf{z}' = \mathbf{f}(\mathbf{z}) + \mathbf{z}$$

8) 厳密には，ReLU 関数は $x = 0$ で微分不可能であり，$x \neq 0$ で微分可能である．ただし，$x = 0$ においても劣微分は存在し，それは区間 [0, 1] であり，$x = 0$ における ReLU 関数の導関数値を 1 としても問題ない．なお，劣微分に関しては第 12 章の付録参照.

9) ふるくは，Rosenblatt, F. (1961). *Principles of Neurodynamics: Perceptrons and the Theory of Brain Mechanisms*, Cornell AeroNautical Laboratory, Inc., p.313. 深層学習では，He, K., et al. (2015). Deep residual learning for image recognition. *arXiv:1512.03385*.

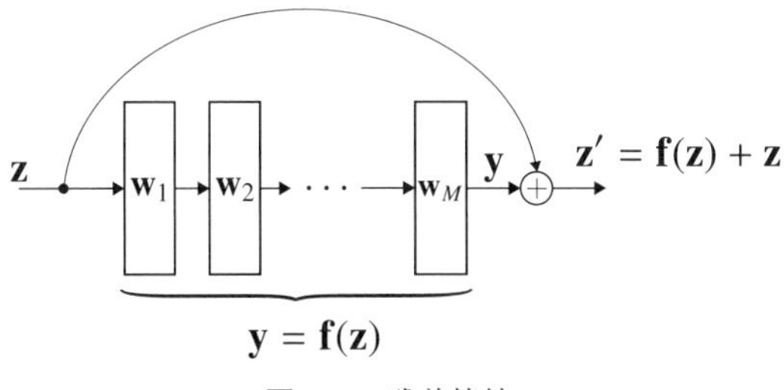

図 **2.4** 残差接続.

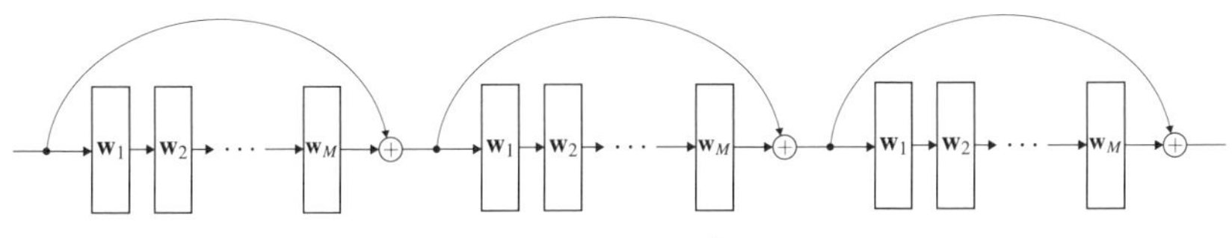

図 **2.5** 残差ブロックの積みかさね.

と表わされる．この式を変形した $\mathbf{z}' - \mathbf{z} = \mathbf{f}(\mathbf{z})$ が「残差」であり，これは，入力 $\mathbf{z}$ に対する修正量である．迂回される部分はこの修正量を予測しているとみなせる．

迂回される層と迂回路からなるネットワークを**残差ブロック**とよぶ．また，迂回路を**スキップ接続**とよぶ．通常は，複数の残差ブロックを連結し積みかさねる（図 2.5）．

残差接続の効用はいくつか考えられる．1 つは，勾配消失を回避できる効果である．これは $\mathbf{z}$ が残差ブロックの活性で，$\mathbf{z}'$ が直後の残差ブロックの活性と考えられることから，誤差が

$$\frac{\partial E}{\partial \mathbf{z}} = \left(\frac{\partial \mathbf{z}'}{\partial \mathbf{z}^{\mathrm{T}}}\right)^{\mathrm{T}} \frac{\partial E}{\partial \mathbf{z}'} = \left(\frac{\partial(\mathbf{z} + \mathbf{f}(\mathbf{z}))}{\partial \mathbf{z}^{\mathrm{T}}}\right)^{\mathrm{T}} \frac{\partial E}{\partial \mathbf{z}'} = \left(\mathbf{I} + \frac{\partial \mathbf{f}(\mathbf{z})}{\partial \mathbf{z}^{\mathrm{T}}}\right)^{\mathrm{T}} \frac{\partial E}{\partial \mathbf{z}'}$$
$$= \frac{\partial E}{\partial \mathbf{z}'} + \left(\frac{\partial \mathbf{f}(\mathbf{z})}{\partial \mathbf{z}^{\mathrm{T}}}\right)^{\mathrm{T}} \frac{\partial E}{\partial \mathbf{z}'}$$

となり，出力側のブロックの誤差に $\left(\frac{\partial \mathbf{f}(\mathbf{z})}{\partial \mathbf{z}^{\mathrm{T}}}\right)^{\mathrm{T}} \frac{\partial E}{\partial \mathbf{z}'}$ をくわえたものが入力側のブロックの誤差となることからも確かめられる．

また，計算の頑健性への寄与もあげられる．残差接続がない多層ネットワークでは，どこかの層の計算が $\mathbf{0}$ になると全体の計算結果も $\mathbf{0}$ になる．スキッ

プ接続があると，残差ブロック中の層の計算が $\mathbf{0}$ になっても，全体の計算は $\mathbf{0}$ にはならない．

さらに，情報を保存したボトルネックの実現もあげられる．ボトルネックとは，チャネル方向や空間方向に関してサイズを小さくしてから，コストのかかる計算をおこない，そのあともとのサイズにもどす技法である．一般に，スキップ接続がない層でボトルネックをおこなうと情報が欠落することが知られている．残差接続では，スキップ接続によりもとの情報は保存される．

2.4　活性の正規化

2.4.1　データの標準化と白色化

たとえば，身長と体重の組といったように，多次元量では，成分が不均一であることが多い．一般に，ニューラルネットワークにかぎらず，成分ごとに大きさやばらつきが異なる多次元量 $\mathbf{u}$ では学習効率がわるくなることが知られている．たとえば，単純な勾配降下法における学習率が，ある成分に対しては適切でも，ほかの成分に対しては不適切なことがしばしば起こる．学習率を適応的にかえても学習効率のわるさを吸収しきれない場合もある．また，同一符号（たとえば正数ばかり）からなる多次元量 $\mathbf{u}$ の場合も，各成分に対し同一方向の探索しかおこなわないので学習効率がわるくなる．これは，同一符号のデータだと，1つのユニットにつながった重みに対する勾配の正負がすべての成分で一致してしまうからである．

深層学習においても，ユニットごとの入出力が不均一であると学習が阻害される．そこで，いくつかユニットの入出力を均一化する手法が考えられた．それらを説明する前に，まず，データの標準化と白色化について簡単にまとめる．多次元データ $\mathbf{X} = \{\mathbf{x}_1, \ldots, \mathbf{x}_N\}$，$\mathbf{x}_n = (x_{1n} \cdots x_{Dn})^{\mathrm{T}}$ として，成分ごとの大きさやばらつきが異なるもの，あるいは，同一符号からなるものを仮定する．データ $\mathbf{X}$ を，各成分の平均が0で分散が1である

$$\hat{\mathbf{X}} = \{\hat{\mathbf{x}}_1, \ldots, \hat{\mathbf{x}}_N\}$$

に線形変換することを標準化という．具体的には，$\hat{x}_{in}$ を $\hat{\mathbf{x}}_n$ の第 i 成分とすると

$$\hat{x}_{in} = \frac{x_{in} - \mu_i}{\sqrt{\sigma_i^2 + \epsilon}},$$

ここで，μ_i は $x_{i1}, \ldots, x_{iN}$ の平均で，σ_i^2 は $x_{i1}, \ldots, x_{iN}$ の分散である．なお，ϵ は，0 でわることを避けるために使われる小さな数を表わす．

さらに進めて，データ $\mathbf{X}$ を，各成分の平均が 0 で分散が 1 となるように変換するだけでなく，異なるデータ間の相関が 0 となるように線形変換するのがデータの**白色化**，あるいは **PCA 白色化**，である．具体的には

$$\mathbf{Y} = \{\mathbf{y}_1, \ldots, \mathbf{y}_N\},$$
$$\mathbf{y}_n = \mathbf{P}_p(\mathbf{x}_n - \boldsymbol{\mu}), \quad \mathbf{P}_p \equiv \boldsymbol{\Lambda}^{-\frac{1}{2}}\mathbf{U}^{\mathrm{T}},$$

ただし，データ平均と経験共分散をそれぞれ

$$\boldsymbol{\mu} = \frac{1}{N}\sum_{n=1}^{N}\mathbf{x}_n, \quad \boldsymbol{\Sigma} = \frac{1}{N}\sum_{n=1}^{N}(\mathbf{x}_n - \boldsymbol{\mu})(\mathbf{x}_n - \boldsymbol{\mu})^{\mathrm{T}}$$

としたとき，$\boldsymbol{\Sigma}$ の固有値分解

$$\boldsymbol{\Sigma}\mathbf{U} = \mathbf{U}\boldsymbol{\Lambda},$$

すなわち，$\boldsymbol{\Lambda}$ は $\boldsymbol{\Sigma}$ の対角化で

$$\boldsymbol{\Lambda}^{-\frac{1}{2}} = \begin{pmatrix} \lambda_1^{-\frac{1}{2}} & & \\ & \ddots & \\ & & \lambda_D^{-\frac{1}{2}} \end{pmatrix},$$

$\mathbf{U}$ は直交行列である．

また，つぎにのべるデータの ZCA 白色化は，機械学習では PCA 白色化よりもよくもちいられる．ゼロ位相白色化ともよばれる **ZCA 白色化**[10]では，変換行列 $\mathbf{P}_p = \boldsymbol{\Lambda}^{-\frac{1}{2}}\mathbf{U}^{\mathrm{T}}$ に $\mathbf{U}$ をかけて対称化した

$$\mathbf{P}_z = \mathbf{U}\boldsymbol{\Lambda}^{-\frac{1}{2}}\mathbf{U}^{\mathrm{T}} \quad (\mathbf{P}_z^{\mathrm{T}} = (\mathbf{U}\boldsymbol{\Lambda}^{-\frac{1}{2}}\mathbf{U}^{\mathrm{T}})^{\mathrm{T}} = \mathbf{U}\boldsymbol{\Lambda}^{-\frac{1}{2}}\mathbf{U}^{\mathrm{T}} = \mathbf{P}_z)$$

[10] Bell, A. J. and Sejnowski, T. J. (1997). The "independent components" of natural scenes are edge filters. *Vision Research*, **37**, 3327–3338.

をもちいてデータを

$$\mathbf{y}_n = \mathbf{P}_z(\mathbf{x}_n - \boldsymbol{\mu})$$

と線形変換する．PCA 白色化の変換行列 $\mathbf{P}_p = \boldsymbol{\Lambda}^{-\frac{1}{2}}\mathbf{U}^{\mathrm{T}}$ を $\mathbf{x} - \boldsymbol{\mu}$ にかけることは，$\mathbf{U}$ が直交行列であるので，データ $\mathbf{x}$ を平均 $\boldsymbol{\mu}$ まわりに $\mathbf{U}^{\mathrm{T}}$ だけ回転させ，そのあと固有ベクトル方向に拡大縮小させる操作となる．ZCA 白色化の変換行列 $\mathbf{P}_z$ は $\mathbf{P}_p$ に $\mathbf{U} = (\mathbf{U}^{\mathrm{T}})^{-1}$ をかけたものなので，$\mathbf{P}_z$ をデータにかけることは，回転・拡大縮小ののちに逆回転でデータを引きもどすことに相当する．変換においてデータが回転させられた角度を位相とよべば，ZCA 白色化の名前は，位相がゼロであることに由来する．

ZCA 白色化は，直流成分を除去し，エッジを強調することにより，$\mathbf{P}_z$ の各列ベクトルは，それぞれ，特定の画素の中心とまわりの差を強調するという特徴をもつ．それに対し，PCA 白色化は，高周波成分が一律に強調され，もとの画像の空間構造は保存されず，$\mathbf{P}_p$ の各列ベクトルは，それぞれ，特定の周波数と位相を取りだすという特徴をもつ．

データの標準化・白色化から，ニューラルネットワークにおけるユニットの活性の正規化（正則化）に話をうつそう．活性正規化には，バッチ正規化やレイヤー正規化・インスタンス正規化・グループ正規化などがある．以下でこれらを簡単にのべる．まず，バッチ正規化を紹介する．

2.4.2　バッチ正規化

ユニットの活性をミニバッチごとに正規化することを，バッチ正規化という[11]．以下，具体的にのべよう．$\mathbf{X} = \{\mathbf{x}_1, \ldots, \mathbf{x}_N\}$，$\mathbf{x}_N = (x_{1n} \cdots x_{Dn})^{\mathrm{T}}$ をミニバッチとし，$u_{jn}^{(l)}$ をデータ $\mathbf{x}_n$ に対する第 l 層のユニット j の活性とする．ミニバッチにおける活性の平均は

$$\mu_j^{(l)} = \frac{1}{N}\sum_{n=1}^{N} u_{jn}^{(l)}$$

[11] Ioffe, S. and Szegedy, C. (2015). Batch normalization: accelerating deep network training by reducing internal covariate shift. *arXiv:1502.03167*.

で，分散は

$$(\sigma_j^{(l)})^2 = \frac{1}{N}\sum_{n=1}^{N}(u_{jn}^{(l)} - \mu_j^{(l)})^2$$

である．これらをもちいて，学習時におけるバッチ正規化では，データ $\mathbf{x}_n$ に対する第 l 層のユニット j の活性 $u_{jn}^{(l)}$ をまず

$$\hat{u}_{jn}^{(l)} = \frac{u_{jn}^{(l)} - \mu_j^{(l)}}{\sqrt{(\sigma_j^{(l)})^2 + \epsilon}}$$

と変換する．これをさらに，

$$\tilde{u}_{jn}^{(l)} = \gamma_j^{(l)}\hat{u}_{jn}^{(l)} + \beta_j^{(l)}$$

と線形変換し，これを学習時の $\mathbf{x}_n$ に対するユニット j の活性とする．ただし，$\gamma_j^{(l)}$ と $\beta_j^{(l)}$ は学習で定める．規格化だけだと表現が大きく制約されるため，この線形変換をおこない表現力を高めている．

推論時のバッチ正規化では，入力 $\mathbf{x}$ に対し，層 l のユニット j の活性を，学習時に求めた $\mu_j^{(l)}$, $(\sigma_j^{(l)})^2$, $\gamma_j^{(l)}$, $\beta_j^{(l)}$ の指数移動平均[12)]をつかって正規化する．

以上では，チャネルを無視して話を進めてきた．画像処理では，通常，カラー画像を RGB の 3 つの「画像」で表現する．これに対応して，カラー画像をあつかうニューラルネットワークでは，入力を RGB の 3 つの「画像」にわけ，それぞれをチャネルとよぶ．各層の活性の計算では，前層のチャネルの出力に対し，対応するユニットの活性ごとに和をとって，チャネルの情報をつぶしてから活性化関数にわたして出力する．出力は，複数のフィルタによりたたみこまれ，再び複数のチャネルができる．以下ではチャネル[13)]も考慮したバッチ正規化についてのべる．その前にチャネル導入のために必要となるテンソ

12) 学習時にミニバッチが T 回つかわれたとし，t 回めの学習での量 A の値を A_t とかくと，A の指数移動平均は

$$\frac{A_T + \frac{1}{2}A_{T-1} + \frac{1}{2^2}A_{T-2} + \cdots + \frac{1}{2^{T-1}}A_1}{1 + \frac{1}{2} + \frac{1}{2^2} + \cdots + \frac{1}{2^{T-1}}}$$

と定義される．

13) チャネルについては，拙著『機械学習 1』（共立出版）の第 5 章を参照のこと．

ル表記をまとめておく．

■ ニューラルネットワークのテンソル表記

1.2 節では，層とミニバッチごとにユニットの活性や出力などをまとめて表記するため行列を導入した．以下では，層とミニバッチにくわえてチャネルもまとめてあつかうため，テンソルを導入する．直感的には，ベクトルが成分を直線上にならべたもので，行列が成分を平面に 2 次元的にならべたものとすれば，ここで導入するテンソルは成分を空間に 3 次元的にならべたものである．プログラミング言語における配列の言葉でのべれば，ベクトルが 1 次元配列で，行列が 2 次元配列，テンソルは 3 次元配列である．活性や重みなどのテンソル表現を以下にしるす．

- **活性**　$\mathbf{U}^{(l)}$ は l 層のユニットの活性 u_{jnc} を成分とするテンソルであり，j はユニット，n はミニバッチ中のデータ，c はチャネルに対応する．
- **活性化関数**　$\mathbf{f}^{(l)}(\mathbf{U}^{(l)})$ は，(j, n, c) 成分が，$\mathbf{U}^{(l)}$ の成分 u_{jnc} に対する活性化関数値 $f(u_{jnc})$ のテンソルである．
- **出力**　$\mathbf{Z}^{(l)}$ は，l 層のユニットの出力 z_{jnc} を成分とするテンソルであり，行 j は j 番めのユニット，列 n は n 番めのミニバッチのデータで，チャネル c に対応する．

複数チャネルのバッチ正規化ではチャネルごとに正規化する．すなわち，c をチャネル，(M, N, C) をテンソルの型 (shape) とし，$u_{jnc}^{(l)}$ は，データ $\mathbf{x}_n$ に対する第 l 層のチャネル c におけるユニット j の活性としたとき，ミニバッチと第 l 層のユニットにおける活性の平均はチャネルごとに

$$\mu_c^{(l)} = \frac{1}{NM}\sum_{n=1}^{N}\sum_{j=1}^{M} u_{jnc}^{(l)},$$

分散は

$$(\sigma_c^{(l)})^2 = \frac{1}{NM}\sum_{n=1}^{N}\sum_{j=1}^{M}(u_{jnc}^{(l)} - \mu_c^{(l)})^2$$

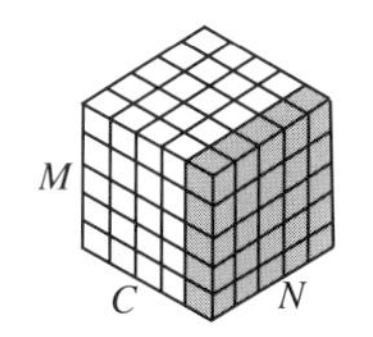

(a) バッチ正規化.

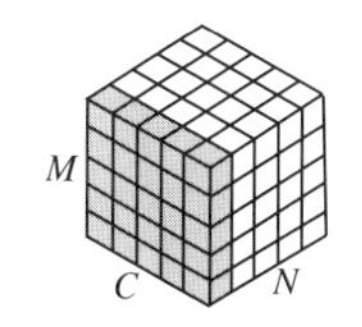

(b) レイヤー正規化.

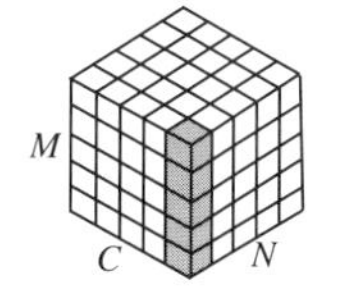

(c) インスタンス正規化.

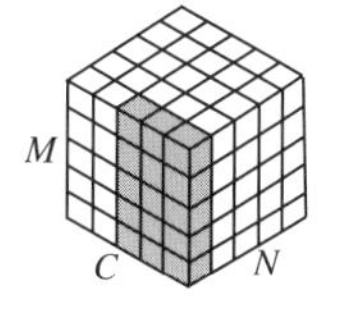

(d) グループ正規化.

図 2.6 活性の正規化の可視化．チャネル (C) と層 (M)・ミニバッチ (N) を 3 軸とし，それぞれの正規化で，こい灰色の部分がまとまりとして扱われることを示している．

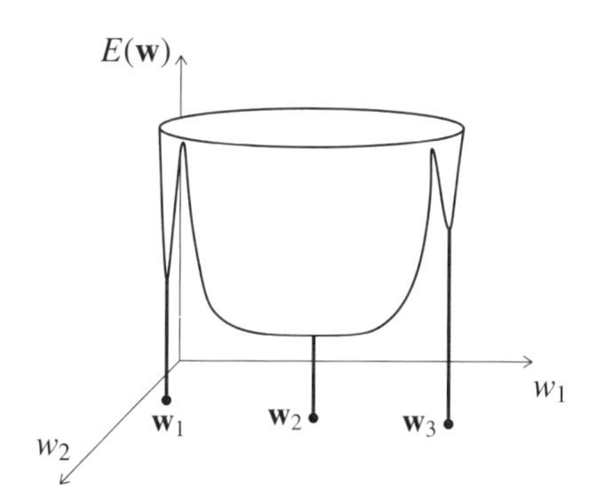

図 2.7 バッチ正規化によりフラットな解に収束しやすくなる．

で，これをつかって，データ $\mathbf{x}_n$ に対するチャネル c のユニット j の活性 $u_{jnc}^{(l)}$ を

$$\tilde{u}_{jnc}^{(l)} = \gamma_{jc}^{(l)} \frac{u_{jnc}^{(l)} - \mu_c^{(l)}}{\sqrt{(\sigma_c^{(l)})^2 + \epsilon}} + \beta_{jc}^{(l)}, \quad c = 1, \ldots, C$$

とする（図 2.6a）．

バッチ正規化の効用には，学習効率の向上や，フラットな解により収束しやすくなる汎化性能の向上があげられる（図 2.7）．また，バッチ正規化の欠点と制約としては以下があげられる．すなわち，

- 同じ入力に対しても，学習時と推論時で，正規化するためのパラメータ μ_j と σ_j^2 の値がちがうため，学習時と推論時でネットワークのふるまい

が異なる可能性がある.

- また，ミニバッチのサイズが小さいときは，μ_j と σ_j^2 の推定値のばらつきが大きくなり，正規化の効果がうすれてしまう.
- 活性化関数として，ロジスティックシグモイド関数やソフトマックス関数を利用するときは，活性の絶対的な大きさが重要な意味をもつため，正規化をおこなってはならない.
- さらに，RNN(recurrent neural network) など，ループがあるリンク接続構造のネットワークでは，同じ層に何度も情報が伝達されるが，通過するたびごとの平均と分散の値が大きく異なるため，バッチ正規化の適用が困難である.

これでバッチ正規化を終え，つづいて，レイヤー正規化にうつろう．以下では，簡単のため，ミニバッチのデータ $\mathbf{x}_n$ の n を落として話を進める.

2.4.3　レイヤー正規化

レイヤー正規化（**層正規化**ともいう）[14]は，第5章で詳述するトランスフォーマーのブロックでつかわれている正規化である．レイヤー正規化では，ユニットの活性を，データごとに，そのユニットがある層で正規化をおこなう（図2.6b)．複数チャネルの場合は，平均と分散を求めるとき，チャネル方向にそっても計算し，すべてのチャネルで同一の正規化をおこなう．具体的には，レイヤー正規化では，データ $\mathbf{x}$ ごとに，チャネル c の第 l 層の各ユニットの活性 $u_{jc}^{(l)}$ に対し，層とチャネルにおける活性の平均

$$\mu^{(l)} = \frac{1}{MC}\sum_{j=1}^{M}\sum_{c=1}^{C} u_{jc}^{(l)}$$

と分散

[14] Ba, J. L., Kiros, J. R. and Hinton, G. E. (2016). Layer normalization. *arXiv:1607.06450.*

$$(\sigma^{(l)})^2 = \frac{1}{MC}\sum_{j=1}^{M}\sum_{c=1}^{C}(u_{jc}^{(l)} - \mu^{(l)})^2$$

をつかい

$$\tilde{u}_{jc}^{(l)} = \gamma_j^{(l)} \frac{u_{jc}^{(l)} - \mu^{(l)}}{\sqrt{(\sigma^{(l)})^2 + \epsilon}} + \beta_j^{(l)}$$

と正規化と線形変換をおこなう．

2.4.4 インスタンス正規化

インスタンス正規化[15]では，ユニットの活性を，データとチャネルごとに，そのユニットがある層で正規化をおこなう（図 2.6c）．すなわち，各データ $\mathbf{x}$ ごとに，チャネル c の第 l 層のユニット j の活性 $u_{jc}^{(l)}$ を，層における活性の平均

$$\mu_c^{(l)} = \frac{1}{M}\sum_{j=1}^{M} u_{jc}^{(l)}$$

と分散

$$(\sigma_c^{(l)})^2 = \frac{1}{M}\sum_{j=1}^{M}(u_{jc}^{(l)} - \mu_c^{(l)})^2$$

をつかい，

$$\tilde{u}_{jc}^{(l)} = \gamma_{jc}^{(l)} \frac{u_{jc}^{(l)} - \mu_c^{(l)}}{\sqrt{(\sigma_c^{(l)})^2 + \epsilon}} + \beta_{jc}^{(l)}$$

と正規化と線形変換をおこなう．

[15] Ulyanov, D., Vedaldi, A. and Lempitsky, V. (2016). Instance normalization: the missing ingredient for fast stylization. *arXiv:1607.08022.*

2.4.5 グループ正規化

グループ正規化[16]では，チャネルをいくつかのグループにわけ，ユニットの活性を，チャネルのグループとデータごとに，そのユニットがある層で正規化する（図 2.6d）．グループ正規化では，データ $\mathbf{x}$ ごとに，チャネルグループ C_g の第 l 層のユニット j の活性 $u_{jc}^{(l)}$ を，層とチャネルグループにおける活性の平均

$$\mu_{C_g}^{(l)} = \frac{1}{M \cdot |C_g|} \sum_{j=1}^{M} \sum_{c \in C_g} u_{jc}^{(l)}$$

と分散

$$(\sigma_{C_g}^{(l)})^2 = \frac{1}{M \cdot |C_g|} \sum_{j=1}^{M} \sum_{c \in C_g} (u_{jc}^{(l)} - \mu_{C_g}^{(l)})^2$$

をつかい

$$\tilde{u}_{jc}^{(l)} = \gamma_{C_g}^{(l)} \frac{u_{jc}^{(l)} - \mu_{C_g}^{(l)}}{\sqrt{(\sigma_{C_g}^{(l)})^2 + \epsilon}} + \beta_{C_g}^{(l)}$$

と正規化と線形変換をおこなう．

2.5 付　録

2.5.1 勾配降下法の収束率

誤差関数

$$E(\mathbf{w}) \approx E_0 + \mathbf{w}^{\mathrm{T}}\mathbf{b} + \frac{1}{2}\mathbf{w}^{\mathrm{T}}\mathbf{H}\mathbf{w}$$

を2次近似する．ここで，E_0 は定数，$\mathbf{b}$ は定数ベクトル，$\mathbf{H}$ は E のヘッセ行列である．この式の右辺の勾配を $\mathbf{0}$ とおいた方程式

$$\nabla E \approx \mathbf{b} + \mathbf{H}\mathbf{w} = \mathbf{0}$$

---

[16] Wu, Y. and He, K. (2018). Group normalization. *arXiv:1803.08494*.

をといた

$$-\mathbf{H}\mathbf{w}^* = \mathbf{b} \Leftrightarrow \mathbf{w}^* = -\mathbf{H}^{-1}\mathbf{b} \tag{2.5.1}$$

が，2 次近似の最小解である．ヘッセ行列 $\mathbf{H}$ の対角化を

$$\mathbf{H} = \mathbf{U}\mathbf{\Lambda}\mathbf{U}^{\mathrm{T}} \Leftrightarrow \mathbf{U}^{\mathrm{T}}\mathbf{H} = \mathbf{\Lambda}\mathbf{U}^{\mathrm{T}} \tag{2.5.2}$$

としよう．ただし，$\mathbf{U}$ は $\mathbf{H}$ の固有ベクトルをならべた直交行列で，$\mathbf{\Lambda}$ は，$\mathbf{H}$ の固有値 λ_i を対角成分とする対角行列である．

2 次近似のもとで，勾配降下法の更新式は

$$\mathbf{w}_{t+1} = \mathbf{w}_t - \eta \cdot (\mathbf{b} + \mathbf{H}\mathbf{w}_t)$$

である．

この両辺に $\mathbf{U}^{\mathrm{T}}$ をかけて，式 (2.5.1) と (2.5.2) をもちいると

$$\begin{aligned}
\mathbf{U}^{\mathrm{T}}\mathbf{w}_{t+1} &= \mathbf{U}^{\mathrm{T}}\mathbf{w}_t - \eta \cdot (\mathbf{U}^{\mathrm{T}}\mathbf{b} + \mathbf{U}^{\mathrm{T}}\mathbf{H}\mathbf{w}_t) \\
&= \mathbf{U}^{\mathrm{T}}\mathbf{w}_t - \eta \cdot (-\mathbf{U}^{\mathrm{T}}\mathbf{H}\mathbf{w}^* + \mathbf{U}^{\mathrm{T}}\mathbf{H}\mathbf{w}_t) \\
&= \mathbf{U}^{\mathrm{T}}\mathbf{w}_t - \eta \cdot (-\mathbf{\Lambda}\mathbf{U}^{\mathrm{T}}\mathbf{w}^* + \mathbf{\Lambda}\mathbf{U}^{\mathrm{T}}\mathbf{w}_t).
\end{aligned}$$

両辺から $\mathbf{U}^{\mathrm{T}}\mathbf{w}^*$ をひいて，

$$\hat{\mathbf{w}}_t = \mathbf{U}^{\mathrm{T}}(\mathbf{w}_t - \mathbf{w}^*) \tag{2.5.3}$$

とおくと，上式は

$$\hat{\mathbf{w}}_{t+1} = \hat{\mathbf{w}}_t - \eta \cdot \mathbf{\Lambda}\hat{\mathbf{w}}_t$$

となる．この第 i 成分は

$$\begin{aligned}
\hat{w}_{t+1,\,i} &= \hat{w}_{ti} - \eta\lambda_i\hat{w}_{ti} \\
&= (1 - \eta\lambda_i)\hat{w}_{ti} \\
&= (1 - \eta\lambda_i)^{t+1}\hat{w}_{0i}
\end{aligned}$$

となる．これと式 (2.5.3) をつかうと

$$\mathbf{w}_t - \mathbf{w}^* = \mathbf{U}\hat{\mathbf{w}}_t = \sum_{i=1}^{D} \hat{w}_{0i}(1-\eta\lambda_i)^t \mathbf{u}_i$$

を得る．ただし，$\mathbf{u}_i$ は $\mathbf{U}$ の列ベクトルである．よって，

$$\begin{aligned}\|\mathbf{w}_t - \mathbf{w}^*\| &= \left\| \sum_{i=1}^{D} \hat{w}_{0i}(1-\eta\lambda_i)^t \mathbf{u}_i \right\| \\ &\leq \sum_{i=1}^{D} |\hat{w}_{0i}| \cdot |1-\eta\lambda_i|^t \cdot \|\mathbf{u}_i\| \leq M \sum_{i=1}^{D} |1-\eta\lambda_i|^t,\end{aligned}$$

ただし，$M = \sup_i |\hat{w}_{0i}| \cdot \|\mathbf{u}_i\|$ とおいた．

ここで，η を十分に小さくとっておけば，$|1-\eta\lambda_i| < 1$ となるので，t を大きくしたとき，最右辺は，最も大きい項で決まる．以下では，上式を最小にする学習率 η を求め，その学習率における収束率を求める．$|1-\eta\lambda_i|$ は，最小の固有値 λ_1 か最大の固有値 λ_D のどちらかで最大となるので，求める学習率は

$$\eta^* = \arg\min_{\eta} \max\{|1-\eta\lambda_1|, |1-\eta\lambda_D|\}$$

である．

この式中の $|1-\eta\lambda_1|$，$|1-\eta\lambda_D|$ のどちらか大きいほうの最小値は，η をうごかせば

$$1-\eta\lambda_1 = -(1-\eta\lambda_D)$$

のときに達成される．このとき，

$$\eta^* = \frac{2}{\lambda_1 + \lambda_D}$$

となる．勾配降下法1回あたり，各成分の誤差は $1-\eta^*\lambda_i$ の割合で小さくなるから，収束率は

$$1-\eta^*\lambda_D = 1 - \frac{2}{\lambda_1+\lambda_D}\lambda_D = \frac{\kappa-1}{\kappa+1},$$

ただし，$\kappa \equiv \dfrac{\lambda_D}{\lambda_1}$．

2.5.2 ReLU 関数の完全性

ReLU 関数を活性化関数とする中間層のユニットを増やせば，ニューラルネットワークは，任意の折れ線関数（区分線形関数）を表現できることを，1 変数の場合について示そう．以下，a を 0 でない定数とする．ξ を x 軸上の任意の点としたとき，図 2.8 に示した関数

$$\phi_\xi(x) \equiv \begin{cases} 0, & x < \xi, \\ ax - a\xi, & \xi \leq x \end{cases}$$

は，図 2.9 のネットワークで実現できる．ただし，入力層にはバイアスユニットともう 1 つユニットがあり，ユニットは入力をそのまま出力する．中間層と出力層にはそれぞれ 1 つずつユニットがあり，それらの活性化関数は，ReLU 関数と恒等関数である．関数 $\phi_\xi(x)$ をつかって，任意の $\xi_1 < \xi_2$ について，関数 $\psi_{\xi_1,\xi_2}(x)$ を

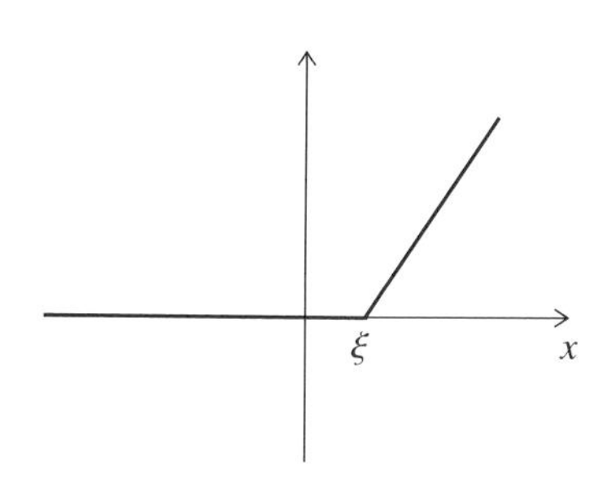

図 **2.8** 関数 $\phi_\xi(x) \equiv 0\ (x < \xi), \quad ax - a\xi\ (\xi \leq x)$.

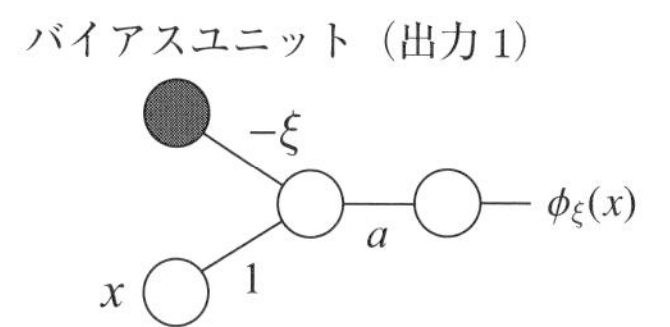

図 **2.9** 関数 $\phi_\xi(x)$ を計算するネットワーク．入力層のユニットは入力をそのまま出力し，中間層の活性化関数は ReLU 関数，出力層ユニットの活性化関数は恒等関数．

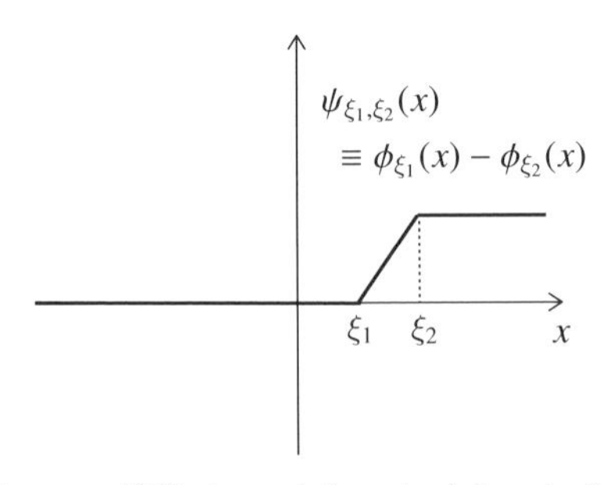

図 2.10　関数 $\psi_{\xi_1,\,\xi_2}(x) \equiv \phi_{\xi_1}(x) - \phi_{\xi_2}(x)$.

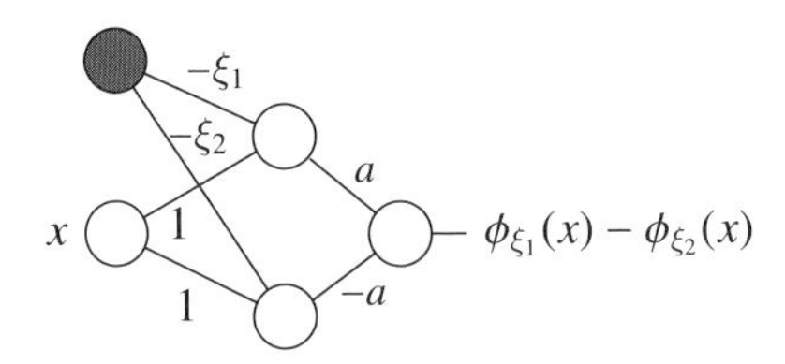

図 2.11　関数 $\psi_{\xi_1,\,\xi_2}(x)$ を計算するネットワーク．中間層の活性化関数は ReLU 関数で，出力層ユニットの活性化関数は恒等関数.

S_l

$\xi_1,\ \xi_2$

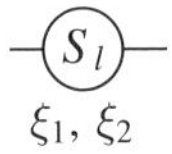

図 2.12　図 2.11 に示されたネットワークの略記.

$$\psi_{\xi_1,\,\xi_2}(x) \equiv \phi_{\xi_1}(x) - \phi_{\xi_2}(x) = \begin{cases} 0, & x < \xi_1, \\ ax - a\xi_1, & \xi_1 \leq x \leq \xi_2, \\ a\xi_2 - a\xi_1, & \xi_2 < x \end{cases}$$

と定義する（図 2.10）．この関数は，図 2.11 のネットワークで実現できる．ただし，中間層の活性化関数は ReLU 関数とし，出力層ユニットの活性化関数は恒等関数とする．このネットワークを図 2.12 のように表記しよう．

ここで，$a\xi_2 - a\xi_1 = b$ を一定にしたまま，ξ_2 を $\xi = \xi_1$ に近づけ，傾き a を大きく（a が負のときは小さく）とると，$\psi_{\xi_1,\,\xi_2}(x)$ は，ステップ関数

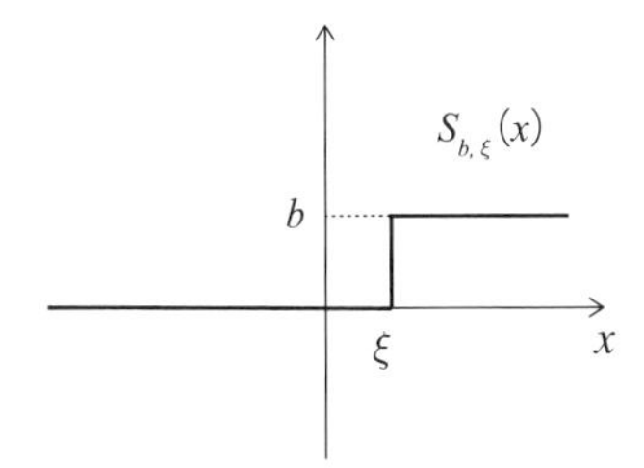

図 **2.13**　$x = \xi$ で，0 から b に立ちあがるステップ関数.

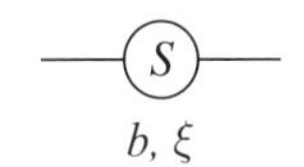

図 **2.14**　$x = \xi$ で，0 から b に立ちあがるステップ関数を近似するネットワークの省略表現.

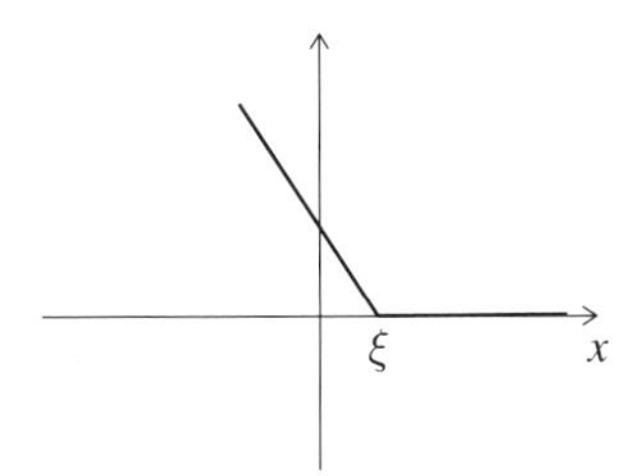

図 **2.15**　関数 $\phi_\xi^-(x) \equiv -ax + a\xi \ (x < \xi), \quad 0 \ (\xi \leq x)$.

$$S_{b,\xi}(x) = \begin{cases} 0, & x < \xi, \\ b, & \xi \leq x \end{cases}$$

を近似する（図 2.13）．この不連続関数を近似するネットワークを図 2.14 のように表記する.

同様に，図 2.15 に示した関数

$$\phi_\xi^-(x) \equiv \begin{cases} -ax + a\xi, & x < \xi, \\ 0, & \xi \leq x \end{cases}$$

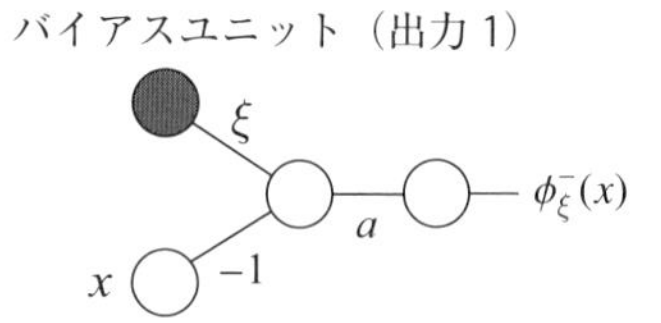

図 **2.16**　関数 $\phi_\xi^-(x)$ を計算するネットワーク．入力層のユニットは入力をそのまま出力し，中間層の活性化関数は ReLU 関数，出力層ユニットの活性化関数は恒等関数．

は，図 2.16 のネットワークで実現できる．ただし，入力層にはバイアスユニットともう 1 つユニットがあり，ユニットは入力をそのまま出力する．中間層と出力層にはそれぞれ 1 つずつユニットがあり，それらの活性化関数は，ReLU 関数と恒等関数である．

この関数 $\phi_\xi^-(x)$ をつかって，

$$\psi_{\xi_1,\,\xi_2}^-(x) \equiv \phi_{\xi_2}^-(x) - \phi_{\xi_1}^-(x) = \begin{cases} -a\xi_1 + a\xi_2, & x < \xi_1, \\ -ax + a\xi_2, & \xi_1 \leq x \leq \xi_2, \\ 0, & \xi_2 < x \end{cases}$$

と定義し，これに対し，$a\xi_2 - a\xi_1 = b$ を一定にしたまま，ξ_2 を $\xi = \xi_1$ に近づけ a を大きく（a が負のときは小さく）すると，ステップ関数

$$S_{b,\,\xi}^-(x) = \begin{cases} b, & x < \xi, \\ 0, & \xi \leq x \end{cases}$$

を近似する（図 2.17）．ただし，$a\xi_2 - a\xi_1 = b$ である．これを近似するネットワークを図 2.18 のように表記する．

さて，線分を 1 つふくむ「線分関数」

$$y(x) = \begin{cases} ax + c, & \xi_1 < x \leq \xi_2, \\ 0, & x \leq \xi_1,\ \xi_2 < x \end{cases}$$

を考えよう．ただし，c は定数で，$b_1 = a\xi_1 + c$，$b_2 = a\xi_2 + c$ とする（図 2.19）．この「線分関数」は，

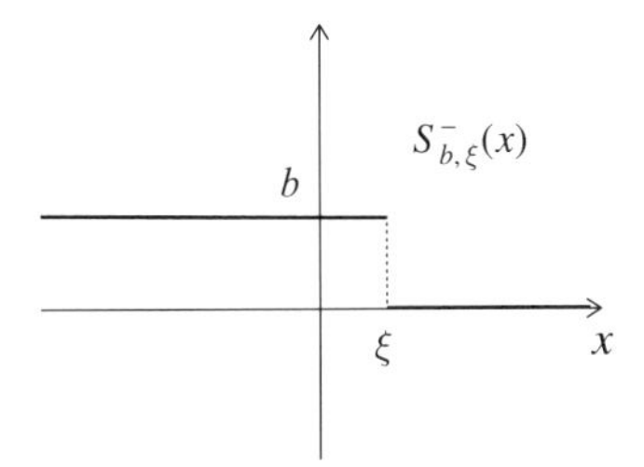

図 2.17　$x = \xi$ で，b から 0 に落ちるステップ関数.

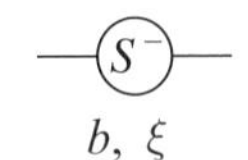

図 2.18　$x = \xi$ で，b から 0 に落ちる関数のネットワークの略記.

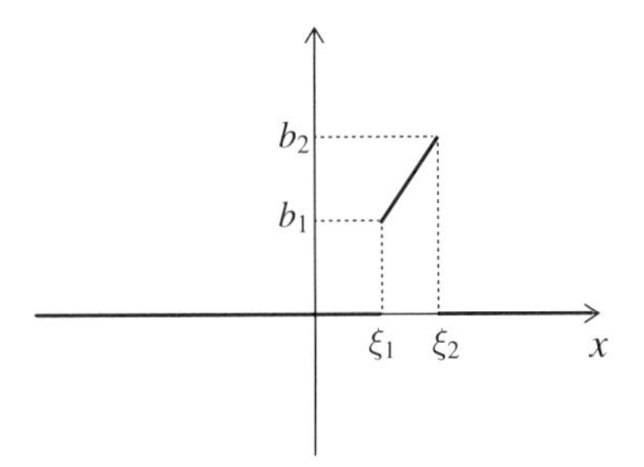

図 2.19　区間 $[\xi_1,\ \xi_2]$ で直線 $ax + c$ と一致し，それ以外の点で 0 をとる関数.

$$\psi_{\xi_1,\,\xi_2}(x) + b_1 - S^-_{b_1,\,\xi_1}(x) - S_{b_2,\,\xi_2}(x) \tag{2.5.4}$$

と表わすことができ，これを近似するネットワークを図 2.20 に示す．このネットワークを線分ユニットとよび，y と表記する．

最後に，折れ線が 1 つあたえられたとし，この折れ線を構成する線分を $y_1(x), \ldots, y_m(x)$ とする．図 2.21 に示すように，1 つの入力ユニットと 1 つの出力ユニットをもち，入力ユニットとつながった線分ユニット y_i を並列にならべ，y_i の出力を出力ユニットにつなげたニューラルネットワークをつくろう．ただし，リンクの重みはすべて 1 とする．このニューラルネットワー

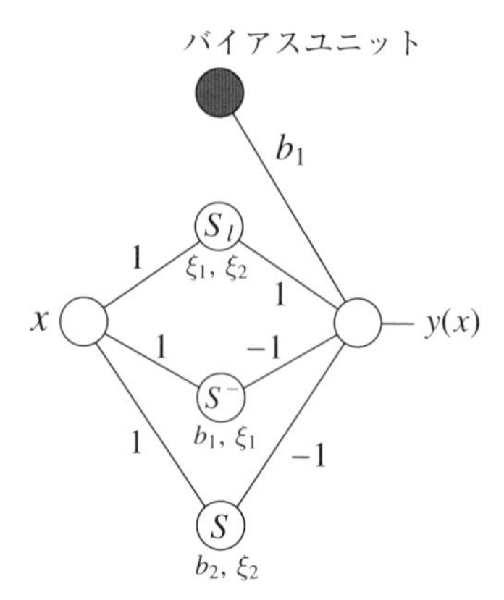

図 2.20　区間 $[\xi_1, \xi_2]$ で直線 $ax + c$ と一致し，それ以外の点で 0 をとる関数を実現するニューラルネットワーク．

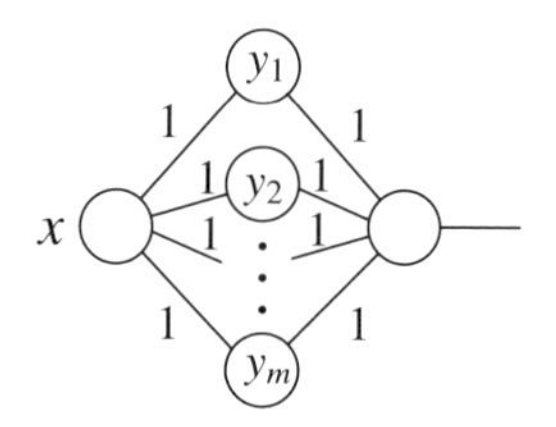

図 2.21　折れ線を計算するニューラルネットワーク．

クは，線分 $y_1(x), \ldots, y_m(x)$ からなる折れ線を計算するニューラルネットワークである．

第3章　RNN：recurrent neural network

3.1　RNNのアーキテクチャと計算

金融データや，音声データ・気象データなどの系列データは，通常のニューラルネットワークではあつかえない．通常のニューラルネットワークの入出力層のユニット数は固定されているのに対し，系列データは，入力の長さが決まっておらず，入力の長さにおうじて出力の長さもかわってくるからである．**Recurrent neural network(RNN)**[1]は，系列データを処理するニューラルネットワークで，いくつもの変種がある．トランスフォーマーによる大規模言語モデルや言語生成モデルは，RNNと直接は関係しないが，RNNによる言語モデル（RNN言語モデル）との対比でとらえると，大規模言語モデル（と言語生成モデル）の特徴がより鮮明となる．本章では，RNN言語モデルの理解に必要なことがらにしぼり，最も単純な構造のRNNを解説する．

RNNには，系列データ（一般にはベクトルの系列）$\mathbf{x}^1, \ldots, \mathbf{x}^T$ が順に1つずつ入力される．図3.1に，スカラー列を入出力とし，入力層と出力層はそれぞれ1つのユニットからなり，隠れ層には2つのユニットがあるRNNを示す．入力層から隠れ層へ，また，隠れ層から出力層へは通常のニューラルネットワークと同様のリンクがある（図3.1の点線矢印）．また，隠れ層のユニット間にもリンクがある（図3.1の実線矢印）．出力層の活性 $w_4 z^t + w_5 z'^t$（と出力）は通常のニューラルネットワークと同じであるが，隠れ層ユニット1

[1] Elman, J. L. (1990). Finding structure in time. *Cognitive Science*, **14**, 179-211. Lang, K. J., Waibel, A. H. and Hinton, G. E. (1990). A time-delay neural network architecture for isolated word recognition.*Neural Networks*, **3**, 23-43.

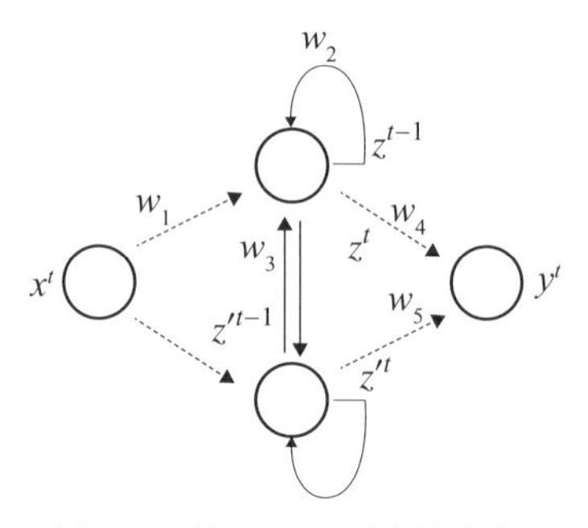

図 **3.1**　RNN の例．この例では，入力層と出力層は 1 つのユニットからなり，隠れ層には 2 つのユニットがある．

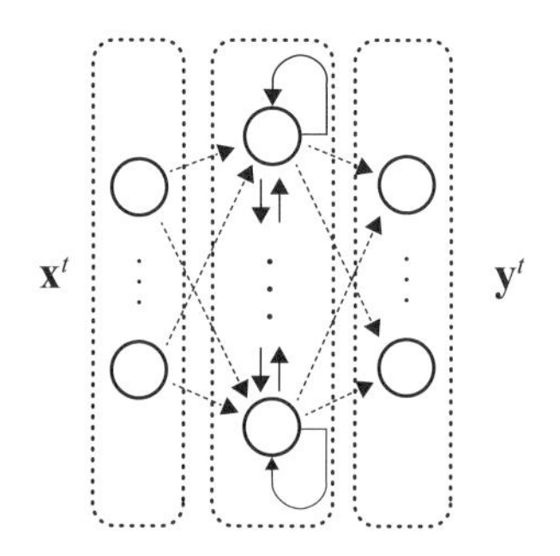

図 **3.2**　RNN の構成図の簡略化．入力層・隠れ層・出力層をそれぞれまとめて四角で表わす．

の活性は $u^t = w_1 x^t + w_2 z^{t-1} + w_3 z'^{t-1}$ であり，出力は $z^t = f(u^t)$ である．ただし，$w_2 z^{t-1} + w_3 z'^{t-1}$ は，1 つ前の（時刻の）隠れ層のユニットの出力の重みづけ和である．

以下では，簡単のため，図 3.2 に示すように，入力層・隠れ層・出力層をそれぞれをまとめて 1 つの四角で表わす．さらに，層間のリンクもまとめて 1 つの矢印で表現したものが図 3.3 である．この図において，$\mathbf{W}_x$，$\mathbf{W}_y$，$\mathbf{W}_z$ は，(i, j) 成分が，ユニット j から i へのリンクの重みの行列である．また，層の出力は四角の中に描かれている．

RNN には，1 時刻に 1 つの入力（ベクトル）が入力される．各時刻における RNN の構成図を（縦方向に）時間順にならべると，いわゆる RNN を時間方向展開した図 3.4 が得られる．時間方向展開された RNN を考えると，入力

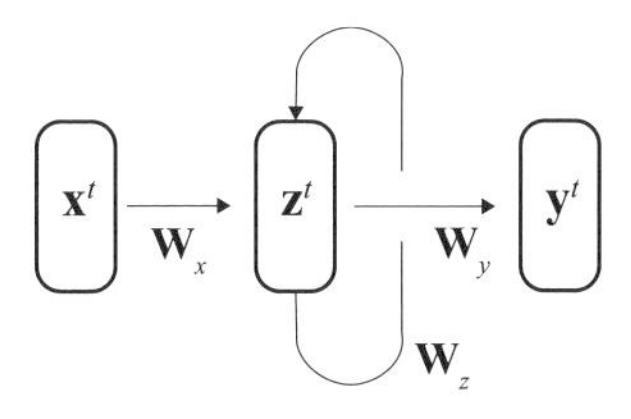

図 3.3 簡略化された RNN の構成図．層間のリンクもまとめて 1 つの矢印で表現．

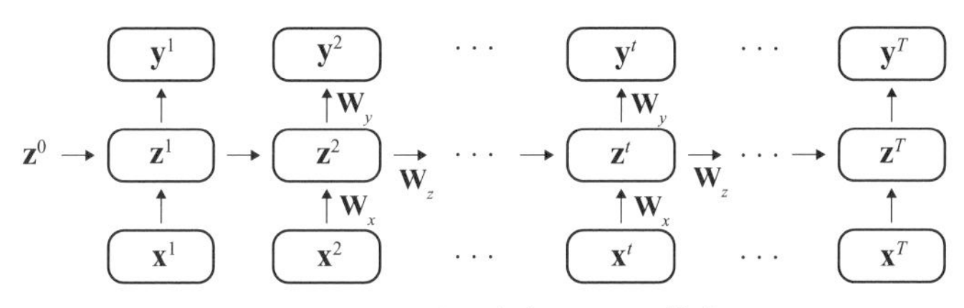

図 3.4 RNN を時間方向展開した構成図．

系列 $\mathbf{x}^1, \ldots, \mathbf{x}^T$ は，入力層（図の一番下）に同時に入力され，出力も出力層（図の一番上）から同時にでる．おこなわれる計算は

$$
\begin{aligned}
\mathbf{z}^0 &= \mathbf{0}, && \text{時刻 0 での隠れ層への入力}, \\
\mathbf{u}^t &= \mathbf{W}_x \mathbf{x}^t + \mathbf{W}_z \mathbf{z}^{t-1}, && \text{隠れ層の活性}, \\
\mathbf{z}^t &= \boldsymbol{f}(\mathbf{u}^t), && \text{隠れ層の出力}, \\
\mathbf{y}^t &= \mathbf{W}_y \mathbf{z}^t, && \text{出力層の出力},
\end{aligned}
$$

ただし，バイアスは，$\mathbf{W}_x$，$\mathbf{W}_y$ に組みこんであり，$\boldsymbol{f}$ は隠れ層の活性化関数である（出力層のそれは恒等関数とした）．時間方向展開されたネットワークにおいて，重み（とバイアス）が共有されていることに注意してほしい．すなわち，入力層から隠れ層へのリンクの重みと，隠れ層間のリンクの重み・隠れ層から出力層へのリンクの重みのいずれもが，時間方向に共有されている．

以上にみてきた RNN の隠れ層は 1 層だけであった．隠れ層を多層化した RNN を図 3.5 に示す．ただし，図は時間方向展開した構成図である．隠れ層

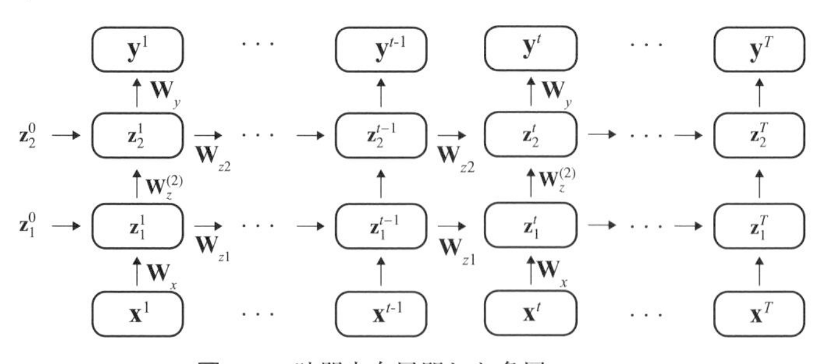

図 **3.5**　時間方向展開した多層 RNN.

の多層化は，基底関数を増やすことなので表現力の向上につながる．隠れ層が K 層ある RNN の計算は

$$
\begin{aligned}
&\mathbf{z}_k^0 = \mathbf{0}, \quad \mathbf{z}_0^t = \mathbf{x}^t, && \text{時刻 0 での第 } k \text{ 隠れ層への入力,}\\
&\mathbf{u}_k^t = \mathbf{W}_z^{(k)} \mathbf{z}_{k-1}^t + \mathbf{W}_{zk} \mathbf{z}_k^{t-1}, && \text{第 } k \text{ 隠れ層の活性,}\\
&\quad \mathbf{W}_z^{(1)} = \mathbf{W}_x, && \\
&\mathbf{z}_k^t = \boldsymbol{f}(\mathbf{u}_k^t), && \text{第 } k \text{ 隠れ層の出力,}\\
&\mathbf{y}^t = \mathbf{W}_y \mathbf{z}_K^t, && \text{出力層の出力}
\end{aligned}
$$

である．

RNN の学習（次節参照）では，長い系列の勾配が 0 にきわめて近くなる勾配消失が起こり，学習が進まなくなる現象が起こる．すなわち，RNN では，通常，隠れ層の活性化関数 f として，ハイパーボリックタンジェント関数をもちい，その微分は $0 < f'(u) < 1$ であるから，$\delta_{\hat{i}}^1$ の項のうち，中間層どうしの逆誤差伝播では，$t \to \infty$ で

$$f'(u_{\hat{i}}) \cdots f'(u_{i'}^t)\, f'(u_i^{t+1}) \to 0$$

となる．なお，活性化関数 f として ReLU 関数をもちいても勾配の消失を完全にはふせげない．また，場合によっては長い系列に対し勾配爆発も起きる．

3.2 RNNの学習

RNNの学習には，いくつかの手法が知られている．本節では，そのうちの1つの**通時的誤差逆伝播** (back propagation through time; BPTT)[2]を説明する．RNNの学習においても，誤差関数の最小化には確率的勾配降下法をもちいる．そのため，各ユニットの誤差を求める必要がある．RNNにおける通時的誤差逆伝播は，基本的には，通常のニューラルネットワークにおける誤差の逆伝播と同じである．すなわち，図3.6に示すように，時間方向展開されたRNNで考えると，誤差 $\boldsymbol{\delta}^t$ が順計算と逆方向に伝播される．以下では，これを詳しくみていく．

まず，図3.7に示すように，時間方向展開したRNNでは重み（とバイアス）が共有されていることに注意する．つまり，すべての $t = 1, \ldots, T$ で，重み $\mathbf{W}_x$, $\mathbf{W}_y$, $\mathbf{W}_z$ は共有されている．

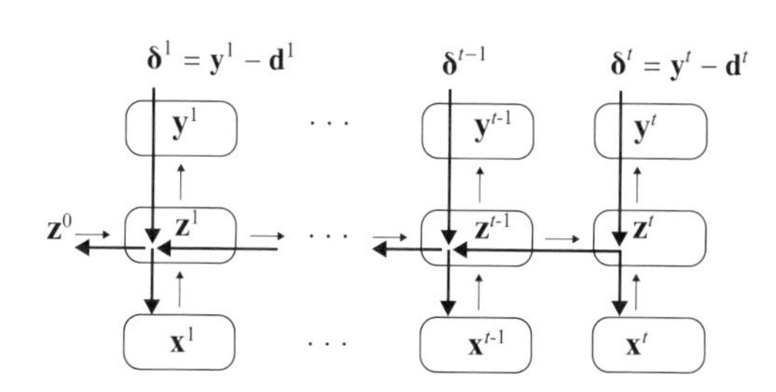

図 **3.6** 通時的誤差逆伝播 (BPTT).

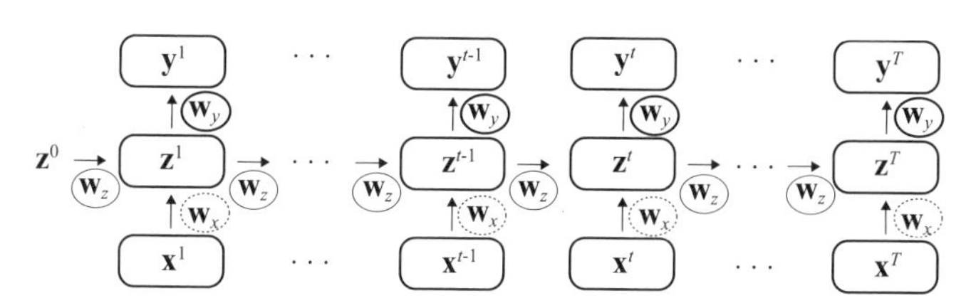

図 **3.7** RNNの重み共有（とバイアス共有）.

2) Werbos, P. J. (1990). Backpropagation through time: what it does and how to do it. *Proceedings of the IEEE*, **78**, 1550-1560.

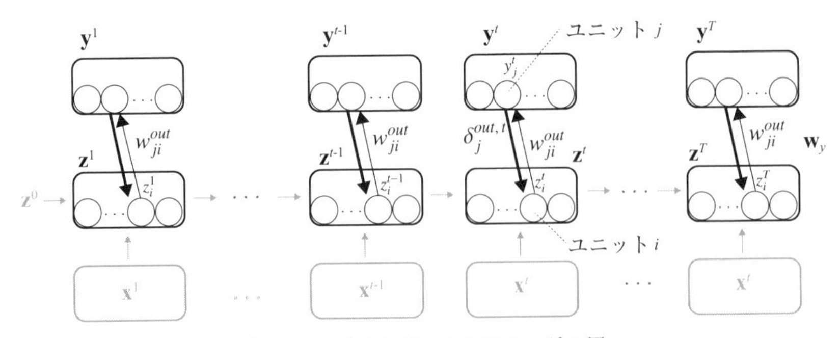

図 **3.8**　誤差の伝播：出力層から隠れ層.

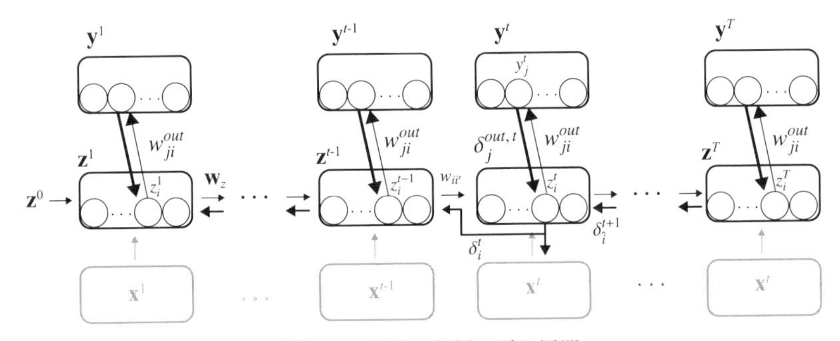

図 **3.9**　誤差の伝播：隠れ層間.

最初に出力層の勾配を求めよう．図 3.8 に示すように，時刻 t において，出力層ユニット j の誤差を $\delta_j^{out,t}$ とし，隠れ層ユニット i の出力を z_i^t とすると，ユニット i とユニット j の間のリンクの重み w_{ji}^{out} が時刻間で共有されているので，出力層と隠れ層の間の勾配は，時刻についての和になり

$$\frac{\partial E(\mathbf{w})}{\partial w_{ji}^{out}} = \sum_{t=1}^{T} \delta_j^{out,t} z_i^t$$

と表わされる.

つぎに，隠れ層の誤差を定めよう（図 3.9）．時刻 t の隠れ層ユニット i には，時刻 $t+1$ の隠れ層の各ユニット $\hat{i}$ からの誤差 $\delta_{\hat{i}}^{t+1}$ と，時刻 t の出力層の各ユニット j からの誤差 $\delta_j^{out,t}$ とがくる（図 3.10）．これを考慮すると，誤差逆伝播の公式により，時刻 t の隠れ層ユニット i の誤差は

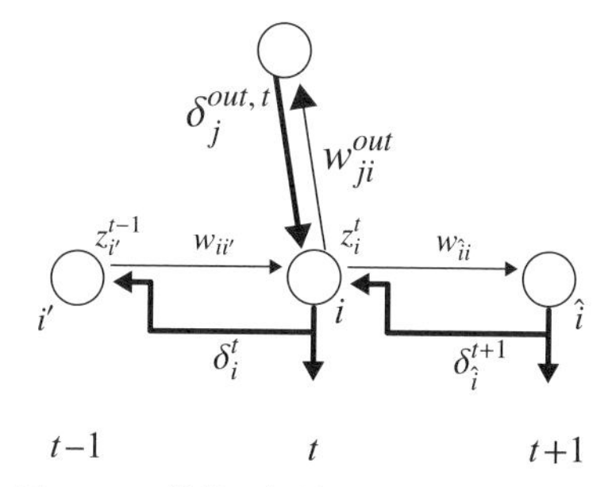

図 **3.10** 誤差の伝播の詳細：隠れ層間.

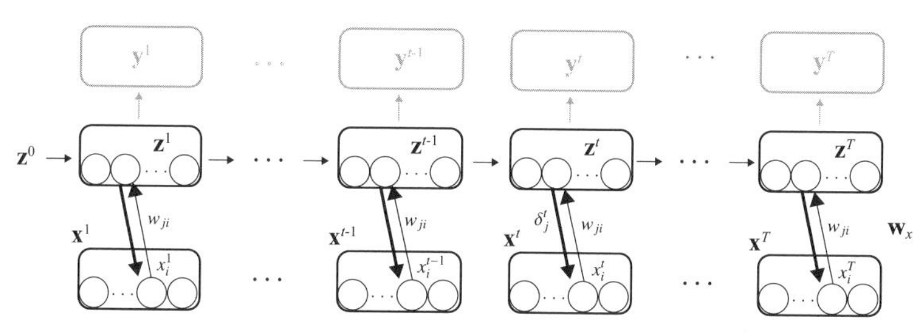

図 **3.11** 誤差の伝播：隠れ層から入力層.

$$\delta_i^t = f'(u_i^t)\left(\sum_j w_{ji}^{out}\delta_j^{out,t} + \sum_{\hat{i}} w_{\hat{i}i}\delta_{\hat{i}}^{t+1}\right) \tag{3.2.1}$$

となる．ただし，u_i^t は，時刻 t の隠れ層ユニット i の活性で，f はその活性化関数である．この式をつかって誤差を $t = T$ から 1 まで順に求めればよい．ただし，$\delta_i^{T+1} = 0$ である．それゆえ，隠れ層間の勾配は

$$\frac{\partial E(\mathbf{w})}{\partial w_{ii'}} = \sum_{t=1}^{T} \delta_i^t z_{i'}^{t-1}$$

となる．

同様に，隠れ層と入力層の間の勾配は，図 3.11 に示すように，隠れ層ユニット j の時刻 t における誤差を δ_j^t とすると，入力層のユニット i と隠れ層のユニット j の間のリンクの重み w_{ji} が，時刻間で重み共有されているので，

勾配は，やはり，時刻についての和になり

$$\frac{\partial E(\mathbf{w})}{\partial w_{ji}} = \sum_{t=1}^{T} \delta_j^t x_i^t$$

となる．ただし，誤差 δ_j^t は式 (3.2.1) であたえられる．これで，すべての勾配が求まった．

第4章　単語埋めこみ

4.1　単語のベクトル表現

単語埋めこみ（単語分散表現ともいわれる）とは，図 4.1 に示すように，単語を実ベクトル中のベクトル[1]として表現したもので，それまで，記号処理として研究開発されてきた自然言語を，ニューラルネットワークであつかう対象へと一変させた．また，記号である単語の実ベクトルへの変換にもニューラルネットワークが利用され，大量のコーパス（文章のデータベース）をもちいた学習により，この変換が実現される．これは**表現学習**の代表例である．

単語埋めこみの重要な性質として，意味的に似た単語は埋めこみ空間中で近くに配置されることがあげられる（図 4.2）．また，ベクトルとしての演算が可能であることも重要な性質である[2]．たとえば，図 4.2 において，$\boldsymbol{v}(w)$ を

$$\begin{array}{lcl} & \boldsymbol{v} & \\ \text{爆音} & \mapsto & (0.12\ \ 0.22\ \ 0.55\ \ 0.57\ \ \cdots\ \ 0.81) \\ \text{が} & \mapsto & (0.02\ \ 0.32\ \ 0.31\ \ 0.24\ \ \cdots\ \ 0.22) \\ \text{銀世界} & \mapsto & (0.42\ \ 0.24\ \ 0.85\ \ 0.91\ \ \cdots\ \ 0.41) \\ \text{に} & \mapsto & (0.03\ \ 0.52\ \ 0.55\ \ 0.21\ \ \cdots\ \ 0.33) \\ \text{広がる} & \mapsto & (0.92\ \ 0.62\ \ 0.45\ \ 0.71\ \ \cdots\ \ 0.25) \end{array}$$

図 **4.1**　単語の埋めこみ例．

[1] 深層学習における言語処理では，行ベクトルで計算を進めることが多い．

[2] 埋めこみ（ベクトル）の演算は，対象とする埋めこみをすべて正規化（ノルム 1）した上でおこなう．一般に，あとでのべる学習によって得られる各単語の埋めこみは正規化されてはいない．

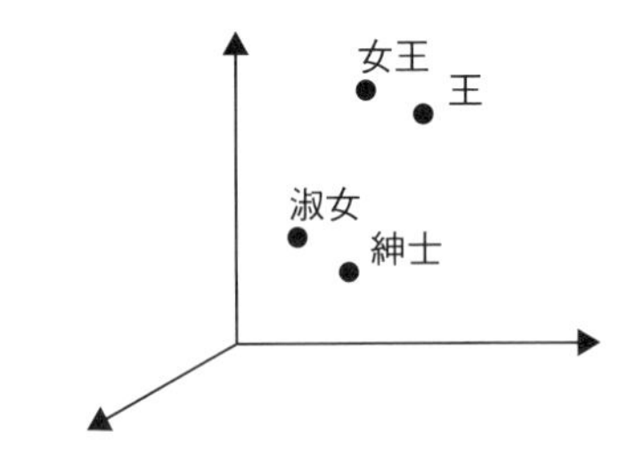

図 **4.2**　埋めこみ空間中の単語埋めこみ．意味的に似た単語の埋めこみは，埋めこみ空間中で近くに配置される．

単語 w の埋めこみとすると

$$\boldsymbol{v}(\text{女王}) - \boldsymbol{v}(\text{王}) \fallingdotseq \boldsymbol{v}(\text{淑女}) - \boldsymbol{v}(\text{紳士})$$

が成立し，両辺ともに，「男性」からみた「女性」の意味をもつベクトルと解釈される．この式が成立するため

$$\boldsymbol{v}(\text{女王}) \fallingdotseq \boldsymbol{v}(\text{王}) + (\boldsymbol{v}(\text{淑女}) - \boldsymbol{v}(\text{紳士}))$$

が成りたつ．同様に，

$$\boldsymbol{v}(\text{フランス}) - \boldsymbol{v}(\text{イタリア}) \fallingdotseq \boldsymbol{v}(\text{パリ}) - \boldsymbol{v}(\text{ローマ}),$$
$$\boldsymbol{v}(\text{フランス}) + \boldsymbol{v}(\text{首都}) \fallingdotseq \boldsymbol{v}(\text{パリ})$$

といった関係が（近似的に）成立する．これら式は，埋めこみが，単語の意味をとらえていることを示唆している．図 4.3 は，埋めこみがもつ単語の意味の直感的イメージをもう少し単語を増やして示したものである．

さて，先にのべたように，単語埋めこみは表現学習により得られる．単語の表現学習では，単語の**分布仮説**という考えが基本となっている．すなわち，単語の意味は，文あるいは文章中のまわりの単語（文脈）によって決まる（図 4.4），という仮説であり，単語の表現学習では，ネットワークの構成と学習の方略がこの分布仮説にもとづいている．

以下では，最も初期に学習により単語の埋めこみを実現した Word2Vec を解説する．

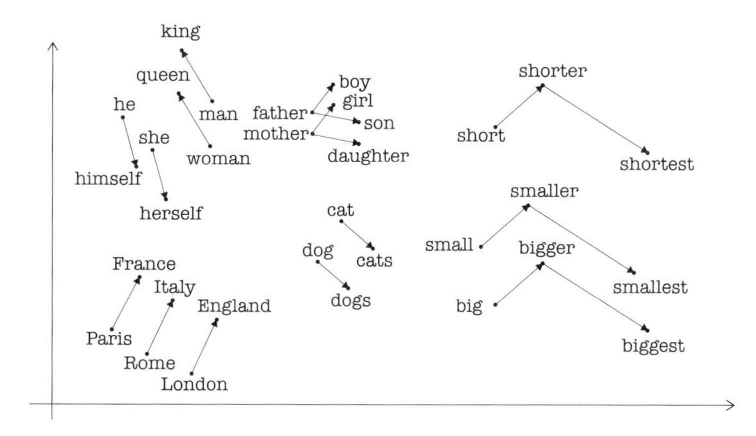

図 **4.3** イメージ：単語埋めこみ.

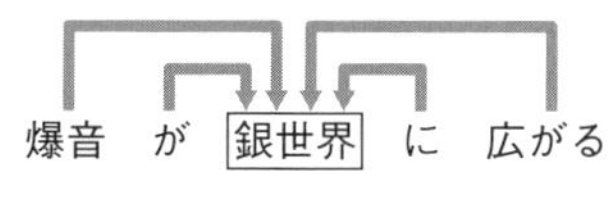

図 **4.4** 単語の分布仮説.

4.2 Word2Vec

Word2Vec[3]は，分布仮説にもとづき，文脈情報を利用して，単語数次元（高次元）の one-hot ベクトルを，埋めこみ空間（低次元）のベクトルとして次元圧縮表現する．Word2Vec は，この次元圧縮を，大量のコーパス（テキストデータ）をもちいた学習により実現する．Word2Vec における学習は，おおまかには符号化器と復号化器の枠組みでおこなわれる．ただし，普通の符号化器と復号化器では符号化器への入力が，復号化器の出力と似るように情報圧縮・復元するのに対し，Word2Vec の学習では，まわりの単語，すなわち文脈情報を利用して情報圧縮する．以下，詳細をのべよう．

Word2Vec では，one-hot 表現された単語 s の埋めこみを，s の one-hot 表現 $\mathbf{x}_s$ に埋めこみ行列 $\mathbf{W}$ をかけて

[3] Mikolov, T. et al. (2013). Efficient estimation of word representations in vector space. *arXiv:1301.3781*.

$$\mathbf{v}_s^{\mathrm{T}} = \boldsymbol{v}(\mathbf{x}_s) = \mathbf{x}_s^{\mathrm{T}} \mathbf{W}$$

を得る．すなわち，one-hot 表現 $\mathbf{x}_s$ の k 番めの成分が1であるとすると，以下のように $\mathbf{W}$ の第 k 行が $\mathbf{v}_s^{\mathrm{T}}$ である．

$$\begin{pmatrix} 0 & 0 & 1 & 0 & \cdots & 0 \end{pmatrix} \begin{pmatrix} 0.12 & 0.22 & 0.55 & \cdots & 0.81 \\ 0.02 & 0.32 & 0.31 & \cdots & 0.22 \\ 0.42 & 0.24 & 0.85 & \cdots & 0.41 \\ 0.33 & 0.12 & 0.86 & \cdots & 0.89 \\ & & \vdots & & \\ 0.92 & 0.62 & 0.45 & \cdots & 0.25 \end{pmatrix}$$
$$= \begin{pmatrix} 0.42 & 0.24 & 0.85 & \cdots & 0.41 \end{pmatrix}.$$

全単語が，$s_1, s_2, \ldots, s_V$ の V 個あるとすると，

$$\mathbf{W} = \begin{pmatrix} \mathbf{v}_{s_1}^{\mathrm{T}} \\ \mathbf{v}_{s_2}^{\mathrm{T}} \\ \vdots \\ \mathbf{v}_{s_V}^{\mathrm{T}} \end{pmatrix}$$

である．

Word2Vec の上記の計算は，入力層と直接リンクされた埋めこみ層をもつニューラルネットワークにより実現されている．埋めこみ行列 $\mathbf{W}$ の (k, i) 成分は，入力層の k 番めのユニットと隠れ層の i 番めをむすぶリンクの重みである．すぐあとでのべるように，埋めこみ行列は，データから学習により決定される．

4.3　Word2Vec の学習

Word2Vec には，CBOW(Continuous Bag-Of-Words) と Skip-gram の2つの学習モデルがある．まず，CBOW を説明しよう．

4.3.1 CBOW

CBOW は，s_i を単語としたとき，文

$$s_{-M},\ s_{-M+1},\ \ldots,\ s_{-2},\ s_{-1},\ s,\ s_{+1},\ s_{+2},\ \ldots,\ s_{+N}$$

の中で，s の前後に出てきた単語 s_{-m}，…，s_{-2}，s_{-1}，s_{+1}，s_{+2}，…，s_{+n} のそれぞれの one-hot 表現 $\mathbf{x}_{-m}$，…，$\mathbf{x}_{-2}$，$\mathbf{x}_{-1}$，$\mathbf{x}_{+1}$，$\mathbf{x}_{+2}$，…，$\mathbf{x}_{+n}$ から文脈ベクトル $\mathbf{v}_c$ をつくり，それを復号して s を予測（あてる）する．CBOW では，文脈（前後の連続する単語）の語の出現順序を無視してあつかう．そのため，“Continuous Bag-Of-Words”といわれる[4)]．たとえば，文「朝とお昼に緑茶を飲む習慣がある.」において，文中の単語「緑茶」をふせて（X とする），X をはさんだその前後それぞれ 2 単語

お昼	に	X	を	飲む

から X を予測（復元）するモデルである．以下では，この例のように，文脈を前後それぞれ 2 単語として説明する．単語 s の one-hot 表現を $\mathbf{x}$ とし，s に対し，2 種類の埋めこみ表現 $\mathbf{v}$, $\mathbf{v}'$ を導入する．通常もちいられる s の埋めこみが $\mathbf{v}$ で，$\mathbf{v}'$ は，文脈ベクトルとよばれる「復元」用の表現である．単語 s の前後の単語 s_{-2}，s_{-1}，s_{+1}，s_{+2} のそれぞれの埋めこみを $\mathbf{v}_{-2}$, $\mathbf{v}_{-1}$, $\mathbf{v}_{+1}$, $\mathbf{v}_{+2}$ とする．それらの平均

$$\mathbf{v}_c = \frac{1}{4}(\mathbf{v}_{-2} + \mathbf{v}_{-1} + \mathbf{v}_{+1} + \mathbf{v}_{+2})$$

と，s の文脈ベクトル $\mathbf{v}'$ をもちいて，前後それぞれ 2 単語で条件づけられた s の出現確率を以下で定義する．

$$P(s \mid s_{-2},\ s_{-1},\ s_{+1},\ s_{+2}) \equiv \frac{\exp \mathbf{v}_c^{\mathrm{T}} \mathbf{v}'}{\sum_{i=1}^{V} \exp \mathbf{v}_c^{\mathrm{T}} \mathbf{v}_i'},$$

ただし，$\mathbf{v}_i'$ は，全単語のならびのうちで i 番めの単語の文脈ベクトルで，V は全単語数である．CBOW では，コーパスに出現するすべての単語につき，文脈で条件づけられた出現確率が最大となるように埋めこみ表現を決める．つ

[4)] 言語処理の分野では，“bag”は，数学でいう “set”（「集合」）としてつかわれる．

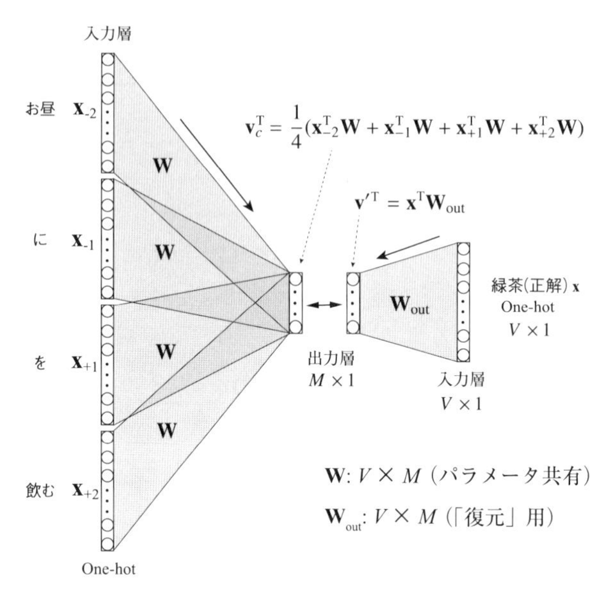

図 4.5 CBOW．1つの単語を，その単語の前後それぞれ2単語から予測する例を示している．コーパスにある正解と，CBOW の出力する（単語の出現）確率とが比較され，損失が最小となるように重み（埋めこみ行列と「復元」行列）が学習される．

まり，文脈ベクトル $\mathbf{v}'$ と，平均ベクトル $\mathbf{v}_c$ の類似度が最も高くなるように埋めこみを決める．これにより，埋めこみ空間において，意味が似ている（同じような文脈で出てくる）単語の埋めこみ表現は近くなる．たとえば，単語「紅茶」と「コーヒー」は，「彼は毎朝紅茶を飲む.」や「彼は毎朝コーヒーを飲む.」といったように，同じ文脈で出現することも多く，これらの文では，「紅茶」と「コーヒー」に対する文脈ベクトルが同一であることからも納得されよう．

図4.5に，前後のそれぞれ2単語から予測する CBOW のニューラルネットワークによる実現を示す．CBOW を実現するニューラルネットワークは，2層のニューラルネットワークである符号化器と復号化器の2つからなる．符号化器は，その重み行列を $\mathbf{W}$ とすると，単語 s の前後のいくつかの単語 s_i の one-hot 表現 $\mathbf{x}_i$ を，$\mathbf{v}_i^{\mathrm{T}} = \mathbf{x}_i^{\mathrm{T}}\mathbf{W}$ と，それぞれの埋めこみ $\mathbf{v}_i$ へ変換し，それらの平均 $\mathbf{v}_c$ を出力する．復号化器は，単語 s の文脈ベクトル $\mathbf{v}'$ から one-hot 表現 $\mathbf{x}$ を「復元」する．ただし，実際には，$\mathbf{x}$ から $\mathbf{v}'$ を求める．すなわち，$\mathbf{W}_{\mathrm{out}}$ を重み行列として $\mathbf{v}'^{\mathrm{T}} = \mathbf{x}^{\mathrm{T}}\mathbf{W}_{\mathrm{out}}$ を計算する．

できるだけ正確な予測ができるように，コーパス中の各単語に対する負の交差エントロピー誤差関数を最小にするニューラルネットワークの重み（埋めこみ行列と復元行列）を求めることが CBOW の学習である．これは，（前後それぞれ 2 単語で予測する場合には）コーパス中の単語のならびを s_{-1}, s_0, s_1, …, s_T, s_{T+1}, s_{T+2} とすると，損失関数

$$L = -\frac{1}{T}\sum_{t=1}^{T} \ln P(s_t \mid s_{t-2},\ s_{t-1},\ s_{t+1},\ s_{t+2})$$

を最小とする $\mathbf{W}$, $\mathbf{W}_{\mathrm{out}}$ を求めることにあたる．

4.3.2 Skip-gram

つぎに，Skip-gram を説明する．Skip-gram は，文

$$s_{-M},\ s_{-M+1},\ \ldots,\ s_{-2},\ s_{-1},\ s,\ s_{+1},\ s_{+2},\ \ldots,\ s_{+N}$$

の中で，単語 s の one-hot 表現 $\mathbf{x}_s$ から，前後の単語 s_{-m}, …, s_{-2}, s_{-1}, s_{+1}, s_{+2}, …, s_{+n} を予測するモデルである．前述の例文「朝とお昼に緑茶を飲む習慣がある.」でいえば，「緑茶」の前後のそれぞれ 2 単語「お昼」,「に」,「を」,「飲む」をふせて，それらを「緑茶」から推定する．

単語 s の one-hot 表現を $\mathbf{x}$ とし，s に対し，CBOW と同様に，2 種類の埋めこみ表現 $\mathbf{v}$, $\mathbf{v}'$ を導入する．通常もちいられる s の埋めこみが $\mathbf{v}$ で，$\mathbf{v}'$ は文脈ベクトルである．単語 s の埋めこみを $\mathbf{v}$ とし，s の前後の単語 s_{-2}, s_{-1}, s_{+1}, s_{+2} のそれぞれの文脈ベクトルを $\mathbf{v}'_{-2}$, $\mathbf{v}'_{-1}$, $\mathbf{v}'_{+1}$, $\mathbf{v}'_{+2}$ としたとき，単語 s で条件づけた前後それぞれ 2 単語の同時確率を以下で定義する．

$$\begin{aligned}&P(s_{-2},\ s_{-1},\ s_{+1},\ s_{+2} \mid s)\\ &\quad \equiv \frac{(\exp \mathbf{v}^{\mathrm{T}}\mathbf{v}'_{-2})(\exp \mathbf{v}^{\mathrm{T}}\mathbf{v}'_{-1})(\exp \mathbf{v}^{\mathrm{T}}\mathbf{v}'_{+1})(\exp \mathbf{v}^{\mathrm{T}}\mathbf{v}'_{+2})}{(\sum_{i=1}^{V} \exp \mathbf{v}^{\mathrm{T}}\mathbf{v}'_i)^4}.\end{aligned}$$

Skip-gram では，コーパスに出現するすべての単語につき，単語で条件づけ

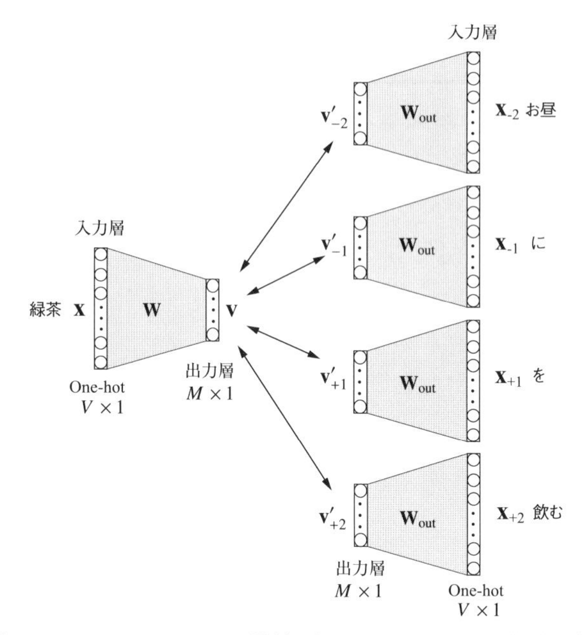

図 4.6　Skip-gram．1つの単語の埋めこみから，その単語の前後それぞれ2単語を推測する例を示している．コーパスにある正解と，Skip-gram の出力する（単語の出現）確率とが比較され，損失が最小となるように重み（埋めこみ行列と復元行列）が学習される．

た前後の文脈単語の同時確率が最大となるように埋めこみ表現を決める．

図 4.6 に示すように，Skip-gram を実現するニューラルネットワークは，文脈を構成する単語の数だけある復号化器と，符号化器1つからなり，いずれも2層ニューラルネットワークである．符号化器は，その重み行列を $\mathbf{W}$ とすると，単語 s の one-hot 表現 $\mathbf{x}$ から $\mathbf{v}^{\mathrm{T}} = \mathbf{x}^{\mathrm{T}}\mathbf{W}$ と，埋めこみを計算する．復号化器は，s の前後のいくつかの単語 s_i の文脈ベクトル $\mathbf{v}'_i$ からそれらの one-hot 表現 $\mathbf{x}_i$ を「復元」する．実際には，逆方向に，$\mathbf{v}'^{\mathrm{T}}_i = \mathbf{x}^{\mathrm{T}}_i\mathbf{W}_{\text{out}}$ を計算する．ただし，$\mathbf{W}_{\text{out}}$ は重み行列である．

Skip-gram でも，できるだけ正確な予測ができるよう学習することにより重み行列を決める．具体的には，損失（前後それぞれ2単語を予測する場合）

$$L = -\frac{1}{T}\sum_{t=1}^{T}\{\ln P(s_{t-2}\mid s_t) + \ln P(s_{t-1}\mid s_t) + \ln P(s_{t+1}\mid s_t) + \ln P(s_{t+2}\mid s_t)\}$$

を最小とする $\mathbf{W}$ と $\mathbf{W}_{\mathrm{out}}$ を求める．Skip-gram において，復号化器の重み共有と，前後の単語の同時確率の独立性は，前後の単語の順番を無視する bag of words に対応している．また，復号化器の重みを符号化器の重みと別にすることは，表現力を高めることに寄与している．

4.3.3 負例サンプリング

CBOW も Skip-gram も，損失の分母にある正規化定数 $\sum_{i=1}^{V}\exp\mathbf{v}^{\mathrm{T}}\mathbf{v}'_i$ が必要で，これは全単語数の和の計算である．損失関数において，コーパス文の各単語についての和ごとに異なる値をとるため，いちいちこの和を計算しなければならず，実際には計算できない．そこで，**負例サンプリング**という近似計算をおこなう．以下では Skip-gram の場合をのべる．

まず，ロジスティックシグモイド関数をもちいて，類似度（内積）を確率化し，ふせた正解単語の確率は高く，それ以外の単語の確率は低くなるように，損失を近似する．ただし，ふせた単語以外の単語は非常に多いので，それらを全単語の分布に対する期待値で代表させる．簡単のため，1 つの単語 s に対しその前後の単語を予測するときの近似損失を書きくだすと

$$\begin{aligned} L &\approx -\sum_{\mathbf{v}'\in V'}\ln\sigma(\mathbf{v}^{\mathrm{T}}\mathbf{v}') - \mathbb{E}_{\mathbf{v}'\sim p(\mathbf{v}')}[\ln(1-\sigma(\mathbf{v}^{\mathrm{T}}\mathbf{v}'))] \\ &= -\sum_{\mathbf{v}'\in V'}\ln\sigma(\mathbf{v}^{\mathrm{T}}\mathbf{v}') - \mathbb{E}_{\mathbf{v}'\sim p(\mathbf{v}')}[\ln(-\sigma(\mathbf{v}^{\mathrm{T}}\mathbf{v}'))] \end{aligned}$$

である．ここで，V' は，単語 s の前後いくつかの文脈単語の集合で，$p(\mathbf{v})$ は単語埋めこみの分布である．なお，$1-\sigma(x)=\sigma(-x)$ をつかった．さらに，期待値の項を分布 $p(\mathbf{v})$ からの K 個のサンプル v'_k で置きかえ

$$L \approx -\sum_{\mathbf{v}'\in V'}\ln\sigma(\mathbf{v}^{\mathrm{T}}\mathbf{v}') - \frac{1}{K}\sum_{k=1}^{K}\ln\sigma(-\mathbf{v}^{\mathrm{T}}\mathbf{v}'_k)$$

とする．サンプル数 K は，コーパスの大きさによって適切な値が異なること

が知られており，大きいコーパスでは2〜5で，また，小さいコーパスでは5〜20でよい．

ここで問題となるのは，分布 $p(\mathbf{v})$ である．さまざまな分布が候補として考えられるが，Word2Vecでは，学習用コーパス中の単語 s の出現頻度 $c(s)$ をもちいて

$$p(\mathbf{v}) = \frac{c(s)^{\frac{3}{4}}}{\sum_{s' \in V} c(s')^{\frac{3}{4}}}$$

が採用されている．出現頻度を3/4乗することにより，相対的に，「の」や「が」といった助詞など高頻度の単語は選ばれにくく，予測に重要な低頻度の単語が選ばれやすくなる．

もとの損失最小化では，各単語を1つのクラスとする多クラス分類をといている．そのため，ソフトマックス関数がでてきて，その正規化定数の計算が必要となる．負例サンプリングでの損失最小化では，正解単語と，それ以外の単語という2クラス分類として，ロジスティック回帰を適用してといている．

4.4　埋めこみの取得

CBOWで，あるいはSkip-gramでいったん学習すれば，学習ずみの符号化器を利用して，one-hot表現で表わされた単語から，その単語の埋めこみを得ることができる（図4.7）．

Word2Vecの学習において，コーパスに対するラベル付与作業が不要であることに注意してほしい．そのため，Webページなど，膨大なコーパスが簡

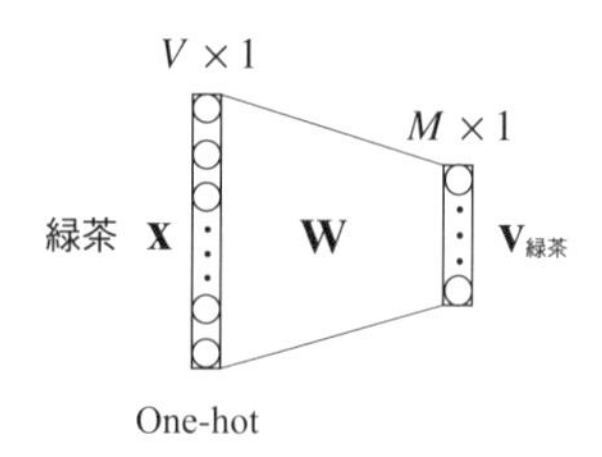

図4.7　符号化器により，単語のone-hot表現からその単語の埋めこみが得られる．

単に利用できる．Word2Vec での埋めこみの問題点としては，多義語に対しても単一のベクトルを当てはめてしまうことがあげられる．たとえば，「おまえは首だ」の「首」と，「危ないところだったが首の皮一枚つながった」の「首」など，意味が異なる単語に対し同じ埋めこみをあたえてしまう．

第5章　トランスフォーマー

全結合のニューラルネットワークや，CNN（convolutional neural network，たたみこみニューラルネットワーク）などは，たとえば，1枚の画像で離れたところにある物体の同一性の判定など，入力中の空間的距離が大きいところの関係性の把握が苦手である．また，時系列データをあつかうRNNは，時間的距離が大きい入力要素どうしの関係性の把握が困難である．この離れた入力要素間における関係性の把握の困難を解消すべく，RNNをもとにした言語モデルにおいて，離れた位置にある単語どうしの関係を抽出する注意機構が最初に導入された．

トランスフォーマー[1)](Transformer)は，注意機構を組みこんだ深層ニューラルネットワークである．ニューラルネットワークという意味では，学習により，どのようにも活用できる．トランスフォーマーに特徴的なのは，注意機構により，系列データや画像データなどの入力データ中の離れた成分どうしの関係をベクトルで表現し，それを積極的に利用することにある．トランスフォーマーは，ラベルなしデータに対する予測や補間などの訓練を基本的学習方略とし，さらに，目的におうじた学習をおこなうことにより，言語の生成や翻訳，画像の分類などで高い精度を達成している．トランスフォーマーは，いまや，大規模言語モデルを構成する基本的ネットワーク機構としてかかせないものとなっている．

[1)] Vaswani, A., et al. (2017). Attention is all you need. *NIPS* 2017, 5998-6008.

5.1 注意機構

コーヒーの味を支配するおもな成分として，クロロゲン酸（酸味）とカフェイン（苦味）・タンニン（渋み）・糖（甘味）が知られている．ここでは，コーヒー豆種ごとに上記の成分構成が異なるとしよう．つまり，1つの豆種は，種に特有の割合で，クロロゲン酸・カフェイン・タンニン・糖を含有しているとし，それを4次元ベクトルで表現する．

さて，以前どこかで飲んでおいしかった種不明のコーヒー豆Qがあり，豆を持ちかえり，しかるべきところで分析してもらったところ，その成分構成が$\mathbf{q}$（4次元ベクトル）であった．いま，モカ・ブラジル・マンデリン・キリマンジャロ・グァテマラの5種が手元にあり，それぞれの成分構成が$\mathbf{z}_1$, $\mathbf{z}_2$, $\mathbf{z}_3$, $\mathbf{z}_4$, $\mathbf{z}_5$（それぞれ4次元ベクトル）であるとする．そこで，種Qと，この5種それぞれの味の類似性を加味して，5種のコーヒー豆から新たなブレンドをつくりたい．

注意機構では，規範とするコーヒー豆Qの成分ベクトル$\mathbf{q}$と，手元のコーヒー豆の成分ベクトル$\mathbf{z}_i$との内積$\mathbf{q}^{\mathrm{T}}\mathbf{z}_i$を類似度とする．そして，それらを正規化し，正規化された内積を混合の割合として5種の豆をまぜて新たなブレンドを作りだす．

より一般に，手元にコーヒー豆がN種あり，それらの成分構成を表現するベクトルを$\mathbf{z}_1, \mathbf{z}_2, \ldots, \mathbf{z}_N$とし，ソースとよばれるそれらの集合を考え，$\mathbf{Z} = (\mathbf{z}_1\,\mathbf{z}_2\,\cdots\,\mathbf{z}_N)^{\mathrm{T}}$と行列（の転置）で表現する．また，あるコーヒー豆種（規範の豆）の成分ベクトルを$\mathbf{q}$とし，ターゲットとよぶ．目標は，ターゲット豆との類似性を考慮して，N種のソース豆から新たなブレンドをつくることである．このブレンドづくりのため，まず関連ベクトルとよばれる

$$\mathbf{r}^{\mathrm{T}} = \mathbf{q}^{\mathrm{T}}\mathbf{Z}^{\mathrm{T}} = \begin{pmatrix}\mathbf{q}^{\mathrm{T}}\mathbf{z}_1 & \mathbf{q}^{\mathrm{T}}\mathbf{z}_2 & \cdots & \mathbf{q}^{\mathrm{T}}\mathbf{z}_N\end{pmatrix}$$

を求める[2)]．なお，混同のおそれがないときには，ベクトル$\mathbf{z}_i$もソースとよぶ．

[2)] 注意機構では，便宜上，行ベクトルで計算を進めることが多い．

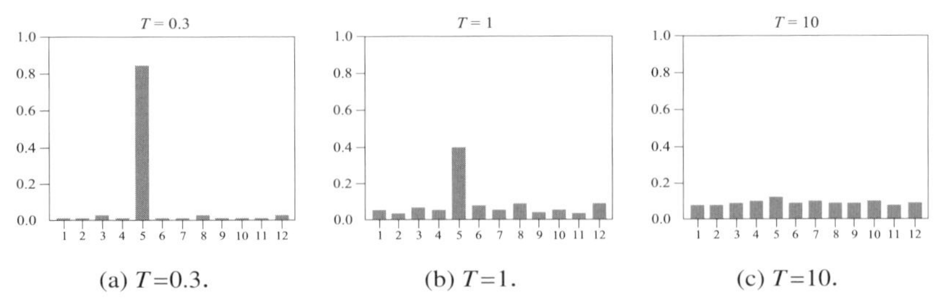

(a) T=0.3.　(b) T=1.　(c) T=10.

図 5.1　温度スケーリングつきソフトマックス関数.

ここで，ソフトマックス関数

$$\boldsymbol{\sigma}(\mathbf{x}) \equiv \mathrm{softmax}(\mathbf{x}) \equiv \left(\frac{\exp(x_1)}{\sum_{j=1}^{K} \exp(x_j)} \ \frac{\exp(x_2)}{\sum_{j=1}^{K} \exp(x_j)} \ \cdots \ \frac{\exp(x_K)}{\sum_{j=1}^{K} \exp(x_j)} \right)^{\mathrm{T}}$$

に，温度スケーリングを追加した温度スケーリングつきソフトマックス関数を導入する．これは，入力成分を超パラメータ T でわり

$$\begin{aligned} \boldsymbol{\sigma}_T(\mathbf{x}) &\equiv \boldsymbol{\sigma}(\mathbf{x}/T) = \mathrm{softmax}(\mathbf{x}/T) \\ &= \left(\frac{\exp(x_1/T)}{\sum_{j=1}^{K} \exp(x_j/T)} \ \frac{\exp(x_2/T)}{\sum_{j=1}^{K} \exp(x_j/T)} \ \cdots \ \frac{\exp(x_K/T)}{\sum_{j=1}^{K} \exp(x_j/T)} \right)^{\mathrm{T}} \end{aligned}$$

と定義される．温度 T が小さいと最大をとる成分が強調され，T が大きいと平均化される（図 5.1a, b, c）．以下，本章では，$\boldsymbol{\sigma}(\mathbf{x}^{\mathrm{T}})$，$\boldsymbol{\sigma}_T(\mathbf{x}^{\mathrm{T}})$ は行ベクトルとする．

さて，関連ベクトル $\mathbf{r}^{\mathrm{T}} = (\mathbf{q}^{\mathrm{T}}\mathbf{z}_1 \ \mathbf{q}^{\mathrm{T}}\mathbf{z}_2 \ \cdots \ \mathbf{q}^{\mathrm{T}}\mathbf{z}_N)$ を，温度スケーリングつきのソフトマックス関数にわたして

$$\begin{aligned} (a_1 \ \cdots \ a_N) = \boldsymbol{\sigma}_T(\mathbf{r}^{\mathrm{T}}) &= \boldsymbol{\sigma}_T\left((\mathbf{q}^{\mathrm{T}}\mathbf{z}_1 \ \mathbf{q}^{\mathrm{T}}\mathbf{z}_2 \ \cdots \ \mathbf{q}^{\mathrm{T}}\mathbf{z}_N)\right) \\ &= \boldsymbol{\sigma}\left((\mathbf{q}^{\mathrm{T}}\mathbf{z}_1/T \ \mathbf{q}^{\mathrm{T}}\mathbf{z}_2/T \ \cdots \ \mathbf{q}^{\mathrm{T}}\mathbf{z}_N/T)\right) \end{aligned}$$

と正規化する．このとき，温度 T の値の選び方により，$\mathbf{q}$ と最も似ている（内積が大きい）ソース豆を強調したり，それとは逆に，各ソース豆を均等に考慮することができる．

さらに，この a_i を重みとして，ソースの加重平均をとる．すなわち，正規

化（確率化）されている

$$(a_1 \ \cdots \ a_N) = \boldsymbol{\sigma}\Big((\mathbf{q}^{\mathrm{T}}\mathbf{z}_1/T \ \mathbf{q}^{\mathrm{T}}\mathbf{z}_2/T \ \cdots \ \mathbf{q}^{\mathrm{T}}\mathbf{z}_N/T)\Big)$$

を重みとして，ソースの重みつき和をとって

$$\mathbf{c} = \sum_{i=1}^{N} a_i \mathbf{z}_i$$

を求める．これが，つくりたかった新たなブレンドの成分構成である．

以上の例を参考に，注意機構を形式的に定義しよう．対象 $\mathbf{q}$ に対する $\mathbf{z}_1, \ldots, \mathbf{z}_N$ の関連の度合いを表現したいとする．このとき，$\mathbf{q} \in \boldsymbol{R}^D$ をターゲット（問い；query）といい，$\mathbf{Z} = (\mathbf{z}_1 \ \cdots \ \mathbf{z}_N)^{\mathrm{T}}, \mathbf{z}_i \in \boldsymbol{R}^D$, をソース（情報源；source）という．ターゲット $\mathbf{q}$ に対するソース $\mathbf{Z}$ の関係の大きさを表現した 1 つのベクトル（注意）を求める以下の手順を**注意機構**とよぶ[3)]．

1. ターゲット $\mathbf{q}$ と，ソース $\mathbf{Z}$ との間の関係（関連）の大きさを抽出する：

$$\mathbf{r}^{\mathrm{T}} = (r_1 \ \cdots \ r_N), \quad r_i = r(\mathbf{q}, \mathbf{z}_i)$$

   となる，ただし，$r(\mathbf{q}, \mathbf{z}_i)$ は $\mathbf{q}$ と $\mathbf{z}_i$ の関連性を表わす関数である．

2. 関連性を正規化（確率化）する：

$$(a_1 \ \cdots \ a_N) = \boldsymbol{\sigma}(\mathbf{r}^{\mathrm{T}}) = \boldsymbol{\sigma}((r_1 \ \cdots \ r_N))$$

   となる，ただし，温度パラメータは関数 r に組みこみ，通常のソフトマックス関数をつかう．

3. ターゲット $\mathbf{q}$ との関係の大きさにおうじて，ソース $\mathbf{Z}$ の情報を 1 つのベクトルに縮約する：

---

3) Bahdanau, D., Cho, K. and Bengio, Y. (2014). Neural machine translation by jointly learning to align and translate. *arXiv:1409.0473*. Luong, T., Pham, H. and Manning, C. D. (2015). Effective approaches to attention-based neural machine translation. *EMNLP* 2015, 1412–1421. ただし，前者には，注意 (attention) という言葉はでてこない．

$$\mathbf{c}^{\mathrm{T}} = \sum_{i=1}^{N} a_i \mathbf{z}_i^{\mathrm{T}}.$$

このベクトル $\mathbf{c}$ を，$\mathbf{q}$ の $\mathbf{Z}$ に対する注意 (attention) とよぶ[4)]．また，$\mathbf{r}$ を $\mathbf{q}$ の $\mathbf{Z}$ に対する関連ベクトルとよぶ．

注意 $\mathbf{c}$ は，ソースの集合 $\mathbf{z}_1, \ldots, \mathbf{z}_M$ をつかい，それらとの関連性（類似性）を考慮して，ターゲット $\mathbf{q}$ を再構成したものとみることができる．逆に，$\mathbf{c}$ は，ターゲット $\mathbf{q}$ との関連性（類似性）を考慮して，ソースの集合 $\mathbf{z}_1, \ldots, \mathbf{z}_M$ を情報圧縮したベクトルとみることもできる．

ニューラルネットワークにおいて，注意機構は，典型的には，入力のある部分（ターゲット）と，「離れた」部分（ソース）どうしの関係を注意ベクトルで表現する．たとえば，画像において，画像のある部分と，そのほかの画像の部分との関係づけや，言語文においては，ある単語と，それ以外の単語との関係を注意として表現する．入力要素間の関係だけでなく，一般に，あるユニットが表現する情報（ターゲット）と，一群のユニットがそれぞれ表現する情報（ソース）の間の関係づけの抽出にも注意機構はもちいられる．関係を表現する注意ベクトルは，ほかの情報の補強として分類やデータの生成に役立てられる．

また，関連性を表わす関数によって得られる注意も異なってくる．関連性を表わす関数としては，コーヒー豆のブレンドの例でつかった内積がその代表である．すなわち，

$$r(\mathbf{z}, \mathbf{q}) = \frac{\mathbf{z}^{\mathrm{T}}\mathbf{q}}{\sqrt{D}}.$$

ここで，$\sqrt{D}$ は，温度スケーリングつきソフトマックス関数の温度パラメータに相当し，ソフトマックス関数の出力が0と1に2極化することを緩和する役割がある．関連性を表わす関数として内積をもちいた注意は，**内積注意**とよばれる．行列 $\mathbf{W}$ $(D \times D)$ を重みとしてもちいて，内積の表現力をあげた

4) 注意という言葉は，注意機構のことを意味することが多く，ここのベクトル $\mathbf{c}$ のことを注意とよぶのは一般的でないかもしれない．曖昧性を排除するため，本書では，注意機構と注意をわけて，ベクトル $\mathbf{c}$ を注意とよぶ．

$$r(\mathbf{z}, \mathbf{q}) = \frac{\mathbf{z}^{\mathrm{T}}\mathbf{W}\mathbf{q}}{\sqrt{D}}$$

も関連性を表わす関数としてもちいられる．ただし，$\mathbf{W}$ は，ネットワークの重みとともに学習で決定される．この関数をもちいた注意は，**乗算的注意**とよばれる．また，関数

$$r(\mathbf{z}, \mathbf{q}) = \mathrm{ReLU}\left(\mathbf{w}^{\mathrm{T}}\begin{pmatrix}\mathbf{z}\\ \mathbf{q}\end{pmatrix}\right)$$

をもちいた注意は，**加算的注意**とよばれる．ここで，$\mathbf{w}$ は $2D$ 次元ベクトルで，ネットワークの重みとともに学習で決定される．以上の関連性を表わす関数はどれもベクトルどうしの成分（中身）によって定義されているため，それらをつかった注意は，**内容にもとづく注意**とよばれる．

内容にもとづく注意のほかに，**位置にもとづく注意**がある．これは，$\mathbf{z}$ はつかわずに，$\mathbf{q}$ だけをもちいて，正規化された関連ベクトルを

$$(a_1 \ \cdots \ a_N) = \boldsymbol{\sigma}(\mathbf{W}\mathbf{q})$$

と計算する注意である．ただし，$\mathbf{W}$ は，$N \times D$ の行列であり，やはり，ネットワークの重みとともに学習で決定される．

ニューラルネットワークにおいて，注意をもちいるためには，たとえば内積注意であればそれは重みとユニット出力の線形和では実現できないので，図5.2のように，ターゲットを表現するユニットの出力と，ソースを表現するユニットの出力との内積を計算する機構を用意する．

さて，以下では，トランスフォーマーの導入に向けて，注意の表現力をあげるため，注意機構を何段階かにわけて拡張していく．まず，ソースをキーと値の対で表現することをゆるす．すなわち，ターゲットを $\mathbf{q} \in \boldsymbol{R}^D$ として，ソースを，キー (key) をならべた行列 $\mathbf{K} = (\mathbf{k}_1 \ \cdots \ \mathbf{k}_N)^{\mathrm{T}}$, $\mathbf{k}_i \in \boldsymbol{R}^D$, と，値 (value) をならべた行列 $\mathbf{V} = (\mathbf{v}_1 \ \cdots \ \mathbf{v}_N)^{\mathrm{T}}$, $\mathbf{v}_i \in \boldsymbol{R}^D$ にわける．ただし，キー $\mathbf{k}_i$ は，値 $\mathbf{v}_i$ と関連づけられているとする．このとき，ターゲットと，各キーとの間の関係性が関連ベクトル

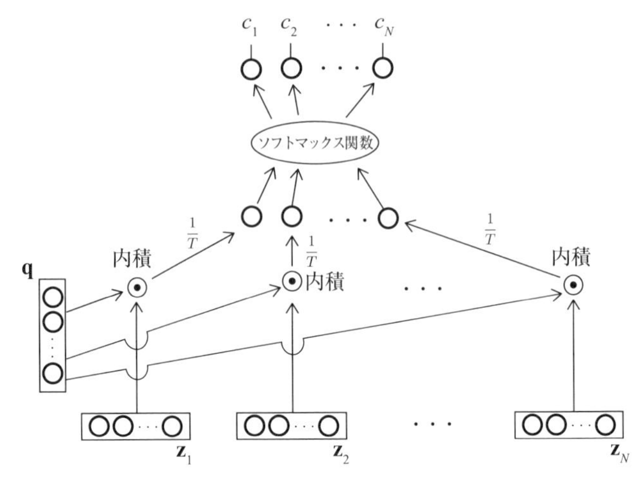

図 **5.2**　ニューラルネットワークに導入された内積注意機構．ユニットの出力の内積計算が必要となる．

$$\mathbf{r}^{\mathrm{T}} = (r_1 \ \cdots \ r_N), \quad r_i = r(\mathbf{q}, \mathbf{k}_i)$$

で表現される．さらに，関連ベクトルを正規化したものを

$$(a_1 \ \cdots \ a_N) = \boldsymbol{\sigma}(\mathbf{r}^{\mathrm{T}}) = \boldsymbol{\sigma}((r_1 \ \cdots \ r_N))$$

として，キーに対応する値を，正規化された関連ベクトルの成分で重みづけ，和をとることにより注意 $\mathbf{c}$ を得る．すなわち，

$$\mathbf{c}^{\mathrm{T}} = \sum_{i=1}^{N} a_i \mathbf{v}_i^{\mathrm{T}}$$

である．ソースを，キーと値の対とすることにより注意の表現力が高まる．また，あとで導入する自己注意がうまく機能するために，ソースをキーと値にわけることが重要となる．以下では，混乱のおそれがない場合には，簡単のため，行列 $\mathbf{K}$ をキーとよび，行列 $\mathbf{V}$ を値とよぶ．

つぎに，複数のターゲットをゆるすように注意機構を拡張する．コーヒー豆のブレンドの例でいえば，規範とする豆が M 種あり，手元にある N 種の豆から，規範 M 種にそれぞれ似たブレンドをつくることにあたる．まず，

$\mathbf{q}_i$, $i = 1, \ldots, M$, をターゲットとし，ターゲットをならべた行列を $\mathbf{Q} = (\mathbf{q}_1 \cdots \mathbf{q}_M)^{\mathrm{T}}$, $\mathbf{q}_i \in \boldsymbol{R}^D$, とする．ターゲット $\mathbf{q}_i$, $i = 1, \ldots, M$, に対し，$\mathbf{q}_i$ と，キーのリストとの間の関連性はベクトル

$$\mathbf{r}_i^{\mathrm{T}} = (r_{i1} \ \cdots \ r_{iN}), \quad r_{ij} = r(\mathbf{q}_i, \mathbf{k}_j)$$

である．この関連ベクトルを正規化した

$$(a_{i1} \ \cdots \ a_{iN}) = \boldsymbol{\sigma}(\mathbf{r}_i^{\mathrm{T}}) = \boldsymbol{\sigma}((r_{i1} \ \cdots \ r_{iN}))$$

の成分を重みとし，キーに対応する値を重みづけ和で 1 つのベクトルに縮約して注意

$$\mathbf{c}_i^{\mathrm{T}} = \sum_{j=1}^{N} a_{ij} \mathbf{v}_j^{\mathrm{T}}, \quad i = 1, \ldots, M$$

を得る．つまり，M 個のターゲットそれぞれの注意を得て，全部で M 個の注意を手にいれたわけである．以下では，やはり，簡単のため，行列 $\mathbf{Q}$ をターゲットとよぶ．

さらなる拡張のため，注意機構を行列で表記しよう．ここでは，関連を表わす関数を内積 $r(\mathbf{z}, \mathbf{q}) = \dfrac{\mathbf{z}^{\mathrm{T}}\mathbf{q}}{\sqrt{D}}$ とする．ターゲット $\mathbf{q}_i$ についての関連ベクトルは

$$\begin{aligned}\mathbf{r}_i^{\mathrm{T}} = (r_{i1} \ \cdots \ r_{iN}) &= \left(\frac{\mathbf{k}_1^{\mathrm{T}}\mathbf{q}_i}{\sqrt{D}} \ \cdots \ \frac{\mathbf{k}_N^{\mathrm{T}}\mathbf{q}_i}{\sqrt{D}} \right) = \left(\frac{\mathbf{q}_i^{\mathrm{T}}\mathbf{k}_1}{\sqrt{D}} \ \cdots \ \frac{\mathbf{q}_i^{\mathrm{T}}\mathbf{k}_N}{\sqrt{D}} \right) \\ &= \frac{\mathbf{q}_i^{\mathrm{T}}(\mathbf{k}_1 \ \cdots \ \mathbf{k}_N)}{\sqrt{D}} = \frac{\mathbf{q}_i^{\mathrm{T}}\mathbf{K}^{\mathrm{T}}}{\sqrt{D}}\end{aligned}$$

とかくことができる．それゆえ，正規化された関連ベクトルは

$$(a_{i1} \ \cdots \ a_{iN}) = \boldsymbol{\sigma}(\mathbf{r}_i^{\mathrm{T}}) = \boldsymbol{\sigma}\left(\frac{\mathbf{q}_i^{\mathrm{T}}\mathbf{K}^{\mathrm{T}}}{\sqrt{D}} \right)$$

である．この表記をもちいるとターゲット $\mathbf{q}_i$ の注意は

$$\mathbf{c}_i^{\mathrm{T}} = \sum_{j=1}^{N} a_{ij}\mathbf{v}_j^{\mathrm{T}} = (a_{i1} \ \cdots \ a_{iN}) \begin{pmatrix} \mathbf{v}_1^{\mathrm{T}} \\ \vdots \\ \mathbf{v}_N^{\mathrm{T}} \end{pmatrix} = \boldsymbol{\sigma}\left(\frac{\mathbf{q}_i^{\mathrm{T}}\mathbf{K}^{\mathrm{T}}}{\sqrt{D}}\right)\mathbf{V}$$

とかける．さらに，注意も行列にまとめて $\mathbf{C} = (\mathbf{c}_1 \ \cdots \ \mathbf{c}_M)^{\mathrm{T}}$ とおき，ターゲットの行列 $\mathbf{Q} = (\mathbf{q}_1 \cdots \mathbf{q}_M)^{\mathrm{T}}$ も持ちこむと

$$\mathbf{C} = \begin{pmatrix} \mathbf{c}_1^{\mathrm{T}} \\ \vdots \\ \mathbf{c}_M^{\mathrm{T}} \end{pmatrix} = \begin{pmatrix} a_{11} & \cdots & a_{1N} \\ a_{21} & \cdots & a_{2N} \\ & \vdots & \\ a_{M1} & \cdots & a_{MN} \end{pmatrix} \begin{pmatrix} \mathbf{v}_1^{\mathrm{T}} \\ \vdots \\ \mathbf{v}_N^{\mathrm{T}} \end{pmatrix} = \begin{pmatrix} \boldsymbol{\sigma}\left(\frac{\mathbf{q}_1^{\mathrm{T}}\mathbf{K}^{\mathrm{T}}}{\sqrt{D}}\right) \\ \vdots \\ \boldsymbol{\sigma}\left(\frac{\mathbf{q}_M^{\mathrm{T}}\mathbf{K}^{\mathrm{T}}}{\sqrt{D}}\right) \end{pmatrix}\mathbf{V}$$

$$= \boldsymbol{\sigma}\left(\frac{\mathbf{Q}\mathbf{K}^{\mathrm{T}}}{\sqrt{D}}\right)\mathbf{V}$$

と簡潔に表記される．

5.2　トランスフォーマー

5.2.1　マルチヘッド注意

トランスフォーマーにいたるには，注意機構のさらなる拡張であるマルチヘッド化を要する．まず，注意関数を導入しよう．これまでのように，ターゲットを $\mathbf{Q} = (\mathbf{q}_1 \cdots \mathbf{q}_M)^{\mathrm{T}}$, $\mathbf{q}_i \in \boldsymbol{R}^D$ とし，キーを $\mathbf{K} = (\mathbf{k}_1 \cdots \mathbf{k}_N)^{\mathrm{T}}$, $\mathbf{k}_j \in \boldsymbol{R}^D$，値を $\mathbf{V} = (\mathbf{v}_1 \cdots \mathbf{v}_N)^{\mathrm{T}}$, $\mathbf{v}_j \in \boldsymbol{R}^D$，とする．ただし，これまで，$\mathbf{c}_i$ と記述してきた注意を $\mathbf{h}_i$ と表記し，$\mathbf{h}_i$ をならべた行列を $\mathbf{H} = (\mathbf{h}_1 \cdots \mathbf{h}_M)^{\mathrm{T}}$, $\mathbf{h}_i \in \boldsymbol{R}^D$ とする．このとき，$\mathbf{Q}$, $\mathbf{K}$, $\mathbf{V}$ を独立変数とし注意を値とする関数

$$\mathcal{A}(\mathbf{Q}, \mathbf{K}, \mathbf{V}) \equiv \boldsymbol{\sigma}\left(\frac{\mathbf{Q}\mathbf{K}^{\mathrm{T}}}{\sqrt{D}}\right)\mathbf{V}$$

を注意関数という．すなわち，

$$\mathbf{H} = \begin{pmatrix} \mathbf{h}_1^{\mathrm{T}} \\ \vdots \\ \mathbf{h}_M^{\mathrm{T}} \end{pmatrix} = \mathcal{A}(\mathbf{Q}, \mathbf{K}, \mathbf{V})$$

である．

つぎに，D 次元ベクトルであるターゲット・キー・値のそれぞれに重みを導入し，それらを D' 次元に線形変換する．すなわち，$\mathbf{W}^Q$，$\mathbf{W}^K$，$\mathbf{W}^V$ を $D \times D'$ 行列とし，$\mathbf{Q}$, $\mathbf{K}$, $\mathbf{V}$ をそれぞれ $\mathbf{Q}\mathbf{W}^Q$, $\mathbf{K}\mathbf{W}^K$, $\mathbf{V}\mathbf{W}^V$ と変換する．この変換により，注意は

$$\mathbf{H} = \begin{pmatrix} \mathbf{h}_1^{\mathrm{T}} \\ \vdots \\ \mathbf{h}_M^{\mathrm{T}} \end{pmatrix} = \mathcal{A}(\mathbf{Q}\mathbf{W}^Q, \mathbf{K}\mathbf{W}^K, \mathbf{V}\mathbf{W}^V)$$

となる．このとき，$\mathbf{H}$ は $M \times D'$ 行列である．なお，通常は $D > D'$ とすることが多い．

以上の準備のもとで，注意機構をマルチヘッド化する．ターゲット・キー・値のそれぞれに重みを複数用意し，それぞれの重み行列を

$$\mathbf{W}_1^Q, \ldots, \mathbf{W}_H^Q,\ \mathbf{W}_1^K, \ldots, \mathbf{W}_H^K,\ \mathbf{W}_1^V, \ldots, \mathbf{W}_H^V$$

としよう．それらの重み行列をもちいて，複数の注意

$$\mathbf{H}_h = \mathcal{A}(\mathbf{Q}\mathbf{W}_h^Q, \mathbf{K}\mathbf{W}_h^K, \mathbf{V}\mathbf{W}_h^V), \quad h = 1, \ldots, H,$$

を計算する．さらに，これら $\mathbf{H}_1, \ldots, \mathbf{H}_H$ を連結した行列をつくり，その行列を重み $\mathbf{W}^O$ で線形変換し，$M \times D$ 行列に情報を集約し

$$\mathcal{A}^M(\mathbf{Q}, \mathbf{K}, \mathbf{V}) \equiv (\mathbf{H}_1 \cdots \mathbf{H}_H)\mathbf{W}^O$$

を得る．これがマルチヘッド注意である．このとき，$(\mathbf{H}_1 \cdots \mathbf{H}_H)$ は $M \times D'H$ 行列で，$\mathbf{W}^O$ は $D'H \times D$ 行列，$\mathcal{A}^M(\mathbf{Q}, \mathbf{K}, \mathbf{V})$ は $M \times D$ 行列である．以上にでてきた重みは学習により定める．通常，マルチヘッド化は，ターゲット・キー・値の D 次元ベクトルを H 個のベクトルに分割することによりおこなわれる．その場合，$D' = D/H$ となる．このように，D 次元ベクトルを H 個のベクトルに分割してまでマルチヘッド化する意義は，あとで紹介する自己注意の項で明らかになる．ここでは，ターゲット・キー・値のそれぞれのベクトルを別べつの行列で線形変換することで表現力があがることを注意しておく．

5.2.2　トランスフォーマー

これでようやくトランスフォーマーを解説できるところまできた．まず，図5.3に，トランスフォーマーの構成要素であるブロックを示す．マルチヘッド注意機構とスキップ接続・全結合層からなり，途中の層でレイヤー正規化をおこなう．ブロックにおける計算はトークン単位でおこなう．ただし，トークンとは，1つのターゲットと，1つのソース（キー・値），それとそれらに対する中間層の出力の総称である．ブロックにおける計算の詳細は以下のとおりである（図5.3）．すなわち，

1. はじめに，マルチヘッド注意を求める．ソースは，基本的に $\mathbf{Z} = \mathbf{K} = \mathbf{V}$ であり，$\tilde{\mathbf{Q}} = \mathcal{A}^{\mathcal{M}}(\mathbf{Q}, \mathbf{Z}, \mathbf{Z})$ である．
2. そのマルチヘッド注意と，スキップ接続でくる情報に対し，レイヤー正規化 $\mathbf{Q}' = \mathrm{LayerNorm}(\mathbf{Q} + \tilde{\mathbf{Q}})$ をおこなう．ただし，レイヤー正規化のパラメータ β と γ はトークン間で共通である．
3. そのあと，全結合層をとおすことで，$\mathbf{Q}'' = \mathrm{ReLU}(\mathbf{Q}'\mathbf{W} + \mathbf{1}_M\mathbf{b}^{\mathrm{T}})$ を得る．
4. くわえて，スキップ接続でくる情報に対し，レイヤー正規化 $\hat{\mathbf{Q}} =$

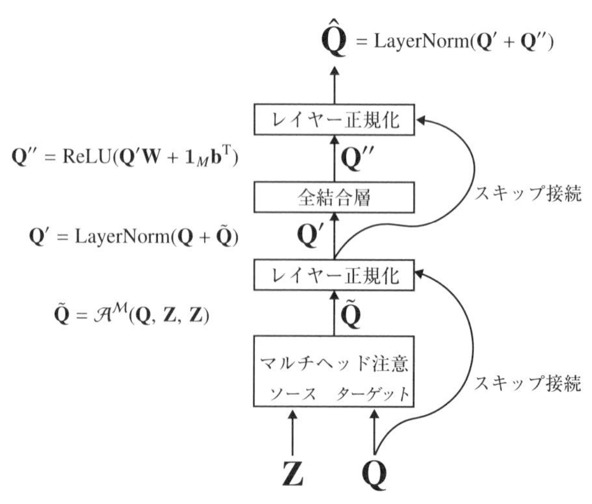

図 **5.3**　ブロック：トランスフォーマーの構成要素と情報の流れ．

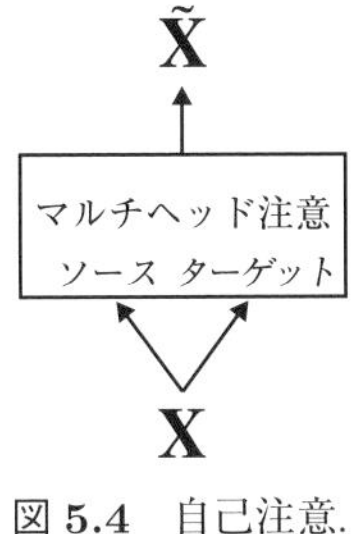

図 **5.4** 自己注意.

LayerNorm($\mathbf{Q}' + \mathbf{Q}''$) をおこなう．ここでもレイヤー正規化のパラメータ β と γ はトークン間で共通である．

とりわけ，ソースとターゲットを同一とする注意を**自己注意**という（図 5.4）．式で表現すれば，ソースとターゲットを

$$\mathbf{X} = \begin{pmatrix} \mathbf{x}_1^{\mathrm{T}} \\ \vdots \\ \mathbf{x}_M^{\mathrm{T}} \end{pmatrix}$$

とする自己注意は

$$\tilde{\mathbf{X}} = \begin{pmatrix} \tilde{\mathbf{x}}_1^{\mathrm{T}} \\ \vdots \\ \tilde{\mathbf{x}}_M^{\mathrm{T}} \end{pmatrix} = \mathcal{A}^M(\mathbf{X}, \mathbf{X}, \mathbf{X})$$

である．ただし，

$$\mathcal{A}^M(\mathbf{Q}, \mathbf{K}, \mathbf{V}) \equiv (\mathbf{H}_1 \cdots \mathbf{H}_H)\mathbf{W}^O,$$
$$\mathbf{H}_h = \mathcal{A}(\mathbf{Q}\mathbf{W}_h^Q, \mathbf{K}\mathbf{W}_h^K, \mathbf{V}\mathbf{W}_h^V), \quad h = 1, \ldots, H.$$

一般に，$\mathbf{X}$ が M 個のベクトル $\mathbf{x}_1, \ldots, \mathbf{x}_M$ から構成されていれば，$\mathbf{X}$ の自己注意 $\tilde{\mathbf{X}}$ も M 個の注意ベクトル $\tilde{\mathbf{x}}_1, \ldots, \tilde{\mathbf{x}}_M$ から構成されることに注意してほしい．

自己注意をもちいることにより，ベクトルの集合において，その集合内の情

報を相互に参照することで新たな特徴ベクトルを構築できる．ただし，ベクトル集合における（ソースをキーと値にわけない）単純な自己注意では，自分自身との内積が，ほかのベクトルとの内積よりもかなり大きい値となった場合，自分自身との重みが1に近くなり自己注意は意味をもたなくなる．この問題の回避には，ターゲットとソースを分割してマルチヘッド化し，ソースをキーと値にわけ，分割されたそれぞれのベクトルに別べつの行列をかけて線形変換することが有効である．さらに，通常は，この線形変換行列は学習によって決定されるので，離れた要素の関係性が強くなる行列により損失が最小となるのであれば，結果としてそれらの離れた要素の関係性が取りだせることになる．トランスフォーマーは，自己注意により，入力の要素間の関係を考慮した新たな特徴ベクトルをつくり，それを活用しているとみることができる．図5.5は，自己注意をつかったトランスフォーマーのブロックを示す．

さて，トランスフォーマーである．トランスフォーマーは，通常，ブロックへの入力を受けとる注意を自己注意とし，それぞれが複数のブロックを積みかさねた符号化器と復号化器からなるネットワークである（図5.6）．ただし，復号化器では，自己注意と全結合層の間に，さらに，符号化器のブロックから

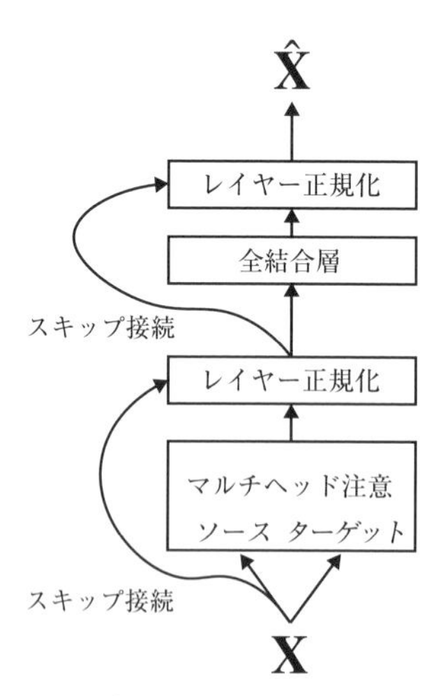

図5.5　マルチヘッド自己注意をつかったトランスフォーマーのブロック．

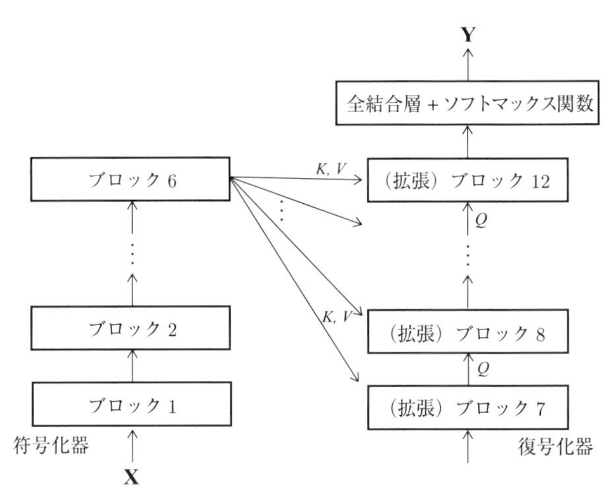

図 **5.6** トランスフォーマーを単純化した表示. トランスフォーマーは, それぞれが複数（通常は 6 個）の自己注意ブロックを直列につなげた符号化器と復号化器からなる.

の情報をソースとし, 自己注意の出力をターゲットとする通常の（クロス）マルチヘッド注意機構を挿入した拡張ブロックをもちいる（図 5.7）.

トランスフォーマーの構成をより詳細に記述するためには位置符号化について説明しなければならない. トランスフォーマーは, 1 次元の系列データや 2 次元のひろがった処理対象を入力とすることが多く, たとえば, 系列データであれば, 図 5.8 に示すように, 最初のブロックが系列データを並列に受けとる. そのようなデータでは, 各成分の入力全体における位置情報が, 重要となることが多い. たとえば, 自然言語においては, 文中の単語間の関係だけでなく, 文中における単語の出現位置情報がそれ自体で意味をもっている. そのため, トランスフォーマーでは, 入力の各成分の位置情報を符号化して陽に入力の一部にくわえる. 具体的には, 入力の各成分の位置情報を, 入力（が埋めこまれた）空間の次元と同じ次元のベクトルで表現し, 入力ベクトルとともに, 位置表現ベクトルを注意機構に入力する.

埋めこみ空間と同じ次元のベクトルに位置を符号化する多くの方法が考えられる. 単純には, 先頭からの順番である $1, 2, \ldots, T$ をそのまま D 次元ベクト

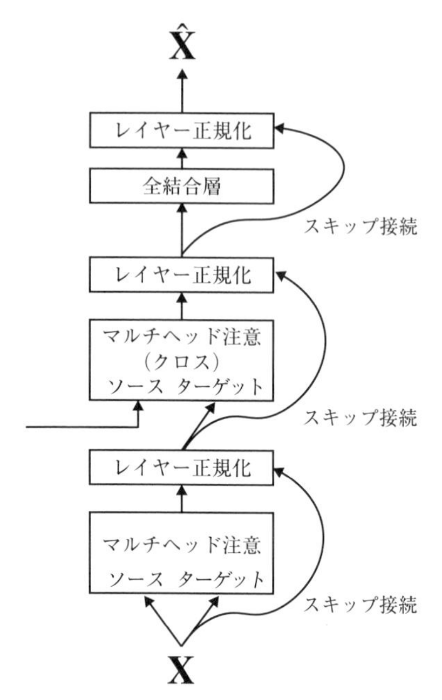

図 **5.7**　拡張ブロック．トランスフォーマーの復号化器のブロックで，符号化器のブロックからの情報をソースとし，マルチヘッド（自己）注意の出力をターゲットとするクロス注意機構がある．

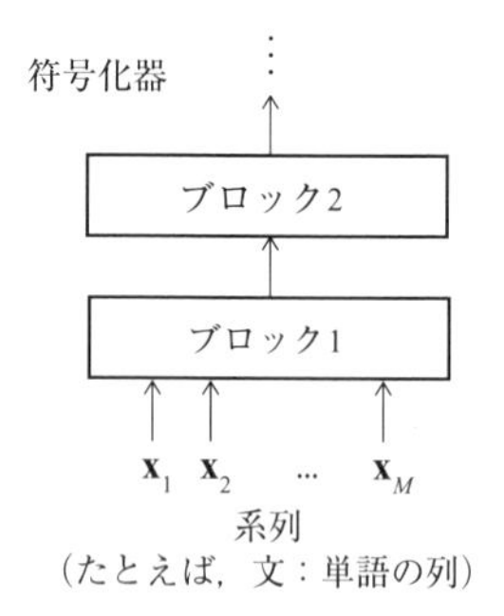

図 **5.8**　系列データを処理するトランスフォーマーの符号化器への入力．

ルの第1成分とすることが考えられる．しかし，この符号化では，第1成分だけが特別な意味をもち，ほかの成分はすべて0である．単語の埋めこみなどでは，一般に，特定の成分がつねに 0 ということはなく，そのため，位置符号も，このような符号化ではなく，D 次元のすべての成分を有効につかう符号化にしたい．

ここでは，1 次元の離散的な入力（つまり，i 番めの成分の位置は i）を対象として，三角関数の sin と cos をつかった位置符号化を紹介しよう．この符号化では，i を入力における入力成分の位置とし，D を入力ベクトルの次元としたとき，位置の埋めこみベクトルは

$$\mathbf{p}_i = (p_1\, p_2\, \cdots\, p_{2j-1}\, p_{2j}\, \cdots\, p_D)^{\mathrm{T}}$$

であたえられる．ただし，

$$p_{2j-1} = \cos\left(\frac{i}{10000^{\frac{2j}{D}}}\right), \quad p_{2j} = \sin\left(\frac{i}{10000^{\frac{2j}{D}}}\right)$$

である[5)]．この符号化では，$i \neq i'$ に対し，ほとんどの場合，$\mathbf{p}_i \neq \mathbf{p}_{i'}$ であり，$\mathbf{p}_i$ と $\mathbf{p}_{i'}$ は異なる埋めこみとなる．また，i と i' が近ければ，sin と cos の連続性により $\mathbf{p}_i$ と $\mathbf{p}_{i'}$ も近くなる．位相（角度）を評価するために，たとえば，埋めこみ次元を $D = 500$ とし，入力成分数を 100 としてみると，$j = 1, \ldots, 250$, $i = 1, \ldots, 100$ に対し，$\dfrac{i}{10000^{\frac{2j}{D}}}$ は，

$$i > \frac{i}{10000^{\frac{2j}{D}}} \geq \frac{i}{10000} \geq \frac{1}{10000}$$

をみたす．また，大きい j については，$i+1$ と i に対する位相差はかなり小さく，p_{2j-1} は単調に減少し，p_j は単調に増加する．この符号化による位置埋めこみベクトルのノルムは，

$$\|\mathbf{p}_i\| = \sqrt{\frac{D}{2}}$$

であり，どの位置符号も同じノルムをもつ．なお，この位置符号化は，one-hot 関数 $f_s(t) \equiv \delta_{st}$ の離散フーリエ変換の近似とみなすことができる[6)]．ただ

[5)] 分母の 10000 にはあまり意味はなく，埋めこみ次元に対して 1 桁ほど大きい数であればよい．

[6)] Labaien, J., et al. (2023). Diagnostic spatio-temporal transformer with faithful encoding. *Knowledge-Based Systems*, **274**, 110639.

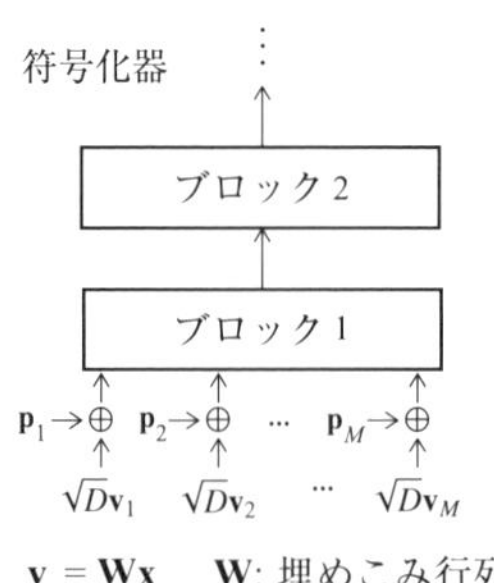

図 5.9　系列データを処理するトランスフォーマーの符号化器の最初のブロックへの入力．要素（たとえば単語）の埋めこみと，その要素の位置埋めこみが足しあわされて入力される．

し，δ_{st} はクロネッカーのデルタである．

入力系列 $\mathbf{x}_1, \mathbf{x}_2, \ldots, \mathbf{x}_M$ に対し，$\mathbf{x}_i$ の埋めこみを $\mathbf{v}_i = \mathbf{W}\mathbf{x}_i$ として，

$$\sqrt{D}\mathbf{v}_1 + \mathbf{p}_1,\ \sqrt{D}\mathbf{v}_2 + \mathbf{p}_2,\ \ldots,\ \sqrt{D}\mathbf{v}_M + \mathbf{p}_M$$

をトランスフォーマーへの入力とする（図 5.9）．一般に，埋めこみの演算を考えるときは埋めこみを正規化する．そのため，埋めこみのノルムのオーダーを位置埋めこみ $\mathbf{p}$ のノルムと同程度にするために，$\mathbf{v}$ を $\sqrt{D}$ 倍している．トランスフォーマーへの入力 $\sqrt{D}\mathbf{v} + \mathbf{p}$ は，入力埋めこみ $\mathbf{v}$ を（定数倍して）平行移動したものとみることができる．そのため，入力要素の位置ごとに，入力要素の部分空間が存在すると考えられる（図 5.10）．

なお，$\mathbf{v}_i$ と $\mathbf{p}_i$ を結合した $(\sqrt{D}\mathbf{v}_i^{\mathrm{T}}\ \mathbf{p}_i^{\mathrm{T}})^{\mathrm{T}}$ を自己注意機構への入力とすることもある．

これで，トランスフォーマーの全体構成を示すことができる．図 5.11 をみてほしい．この図で示したトランスフォーマーは，言語文などの系列データを入力とすることを前提としている．詳細を列記しよう．

- 系列の要素をならべたものが入力である（符号化器の「入力」）．RNN とは異なり，前から順に要素が入力されるのではなく，要素のならびが一度に入力される．すなわち，入力は，十分に長くとった固定長で，短い系列に対しては，系列のうしろに特殊記号が挿入される．出力は，タ

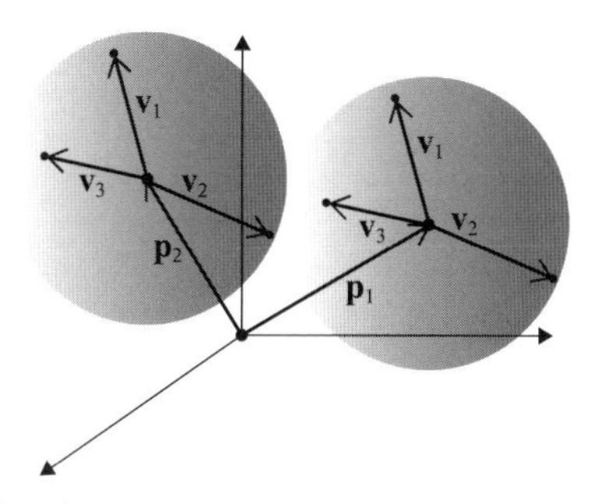

図 5.10　入力要素の部分空間．入力要素の位置ごとに部分空間が存在する．

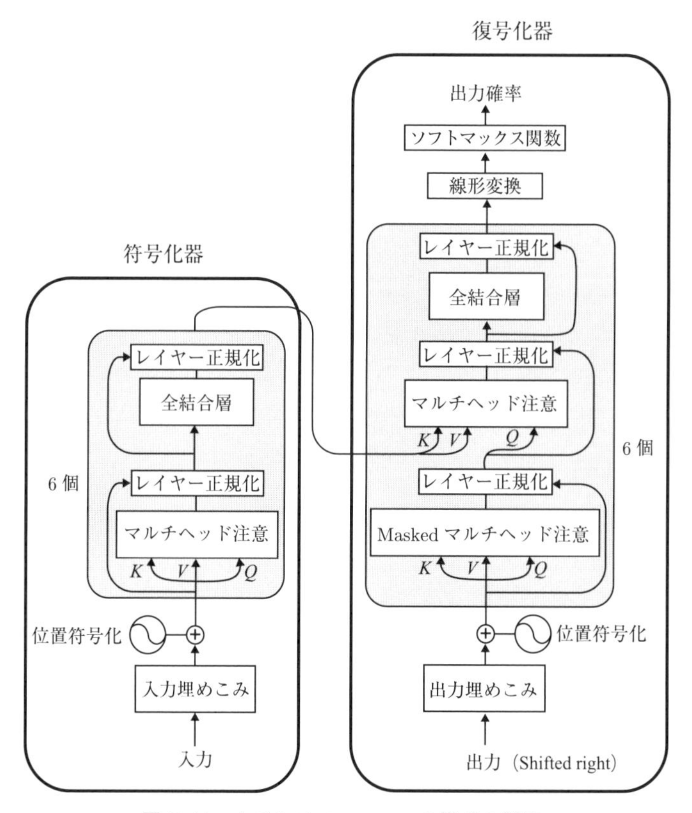

図 5.11　トランスフォーマーの構成の詳細．

スクによるが，言語の翻訳などの系列の変換であれば，変換後の系列を先頭の要素から順に1時刻に1つずつ推定（予測）し，入力系列に引きつづく部分の先頭の予測であれば，単にその予測である（復号化器の「出力確率」）.

- 符号化器と復号化器とも位置符号をくわえる．符号化器と復号化器とで，ブロックの構造が少し異なるが，それぞれ6個のブロックが積みかさねられている.
- 符号化器では，入力に対し，離れた要素間の関係など入力の特徴を表現するベクトルを出力する．このベクトルは，復号化器の6個のブロック中のマルチヘッド注意の入力となる.
- 復号化器への「入力」は，出力 (shifted right) となっている．これは，符号化器への入力の最後の要素より前の要素に対し復号化器が予測した要素の（出現確率計算のためにソフトマックス関数にくわせた）埋めこみ表現である．つまり，復号化器は，直前までの予測結果を自身への入力情報としてつかう.
- 復号化器のブロックには，マスクされたマルチヘッド注意 (masked multi-head attention) とよばれる注意機構がある．これは，ある特定の入力要素（言語文なら単語）をマスクして，そのマスクされた入力要素からあとの要素に対しては注意の計算をおこなわない注意機構である．翻訳などの系列変換の学習時に，未来の変換結果である情報を参照することを防ぐためにこの注意機構が必要である.

以上の構成からわかるように，トランスフォーマーは，注意機構を組みこんだ深層ニューラルネットワークである．ニューラルネットワークという意味では，学習により，どのようにも活用できるが，トランスフォーマーは，注意機構により，系列データや画像データなどの入力データ中の離れた成分どうしの関係をベクトルで表現し，それを積極的に利用する．学習において，入力データの予測や補間をおこなわせることにより，言語の生成や翻訳，画像の分類などで高い精度を達成している.

5.3 トランスフォーマーの適用例

本章の最後に，トランスフォーマーをつかった実例を簡単に紹介する．1つは，さまざまな言語タスクに適用が可能である大規模汎用言語モデルである．大規模汎用言語モデルでは，大規模コーパスをもちいた事前学習と，所望の処理におうじたファインチューニングをおこなう．とりわけ，BERT（図 5.12）と GPT-X（X は，1, 2, 3, 4）が有名である．ただし，BERT も GPT-X もトランスフォーマー全体をつかうのではなく，BERT はトランスフォーマーの符号化器を，GPT-X は復号化器をもちいた言語モデルである．なお，大規模汎用言語モデルについては，言語モデルを解説した第 7 章で詳細に解説する．

また，画像処理でも，ビジョントランスフォーマー (ViT)[7] として知られるトランスフォーマーを構成要素とする深層ニューラルネットワークが，CNN と同等の分類性能をだしている．図 5.13 に示す全体構成にそって説明しよう．ViT では，入力画像を小区画（パッチ）に分割して，各パッチをトークンとよばれる埋めこみ表現 $\mathbf{x}_1, \ldots, \mathbf{x}_N$ に線形変換する．このトークンとは別のクラストークン $\mathbf{c}_1, \ldots, \mathbf{c}_K$ が，パッチトークンとともにトランスフォーマーに入力され，情報圧縮されたトークンマップが出力される．これを 1 つのステ

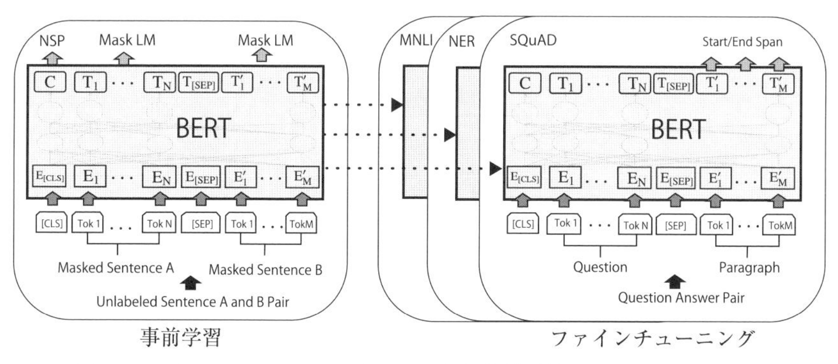

図 **5.12** トランスフォーマーをつかった大規模言語モデルの例：BERT.

---

7) Dosovitskiy, A., et al. (2021). An image is worth 16x16 words: transformers for image recognition at scale. *ICLR* 2021.

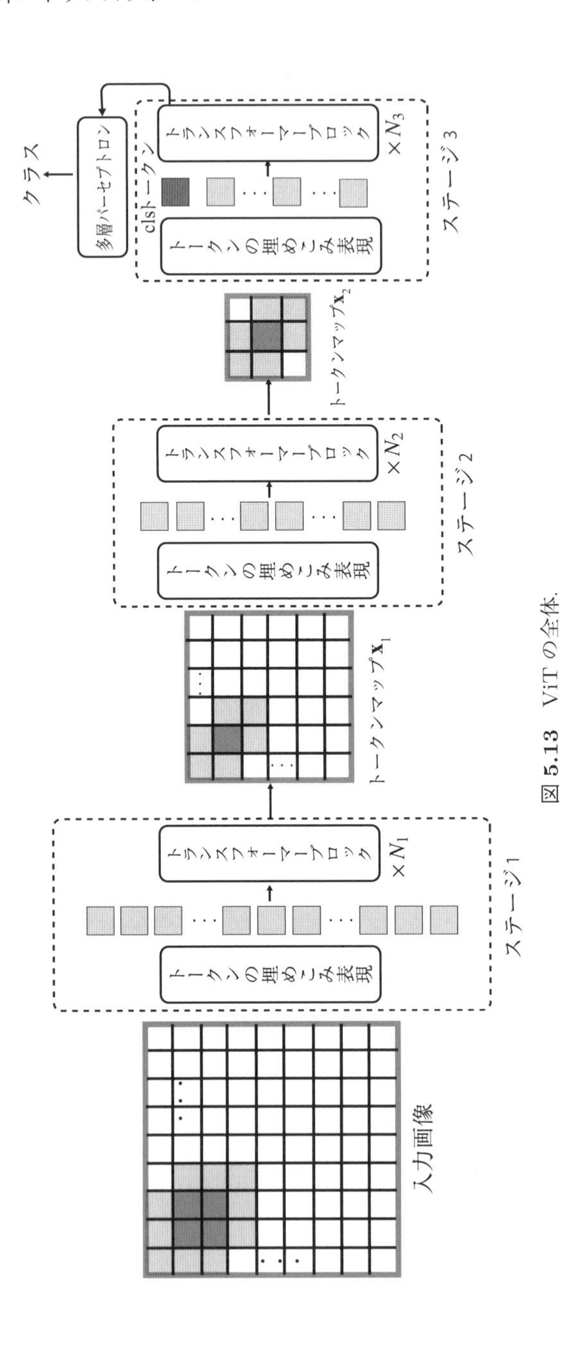

入力画像
トークンの埋めこみ表現
トランスフォーマーブロック
×N_1
ステージ1
トークンマップ$\mathbf{X}_1$
トークンの埋めこみ表現
トランスフォーマーブロック
×N_2
ステージ2
トークンマップ$\mathbf{X}_2$
トークンの埋めこみ表現
clsトークン
トランスフォーマーブロック
×N_3
ステージ3
多層パーセプトロン
クラス

図 5.13　ViT の全体.

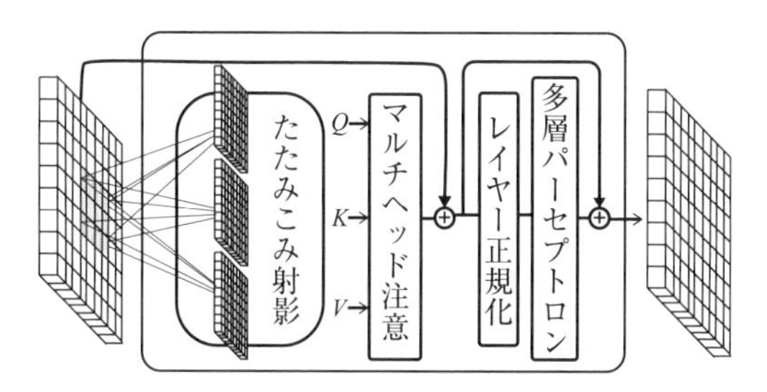

図 **5.14**　ViT におけるステージの詳細.

ージとして，3 つのステージをへて（図 5.14 にステージの詳細を示す），最後は多層パーセプトロンにより分類がおこなわれる．クラストークンは，すべてのパッチの情報を集約するために使用され，画像の大域的な情報を表現する．なお，通常，各パッチの位置も符号化されトランスフォーマーにわたされる．クラストークンとパッチの位置符号は，トランスフォーマーの重みとともに学習により決定される．

第6章　強化学習

強化学習の分野は，理論的枠組みや学習手法がかなり多岐にわたっており，すべてを網羅的に取りあげることは筆者の能力からして不可能である．本章は，言語生成 AI の理解に必要となる事項を中心に，強化学習の屋台骨を示すことを主眼とする．

6.1　問題設定

強化学習が活用される例からはじめよう．長期的にみて売上を大きくのばしたい製造会社を考える．問題を単純化し，売上は，個人の購買意欲の総体（すなわち社会的な購買意欲）に依存し，その購買意欲は，新製品がでたり，会社がコマーシャルをうつか否かでかわると仮定する．たとえば，新製品が長い間でていなければ自然と購買意欲は落ちる．コマーシャルをうてば，多くの場合に購買意欲は高まるが，そうでない場合もあり，売上が高くなるとはかぎらない．ここでの課題は，長期的な売上を最大化するために，どのタイミングで新製品をだし，また，コマーシャルをいつうつべきかを決めることである．ただし，たとえば，コマーシャルをうつには費用が発生するが，簡単のため，費用のことは考慮せずにおく．

この課題に対し，強化学習は，試行錯誤的に（とくにはじめは），新製品をだしてはその効果（購買意欲がどうなるか，利益がどうなるか）をみたり，コマーシャルをうってはその効果をみて，経験をつむ．この経験をつむことが学習であり，（時間はかかるが）学習の結果として，任意の時点において，新製品をだすべきか，あるいは何もしないかなど，最適な行動をおしえてくれる．

強化学習の定式化に必要となる概念を，先の例にそって紹介しよう．まず，購買意欲には，取りうる**状態**として高いか低いかの 2 つがある．各時点で，購買意欲はどちらかの状態にあるとする．新製品をだすか，コマーシャルをうつか，あるいは何もしないか，これらは，会社（強化学習ではエージェントとよばれる）が，そのときの社会的購買意欲の状態におうじて取りうる**行動**である．購買意欲の低い状態で新製品をだしたとすると，つぎの時点では，購買意欲が高くなる確率が大きいであろう．あるいは，購買意欲の低い状態で何も手をうたなければ，つぎの時点でも，購買意欲が低いままである確率が高いと思われる．現在の状態と行動の組によって条件づけられたつぎの状態の確率を**状態遷移確率**という．

また，任意の状態において，エージェントがある行動をとったとき，何がしかの売上が得られる．強化学習では，これを**報酬**という．とりわけ，その時点で得られる報酬を**即時報酬**といい，時刻 t から終了までの即時報酬の和を**累積報酬**という．最後に，**方策**は，現在の状況において，とるべき行動を決める指針である．強化学習は最適な方策の獲得を目指す．

上で導入した概念を一般化しよう．以下，時間 t は離散化されているとする．**状態**とよばれる要素の有限集合を考え，それを $\mathcal{S}$ で表わす．先の例では，購買意欲が高い・低いの 2 要素からなる集合 $\mathcal{S} = \{\text{high, low}\}$ である．時刻 t における状態を表わす変数を S_t と表記する．これは，一般には確率変数である．なお，確率変数の系列 $S_0, S_1, S_2, \ldots, S_T$ を**確率過程**という．

行動とよばれる要素の有限集合を $\mathcal{A}$ と表わす．先の例では，行動は，新製品をだす・コマーシャルをうつ・何もしないの 3 つがあり，$\mathcal{A} = \{\text{new, com, non}\}$ である．時刻 t における行動を表わす変数を A_t と表わし，これも一般には確率変数である．

強化学習では，つぎの時点の状態は，現在の状態と行動の組に依存して確率的に決まると仮定する．現在の状態と行動とで条件づけた（1 期先の）状態の確率

$$p(s' \mid s, a) = P(S_{t+1} = s' \mid S_t = s, A_t = a)$$

を**状態遷移確率**という．たとえば，

- どの状態でも，何も手をうたなければ，購買意欲は低くなる傾向がある，
- 購買意欲が低いとき，新製品を投入すれば，購買意欲は高まる傾向がある，
- 購買意欲が低いとき，コマーシャルをうてば，購買意欲は高まる傾向がある

など，エージェントが活動する「環境」には規則性がある．環境の規則性は，行動による状態の遷移確率に反映されていると考えることができる．

とった行動の結果として，そのときに得る価値を**即時報酬**という．ただし，損をすることもあり，その場合には即時報酬は負の価値と考える．時点 t で得る即時報酬を R_t と表わす．即時報酬は，報酬関数 $g(s, a)$ により，状態と行動で一意に定まると仮定する．すなわち，

$$R_t = g(S_t, A_t).$$

一般に，R_t は確率変数である．時点 t で得た即時報酬を R_t としよう．そのとき，時刻 0 におけるその価値は，**割引現在価値**

$$R_t \gamma^t, \quad 0 < \gamma < 1$$

で表わされる．定数 γ は**割引率**といわれる．不確実な将来の価値よりも，現時点の価値に重きをおくことを意図するとき，割引現在価値を採用する．一般に，割引現在価値も確率変数である．

即時報酬の時間に関する総和を**累積報酬**という．累積報酬は，割引なし累積報酬と割引累積報酬とにわけられる．**割引なし累積報酬**は，割引なしの即時報酬の総和であり

$$C_t = \sum_{k=0}^{(T-1)-t} R_{t+k}.$$

また，**割引累積報酬**は，割引現在価値の総和

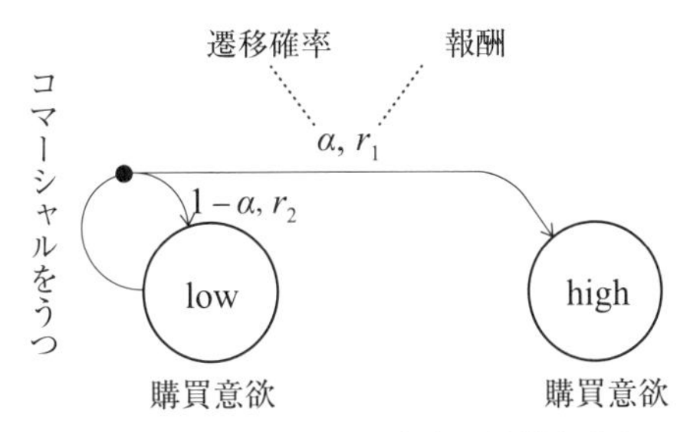

図 6.1　状態遷移図の一部．図中の白丸は状態を表わし，矢印は，矢印のでる状態における行動を表わし，矢印には遷移確率と報酬が付随する．黒小丸は矢印の枝わかれを表わす．

$$C_t = \sum_{k=0}^{(T-1)-t} R_{t+k}\gamma^k, \quad 0 < \gamma < 1$$

である．本書では，単に累積報酬といえば割引累積報酬をさす．一般に，累積報酬は確率変数である．

任意の状態 s において，とるべき行動の確率を**方策**（あるいは**行動方策**）という．すなわち，方策は，条件つき確率分布

$$\pi(a \mid s) = P(A_t = a \mid S_t = s)$$

で表現される．強化学習は，試行錯誤的に，あるいはなんらかの方針にしたがって行動をおこない，行動の結果（報酬）を蓄積し，蓄積された報酬を評価関数として，その最大化により方策を決定する．

さて，上で定義した状態と行動・遷移確率・報酬の関係は，状態遷移図で表現される．図 6.1 は，すぐあとで示す状態遷移図の一部であり，図中の白丸は状態を表わし，矢印は，矢印のでる状態における行動を表わし，矢印には遷移確率と報酬が付随する．黒小丸は矢印の枝わかれを表わす．図 6.2 は，製造会社の売上最大化の例の状態遷移図全体である．この状態遷移図からわかるように，現在の状態 s_t と行動 a_t とで条件づけたつぎの時点の状態 s_{t+1} の分布が，t より前の状態と行動に無関係となる．すなわち，時点 $t+1$ の状態 s_{t+1} の分布は，現在時点 t の状態 s_t と，そのときにとる行動 a_t で定まる．時刻 t における状態 s_t がこのように定まる確率過程を，**マルコフ決定過程**という．強化

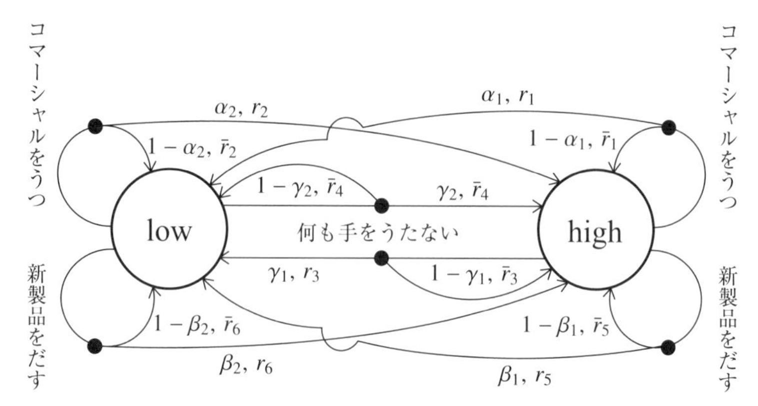

図 6.2　状態遷移図で示されたマルコフ決定過程の例．2つの状態 “low” と “high” があり，それぞれの状態において，「コマーシャルをうつ」・「新製品をだす」・「何も手をうたない」の3つの取りうる行動がある．

学習は，マルコフ決定過程をあつかう．

強化学習でおこなうことは，スタート時 $t=0$ から終了 (T) までの（割引あり/なしの）累積報酬の期待値を評価関数とし，それが最大となるように方策を決定することである．割引累積報酬の場合を書きくだすと

$$\mathbb{E}[C_0] = \mathbb{E}\left[\sum_{t=0}^{T-1} R_t \gamma^t\right], \quad 0 < \gamma < 1.$$

が評価関数である．この評価関数は，現時点の価値に重きをおき，時間とともに減少する価値を反映している．たとえば，迷路など，できるだけ早くゴールすることが目標タスクであれば，早くゴールに到達するほどこの評価関数の値は大きくなるので，この評価関数を採用することが有効である．

また，強化学習では，現在の状態 s において，行動 a をとり，状態を推移させ，報酬 r を受けとり，方策 π を更新するという一連の流れを，適当な状態からはじめて，あらかじめ定めた繰りかえし数だけつづける．このような一連の移りかわり（状態と行動・報酬の列）を，エピソードという．強化学習の目標は，

$$
\begin{aligned}
&\text{エピソード 1} \quad \{s_0, a_0, r_0, \ldots, s_{T-1}, a_{T-1}, r_{T-1}, s_T\}, \\
&\text{エピソード 2} \quad \{s'_0, a'_0, r'_0, \ldots, s'_{T-1}, a'_{T-1}, r'_{T-1}, s'_T\}, \\
&\qquad\qquad\qquad\qquad \vdots \\
&\text{エピソード } n \quad \{s^*_0, a^*_0, r^*_0, \ldots, s^*_{T-1}, a^*_{T-1}, r^*_{T-1}, s^*_T\}
\end{aligned}
$$

のように，エピソードを何度も繰りかえすうちに，累積報酬を最大にするエピソードとなる方策を見つけることである．

一般に，強化学習では，状態の集合と行動の集合は既知とするが，その他の環境に対する情報は，学習のスタート時点ではもっていないのが普通である．たとえば，購買意欲が低い状態で，新製品を投入したときに購買意欲が高まる確率など，少なくともはじめは，状態遷移確率

$$
p(s' \mid s, a) = P(S_{t+1} = s' \mid S_t = s, A_t = a)
$$

は未知である．また，報酬関数 $g(s, a)$ も未知である．これらの環境情報（状態遷移確率と報酬関数）がわかっていれば，評価関数を最適にするエピソードを求めることは，学習の問題ではなく，単なる計算問題に帰着される．強化学習では，各状態 s において，とった行動 a により得る即時報酬 r と，つぎの状態 s' は観測できると仮定される．行動しながらこれらの情報を得てそれを蓄積し，（時間をかけて）最適方策を見いだす．

このように，環境情報がほとんどない状況での方策決定の考え方は以下の 2 つに大別される．1 つは，行動（と状態）を独立変数とする効用関数を導入し，より効用が大きい値をとる行動を選択する方略である．具体的には，効用として報酬の期待値（Q 関数）をとり，それがなるべく大きくなる行動を取りつづけることにより評価関数を最大にできる，と考える．この考え方にもとづく代表例は，**Q 学習**とよばれ，Q 関数がみたす方程式の近似解を，経験をつむことにより推定する．さらに，Q 学習の深層学習版である deep Q-network (DQN) がある．

もう 1 つは，ニューラルネットワークや一般化線形モデルで方策を直接表現するという考え方である．この考え方にもとづく学習の代表例には，方策 π の分布族を仮定し，勾配降下法により，評価関数を最大にする方策を決定す

る方法である方策勾配法と，その方策勾配法の発展版である信頼領域法 (trust region policy optimization; TRPO)，さらにその改良版である近接方策最適化法 (proximal policy optimization; PPO) がある．

以下でこれらを解説する．まずは Q 学習から紹介しよう．

6.2　Q 学習と DQN

時刻 0 のとき，状態 s で行動 a をとり，その後，方策 π のもとで行動しつづけたときの累積報酬の期待値，すなわち，

$$Q^{\pi}(s,\, a) \equiv \mathbb{E}^{\pi}[C_0 \mid S_0 = s,\, A_0 = a]$$

を**行動価値関数**，あるいは **Q 関数**という．行動価値関数は，定義から方策 π に依存する[1)]．名のとおり，行動価値関数は，方策 π において，状態 s での行動 a の価値を表わしている．

とくに，「各状態において，行動価値関数が最大となる行動を取りつづける」という方策を考えたとき，その方策における行動価値関数を，**最適行動価値関数**という．この定義は，方策が行動価値関数を参照しており，以下のように再帰式で表現される．すなわち，最適行動価値関数を $Q(s,\, a)$ とかき，$S_t = s$, $A_t = a$ とし，次状態を $S_{t+1} = S'$（確率変数）とすると，

$$Q(s,\, a) = g(s,\, a) + \gamma \cdot \mathbb{E}_{s'}[\max_{a' \in \mathcal{A}} Q(S',\, a')]. \tag{6.2.1}$$

これは**ベルマン方程式**とよばれる方程式の一種である．この方程式が成りたつことは，以下のように考えれば納得されよう．すなわち，$Q(s,\, a)$ は，時刻 t で状態 s において行動 a を選び，その後，最適行動をした場合の割引累積報酬の期待値である．それは，時刻 t での即時報酬と，時刻 $t+1$ での状態

---

1) 行動価値関数を，期待値の定義により書きくだすと

$$\begin{aligned} Q^{\pi}(s, a) &\equiv \mathbb{E}^{\pi}[C_0 \mid S_0 = s,\, A_0 = a] \\ &= g(s,\, a) + \sum_{k=1} \gamma^k \sum_{(s',\, a')} P(S_k = s',\, A_k = a')g(s',\, a') \\ &= g(s,\, a) + \sum_{k=1} \gamma^k \sum_{(s',\, a')} \pi(a' \mid s')P(S_k = s')g(s',\, a') \end{aligned}$$

となる．方策 π が定まっていても，一般に，$P(S_k = s')$ は確定しないので，行動価値関数は陽にはわからない．

$s' \in S'$ において行動価値関数を最大とする行動 a' に対する行動価値関数値の期待値に γ をかけたものとの和である．時刻 t の即時報酬は $g(s, a)$ であるから式 (6.2.1) が成りたつ．

ここで，$Q(s, a)$ 関数に関していくつか注意をしておこう．

1. 最適行動価値関数 $Q(s, a)$ は関数なので，任意の組 (s, a) についてその値が決まる必要がある．それは，状態 s からの最初の行動だけは任意で，つぎの行動から最適行動した場合に期待される累積報酬である．
2. 関数 $Q(s, a)$ が最大となるように行動するということは，累積報酬の期待値が最大となる行動をとることであり，これは方策を，確率的にではなく決定的に選ぶことになる．すなわち，
$$\pi(a^* \mid s) = 1, \quad a^* = \arg\max_{a \in \mathcal{A}} Q(s, a). \tag{6.2.2}$$
3. 環境情報（状態遷移確率と報酬関数）がわかっていれば，関数 $Q(s, a)$ を最大とする方策は，動的計画法によりベルマン方程式をといて（原理的には）求めることができる．

さて，ベルマン方程式 (6.2.1) をとけば，求める方策が式 (6.2.2) で決まる．しかし，環境情報（状態遷移確率と報酬関数）が未知であるから，式 (6.2.1) をとくことはできない．そこで，ベルマン方程式 (6.2.1) を，経験を繰りかえすことによって近似的にとく．すなわち，サンプル（エピソード）

$$s_0, a_0, r_0, \ldots, s_{t-1}, a_{t-1}, r_{t-1}, s_t, \ldots$$

をつかい，期待値は，多くの経験により反映されるとして，期待値をはずした近似方程式

$$Q(s, a) = g(s, a) + \gamma \max_{a' \in \mathcal{A}} Q(s', a') \tag{6.2.3}$$

に対し，その解を繰りかえし計算により求める．これが **Q 学習**の考え方である[2]．

以下，Q 学習を定式化しよう．そのために，まず，Q 学習の基本となる式

[2] Watkins, C. J. C. H. (1989). Learning from delayed rewards. *Ph.D. Thesis*, King's College, Cambridge. Watkins, C. J. C. H. and Dayan, P. (1992). Technical note: Q-learning. *Machine Learning*, **8**, 279–292.

と，その式をつかって $Q(s, a)$ を求める方法を紹介する．定数（列）α_t, $0 < \alpha_t < 1$, に対し，近似方程式 (6.2.3) の α_t 倍と，恒等式

$$(1-\alpha_t)Q(s, a) = (1-\alpha_t)Q(s, a)$$

の辺べんをくわえて

$$Q(s, a) = (1-\alpha_t)Q(s, a) + \alpha_t(g(s, a) + \gamma \max_{a' \in \mathcal{A}} Q(s', a')).$$

右辺を α_t で整理すると

$$Q(s, a) = Q(s, a) + \alpha_t(g(s, a) + \gamma \max_{a' \in \mathcal{A}} Q(s', a') - Q(s, a)) \tag{6.2.4}$$

を得る．適当にとった組 (s, a) と，それに対する $Q(s, a)$ の初期値からはじめ，この式 (6.2.4) の右辺の値で左辺を置きかえることを収束するまでつづける（数列 α_t が適当な条件をみたせば，真の解に収束することが保証される）．また，$g(s, a)$ と s' はサンプルをつかう．ただし，関数 $Q(s, a)$ を定めるためには，すべての組 (s, a) について上記を計算する必要がある．

組 (s, a) を，決まった順番に，あるいは完全にランダムに決めて計算していく方略では学習効率がわるい．Q 学習では，その解決法として，ある場合には，ランダムに組 (s, a) を選択し，そのほかの場合には，計算途中の $Q(s, a)$ の値を最大とする組 (s, a) を選ぶ方略をとる．以上のまとめとして，Q 学習のアルゴリズムを以下に提示しよう．

入力は，すべての (s, a) に対して $Q(s, a) = 0$（か，あるいはランダムな値）とする．また，T は 1 エピソードで進む回数の上限（自然数），ε, $0 < \varepsilon < 1$, は，どの程度ランダムに行動を選択するかという指標を表わす．

以下を，エピソード一つひとつに対し，一定回数または Q が改善しなくなるまで実行する．

1. 最初に初期状態 s を決め，$t = 0$ に設定する．
2. s を固定し，
   (a) 確率 ε で，組 (s, a) をランダムに選択する (not greedy).
   (b) 確率 $1 - \varepsilon$ で，組 (s, a) を $Q(s, a)$ が最大になるもので定める (greedy).

3. s' を行動 a の結果うつる状態とし，$Q(s, a)$ を

$$Q(s, a) \leftarrow Q(s, a) + \alpha_t(g(s, a) + \gamma \max_{a' \in \mathcal{A}} Q(s', a') - Q(s, a))$$

で更新する．

4. $s \leftarrow s'$ とする．このとき，$t = T$ ならばつぎのエピソードに，そうでなければ $t = t + 1$ として 2 へ．

Q 学習のアルゴリズムに関して若干の補足をしよう．ステップ 2 で，仮に，つねに (b) を選択しながら進むとすると，それは，それまでに学習した成果にそって学習を進めることになる．つまり，それまで形成された評価関数を最大にするものをつねに選択して学習を進めている．このような学習方略を，**貪欲** (greedy) な方略という．Q 学習のアルゴリズムでは，定数 ε を設定して，ε が小さいと貪欲に探索（評価関数の活用）し，ε が大きいとより広い範囲を探索する．このような探索手法を，**ε-貪欲法** (ε-greedy) という．ε-貪欲法において，$\varepsilon = 1$ とすると，完全に乱数で状態を決めることになり，重要でない範囲まで等しく探索をしてしまい，効率がわるくなる．一方，$\varepsilon = 0$ とすると，つねに貪欲に行動するので，同じ行動ばかり選択し，学習が進まなくなる．

以上が，Q 学習の基本である．上に提示した Q 学習アルゴリズムからわかるとおり，Q 学習では，探索範囲が広すぎ，基本的にすべての状態と行動の組について，最適行動価値関数 Q 値を保持しなくてはならない．将棋や囲碁でいえば，探索しても意味がないようなあり得ない局面も探索することになる．また，Q 学習は，基本的に，状態が離散値でないとあつかえない．もちろん，連続変数を区間にわけて離散変数としてあつかうことも考えられる．しかし，たとえば，(0, 1) を 100 の区間に分割すると，変数が 10 個あれば（10 次元の変数）100^{10} 個の状態になる．これを学習するのはほぼ不可能である．

ニューラルネットワークをもちいることで，高次元データに対応でき，状態が連続変数で表現される場合や，画像データなどの場合の学習も可能となる．とりわけ，行動価値関数 Q を深層ニューラルネットワークで近似して強化学習をおこなう手法を **DQN (deep Q-network)**[3] という（図 6.3）．この深層

[3] Mnih, V., et al. (2013). Playing Atari with deep reinforcement learning. *arXiv:1312.5602.*

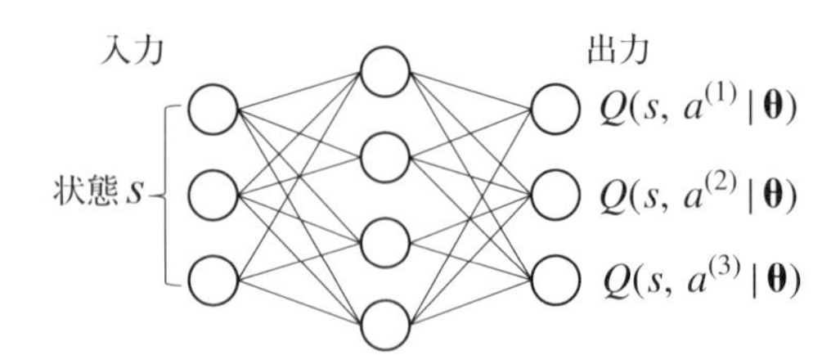

図 6.3　DQN (deep Q-network). 入力は状態で，出力は，入力された状態と各行動における Q 値の近似値．簡単のため，3 層からなるニューラルネットワークを示す．

ニューラルネットワークの入力は状態 s で，出力は，状態 s と行動それぞれに対する価値関数の近似値

$$Q(s, a^{(1)} \mid \theta), \ldots, Q(s, a^{(|\mathcal{A}|)} \mid \theta)$$

である．ここで，θ は深層ニューラルネットワークの重みを表わす．

DQN の学習の目標は，$Q(s, a)$ の近似 $Q(s, a \mid \theta)$ が

$$Q(s, a \mid \theta) = g(s, a) + \gamma \max_{a' \in \mathcal{A}} Q(s', a' \mid \theta)$$

をみたすようにすることである．この目標を達成するため，DQN では，以下のように損失を設定する．すなわち，状態 s である行動 a を選択したとき，報酬 $g(s, a)$ を得たとする．学習途中で，すべての a' に対し $Q(s', a' \mid \theta)$ を計算し，$\max Q(s', a' \mid \theta)$ をつかって

$$g(s, a) + \gamma \max_{a' \in \mathcal{A}} Q(s', a' \mid \theta)$$

を求めると，それは，経験をつんだぶん，$Q(s, a \mid \theta)$ より正しい値 $Q(s, a)$ に近づいていると考えられる．そこで，

$$g(s, a) + \gamma \max_{a' \in \mathcal{A}} Q(s', a' \mid \theta)$$

を教師データとし，$Q(s, a \mid \theta)$ を予測値としたときの 2 乗誤差

$$E(\theta) = \frac{1}{2}\left(Q(s, a \mid \theta) - (g(s, a) + \gamma \max_{a' \in \mathcal{A}} Q(s', a' \mid \theta))\right)^2$$

を 1 回の行動に対する損失とする．

この損失を予測値 $Q(s, a \,|\, \theta)$ について微分（変分）した

$$\frac{\partial E}{\partial Q(s, a \,|\, \theta)} = Q(s, a \,|\, \theta) - \left(g(s, a) + \gamma \max_{a' \in \mathcal{A}} Q(s', a' \,|\, \theta) \right)$$

を誤差逆伝播すれば $\dfrac{\partial E}{\partial \theta}$ が計算でき，確率的勾配降下法で θ の最適解を求めることができる．

ただし，このままでは学習の効率がわるく不安定なので，DQN の学習には工夫が必要である．以下に，効率と不安定さを回避する 2 つの工夫をあげる．

1. Experience replay．行動を記録し，そこからランダムに選んでミニバッチを構成して学習をおこなう．この方法をもちいると，1 つの行動が何度か学習に使えるようになるとともに，過去の記録とまぜて学習することが安定化に貢献する．
2. 勾配クリッピング．誤差関数の傾きの絶対値がある一定値をこえないようにする．たとえば，一定値が 1 なら，$E = (\hat{y} - y)^2$（$\hat{y}$ は予測値，y は教師値）の代わりに

$$E = \begin{cases} (\hat{y} - y)^2, & |\hat{y} - y| \leq 1, \\ |\hat{y} - y|, & |\hat{y} - y| > 1 \end{cases}$$

   をつかうことで，勾配 $\partial E / \partial \hat{y}$ が大きくなりすぎるのをふせぐ．

Q 学習と，その深層学習版である DQN において，行動が連続である場合，行動価値関数を近似するアプローチでは，行動選択や更新式にふくまれる arg max の計算が困難になる．つぎに紹介する方策勾配法はその欠点を回避する．

6.3 方策勾配法とその発展形

方策を，ニューラルネットワークで関数近似することを考えよう．これは，モデルによる方策の表現とよばれる．とりわけ，方策 π の分布族を仮定し，勾配法により評価関数を最大化して方策を決定するのが方策勾配法である．本節では，方策勾配法とその発展形を紹介する．

前節では，行動価値関数（Q 関数）を導入した．それに似た関数として，価値関数（V 関数）がある．**価値関数（V 関数）**は，時刻 0 で，状態 s にあ

り，その後，方策 π のもとで行動しつづけたときの累積価値の総和の期待値

$$V^{\pi}(s) \equiv \mathbb{E}^{\pi}[C_0 \mid S_0 = s]$$

として定義される．この関数は，状態 s の価値を表わし，Q 関数と同様に方策 π に依存する．Q 関数と V 関数には，両者の定義から明らかなように，

$$\sum_{a \in \mathcal{A}} \pi(a \mid s) Q^{\pi}(s, a) = V^{\pi}(s)$$

なる関係がある．

さらに，Q 関数と V 関数から，アドバンテージ関数を以下で定義する．

$$A^{\pi}(s, a) \equiv Q^{\pi}(s, a) - V^{\pi}(s).$$

この関数は，直感的には行動のみの価値を表わす．それゆえ，アドバンテージ関数値が正となる行動の選択確率を上げ，それが負となる行動の選択確率が下がるように方策を更新することで，方策が改善されることが期待される．

さて，方策パラメータ $\theta \in \mathbb{R}^d$ で規定される確率的方策モデル

$$\pi_{\theta} : \mathcal{A} \times \mathcal{S} \to [0, 1]$$

を学習することを考えよう．パラメータで規定されるモデルとしては，連続分布ではガウス方策モデル

$$\pi_{\theta}(a \mid s) \equiv \frac{1}{\sqrt{2\pi}\sigma(s; \theta)} \exp\left(-\frac{(a - \mu(s; \theta))^2}{2\sigma(s; \theta)^2}\right)$$

が代表的である．ここで，$\mu(\cdot; \theta)$ と $\sigma(\cdot; \theta)$ は，パラメータ θ（重み）の深層ニューラルネットワークの出力として表現される．また，離散分布では，深層ニューラルネットワークの出力を分布そのものとするのが一般的である．たとえば，単語 w_i の出現確率を p_i とすれば，

$$p_1, p_2, \ldots, p_{|V|}$$

が深層ニューラルネットワークの出力である．ただし，$|V|$ は全単語数である．一般に，モデルで方策を表現する手法は，状態変数があたえられれば行動が決定するため，行動空間が高次元または連続の場合に有効である．

方策を学習するための目的関数として，ここでは，以下の**平均報酬**（割引なし）

$$f_\infty(\theta) \equiv \lim_{T\to\infty} \mathbb{E}^\pi \left[\frac{1}{T} \sum_{t=0}^{T-1} g(S_t,\, A_t) \right]$$

をあつかう．

目的関数の最大化により最適方策を学習するためには，方策評価と方策改善による方策モデルの更新式が必要である．方策モデルは，パラメータ θ で特徴づけられるので，それはパラメータ θ の更新式として定義される．その更新式は

$$\theta := \theta + \alpha_t \nabla_\theta f_\infty(\theta), \tag{6.3.1}$$

ただし，$\alpha_t > 0$ は定数（列）である[4]．勾配 $\nabla_\theta f_\infty(\theta)$ が計算できれば，この更新式 (6.3.1) によって方策の学習ができる．更新式 (6.3.1) による方策の学習を，**方策勾配法**[5] とよぶ．実際，状態の分布に対するエルゴード性と定常性の仮定のもとで，$\nabla_\theta f_\infty(\theta)$ を求めることができる．

以下では，状態の分布に対するエルゴード性と定常性を仮定する．すなわち，あつかうマルコフ決定過程に対して以下を仮定する．方策 π と，その近似 π_θ に対し，

1. $T \to \infty$ の極限における状態の確率分布 $p_\infty^\pi(s)$ について，**エルゴード性**，すなわち，任意の関数 $h : \mathcal{S} \times \mathcal{A} \to \boldsymbol{R}$ に対し，

$$\mathbb{E}_{\pi(a\,|\,s)p_\infty^\pi(s)}[h(s,\, a)] = \lim_{T\to\infty} \frac{1}{T} \sum_{t=0}^{T-1} h(S_t = s,\, A_t = a)$$

が成立する．これはサンプリングによる近似計算で重要となる．

2. 分布 $p_\infty^\pi(s)$ は**定常分布**，すなわち，

[4] 損失の最小化ではなく，目的関数の最大化なので，更新式は差でなく和になっている．

[5] Sutton, R. S., et al. (1999). Policy gradient methods for reinforcement learning with function approximation. *NIPS* 1999, 1057-1063.

$$p_\infty^\pi(s') = \sum_{s\in\mathcal{S}}\sum_{a\in\mathcal{A}} p(s' \mid s,\, a)\pi(a \mid s)p_\infty^\pi(s)$$

であり，それはただ1つ存在する．

この2つの仮定のもとで，$\nabla_\theta f_\infty(\theta)$ を計算で求めることができることを示そう．まずは，方策勾配定理を提示する．

■ 方策勾配定理

分布 $p_\infty^\pi(s)$ の定常性の仮定のもとで以下が成立する．すなわち，平均報酬の方策勾配は

$$\begin{aligned}\nabla_\theta f_\infty(\theta) &= \sum_{s\in\mathcal{S}}\sum_{a\in\mathcal{A}} p_\infty^{\pi_\theta}(s)\pi_\theta(a \mid s)\nabla_\theta \ln \pi_\theta(a \mid s)(Q_\infty^{\pi_\theta}(s,\, a) - b(s)) \\ &= \mathbb{E}^{\pi_\theta}[\nabla_\theta \ln \pi_\theta(a \mid s)(Q_\infty^{\pi_\theta}(s,\, a) - b(s))].\end{aligned} \tag{6.3.2}$$

ここで，$b(s)$ は，状態を独立変数とする関数で，**ベースライン関数**とよばれる．通常は，ベースライン関数として（推定した）価値関数 $V(s)$ がもちいられる．また，

$$Q_\infty^{\pi_\theta}(s,\, a) \equiv \sum_{t=0}^{\infty} \mathbb{E}^{\pi_\theta}[R_t - f_\infty(\theta) \mid S_0 = s,\, A_0 = a]$$

は，**差分行動価値関数**とよばれ，行動価値関数を定義しなおしたものである（割引なしだと和が発散するので，平均報酬をひいている）．

［証明］

差分行動価値関数を以下のように再帰式に変形して

$$\begin{aligned}Q_\infty^{\pi_\theta}(s,\, a) &= g(s,\, a) - f_\infty(\theta) + \sum_{t=1}^{\infty} \mathbb{E}^{\pi_\theta}[R_t - f_\infty(\theta) \mid S_0 = s,\, A_0 = a] \\ &= g(s,\, a) - f_\infty(\theta) + \sum_{s'\in\mathcal{S}} p(s' \mid s,\, a) \sum_{a'\in\mathcal{A}} \pi_\theta(a' \mid s')Q_\infty^{\pi_\theta}(s',\, a').\end{aligned}$$

これと，$\ln \pi_\theta$ を θ に関して偏微分して得られる

$$\pi_\theta(a' \mid s')\nabla_\theta \ln \pi_\theta(a' \mid s') = \nabla_\theta \pi_\theta(a' \mid s')$$

により，

$$\begin{aligned}\nabla_\theta f_\infty(\theta) &= -\nabla_\theta Q_\infty^{\pi_\theta}(s, a)\\ &+ \sum_{s' \in \mathcal{S}}\sum_{a' \in \mathcal{A}} p(s' \mid s, a)\pi_\theta(a' \mid s')(\nabla_\theta \ln \pi_\theta(a' \mid s')Q_\infty^{\pi_\theta}(s', a') + \nabla_\theta Q_\infty^{\pi_\theta}(s', a'))\end{aligned}$$

を得る．平均報酬は θ のみに依存し，また，$\sum_{s \in \mathcal{S}}\sum_{a \in \mathcal{A}} p_\infty^{\pi_\theta}(s)\pi_\theta(a \mid s) = 1$ なので

$$\begin{aligned}\sum_{s \in \mathcal{S}}\sum_{a \in \mathcal{A}} p_\infty^{\pi_\theta}(s)\pi_\theta(a \mid s)\nabla_\theta f_\infty(\theta) &= \nabla_\theta f_\infty(\theta)\sum_{s \in \mathcal{S}}\sum_{a \in \mathcal{A}} p_\infty^{\pi_\theta}(s)\pi_\theta(a \mid s)\\ &= \nabla_\theta f_\infty(\theta)\end{aligned}$$

となることに注意すると

$$\begin{aligned}&\nabla_\theta f_\infty(\theta)\\ &= \sum_{s \in \mathcal{S}}\sum_{a \in \mathcal{A}} p_\infty^{\pi_\theta}(s)\pi_\theta(a \mid s)\Big\{-\nabla_\theta Q_\infty^{\pi_\theta}(s, a)\\ &+ \sum_{s' \in \mathcal{S}}\sum_{a' \in \mathcal{A}} p(s' \mid s, a)\pi_\theta(a' \mid s')(\nabla_\theta \ln \pi_\theta(a' \mid s')Q_\infty^{\pi_\theta}(s', a') + \nabla_\theta Q_\infty^{\pi_\theta}(s', a'))\Big\}\end{aligned}$$

となる．分配法則で中カッコをはずし，π_θ に対する定常性の仮定

$$p_\infty^{\pi_\theta}(s') = \sum_{s \in \mathcal{S}}\sum_{a \in \mathcal{A}} p(s' \mid s, a)\pi_\theta(a \mid s)p_\infty^{\pi_\theta}(s)$$

をもちいると

$$\begin{aligned}\nabla_\theta f_\infty(\theta) = &-\sum_{s \in \mathcal{S}}\sum_{a \in \mathcal{A}} p_\infty^{\pi_\theta}(s)\pi_\theta(a \mid s)\nabla_\theta Q_\infty^{\pi_\theta}(s, a)\\ &+ \sum_{s' \in \mathcal{S}}\sum_{a' \in \mathcal{A}}\sum_{s \in \mathcal{S}}\sum_{a \in \mathcal{A}} p(s' \mid s, a)\pi_\theta(a' \mid s')p_\infty^{\pi_\theta}(s)\pi_\theta(a \mid s)\\ &\times(\nabla_\theta \ln \pi_\theta(a' \mid s')Q_\infty^{\pi_\theta}(s', a') + \nabla_\theta Q_\infty^{\pi_\theta}(s', a'))\end{aligned}$$

$$
\begin{aligned}
&= -\sum_{s\in\mathcal{S}}\sum_{a\in\mathcal{A}} p_\infty^{\pi_\theta}(s)\pi_\theta(a\,|\,s)\nabla_\theta Q_\infty^{\pi_\theta}(s,\,a)\\
&\quad + \sum_{s'\in\mathcal{S}}\sum_{a'\in\mathcal{A}} \pi_\theta(a'\,|\,s')(\nabla_\theta \ln \pi_\theta(a'\,|\,s')Q_\infty^{\pi_\theta}(s',\,a') + \nabla_\theta Q_\infty^{\pi_\theta}(s',\,a'))\\
&\qquad \times \sum_{s\in\mathcal{S}}\sum_{a\in\mathcal{A}} p(s'\,|\,s,\,a)p_\infty^{\pi_\theta}(s)\pi_\theta(a\,|\,s)\\
&= \sum_{s\in\mathcal{S}}\sum_{a\in\mathcal{A}} p_\infty^{\pi_\theta}(s)\pi_\theta(a\,|\,s)\nabla_\theta \ln \pi_\theta(a\,|\,s)Q_\infty^{\pi_\theta}(s,\,a)
\end{aligned}
$$

を得る．任意のベースライン関数 $b(s)$ に関して

$$
\begin{aligned}
&\sum_{a\in\mathcal{A}} \pi_\theta(a\,|\,s)\nabla_\theta \ln \pi_\theta(a\,|\,s)b(s)\\
&\quad = \sum_{a\in\mathcal{A}} \nabla_\theta \pi_\theta(a\,|\,s)b(s) = b(s)\nabla_\theta \left\{\sum_{a\in\mathcal{A}} \pi_\theta(a\,|\,s)\right\} = b(s)\nabla_\theta 1\\
&\quad = \mathbf{0}
\end{aligned}
$$

が成立するので

$$
\nabla_\theta f_\infty(\theta) = \sum_{s\in\mathcal{S}}\sum_{a\in\mathcal{A}} p_\infty^{\pi_\theta}(s)\pi_\theta(a\,|\,s)\nabla_\theta \ln \pi_\theta(a\,|\,s)(Q_\infty^{\pi_\theta}(s,\,a) - b(s)).
$$

これで証明が終わった．

勾配の具体的（近似）計算に取りかかる前に，アドバンテージ関数をもちいて式 (6.3.2) を表わしておく．ベースライン関数 $b(s)$ を価値関数としてもちいた場合，勾配は

$$
\begin{aligned}
\nabla_\theta f_\infty(\theta) &= \sum_{s\in\mathcal{S}}\sum_{a\in\mathcal{A}} p_\infty^{\pi_\theta}(s)\pi_\theta(a\,|\,s)\nabla_\theta \ln \pi_\theta(a\,|\,s)A_\infty^{\pi_\theta}(s,\,a)\\
&= \mathbb{E}^{\pi_\theta}[\nabla_\theta \ln \pi_\theta(a\,|\,s)A_\infty^{\pi_\theta}(s,\,a)]
\end{aligned}
$$

とかくことができる．すなわち，$Q_\infty^{\pi_\theta}(s,\,a) - b(s)$ は，アドバンテージ関数

$$
A_\infty^{\pi_\theta}(s,\,a) = Q_\infty^{\pi_\theta}(s,\,a) - V_\infty^{\pi_\theta}(s)
$$

となる．ただし，

$$V_\infty^{\pi_\theta}(s) = \sum_{a \in \mathcal{A}} \pi_\theta(a \mid s) Q_\infty^{\pi_\theta}(s, a)$$

である．アドバンテージ関数をベースライン関数とすることは，重みつき勾配

$$\nabla_\theta \ln \pi_\theta(a \mid s)(Q_\infty^{\pi_\theta}(s, a) - b(s))$$

の重み $Q_\infty^{\pi_\theta}(s, a) - b(s)$ の期待値を 0 に標準化することである．

式 (6.3.2) の期待値を近似する **REINFORCE 法**[6]を紹介しよう．式 (6.3.2) は，π_θ に対するエルゴード性の仮定

$$\mathbb{E}_{\pi_\theta(a \mid s) p_\infty^\pi(s)}[h(s, a)] = \lim_{T \to \infty} \frac{1}{T} \sum_{t=0}^{T-1} h(S_t = s, A_t = a)$$

をもちいると，方策 π_θ でサンプリングした履歴データ（エピソード）

$$\{s_0, a_0, r_0, \ldots, s_{T-1}, a_{T-1}, r_{T-1}, s_T\}$$

に対し，

$$\nabla_\theta f_\infty(\theta) = \lim_{T \to \infty} \frac{1}{T} \sum_{t=0}^{T-1} \nabla_\theta \ln \pi_\theta(a_t \mid s_t) A_\infty^{\pi_\theta}(s_t, a_t)$$

となる．よって，

$$\nabla_\theta f_\infty(\theta) \approx \frac{1}{T} \sum_{t=0}^{T-1} \nabla_\theta \ln \pi_\theta(a_t \mid s_t) A_\infty^{\pi_\theta}(s_t, a_t)$$

を得る．

実際の計算において REINFORCE 法では，ほかにもいくつかの近似をもちいる．すなわち，方策 π_θ でサンプリングした履歴データ（エピソード）

$$\{s_0, a_0, r_0, \ldots, s_{T-1}, a_{T-1}, r_{T-1}, s_T\}$$

---

[6] Gullapalli, V. (1990). A stochastic reinforcement learning algorithm for learning real-valued functions. *Neural Networks*, **3**, 671-692.

に対して，

1. $Q_\infty^{\pi_\theta}$ の標本近似に以下のリターン c_t をもちいる：

$$c_t = \sum_{k=t}^{T-1} r_k, \quad t = 0, \ldots, T-1.$$

2. $b(s_t)$ を平均報酬の推定値として，方策パラメータの更新式を

$$\theta := \theta + \alpha_t \frac{1}{T} \sum_{t=0}^{T-1} (c_t - b(s_t)) \nabla_\theta \ln \pi_\theta(a_t|s_t)$$

   とする．ただし，α_t は定数である．これはすなわち，アドバンテージ関数を $A_\infty^{\pi_\theta}(s, a) \approx \hat{A}_t(s_t, a_t) \equiv c_t - b(s_t)$ と近似することに相当する．

3. 勾配 $\nabla_\theta \ln \pi_\theta(a_t \,|\, s_t)$ は，ニューラルネットワークの出力が，π_θ のパラメータ（連続分布）や，確率の列（離散分布）であり，$\ln \pi_\theta(a_t \,|\, s_t)$ は出力の関数なので，それの出力ユニットの活性による微分を誤差とする誤差逆伝播で計算可能である．

方策勾配定理の式 (6.3.2) において，$\ln \pi_\theta(a \,|\, s)$ は対数尤度であり，$\nabla_\theta \ln \pi_\theta(a \,|\, s)$ はその勾配（スコア関数とよばれる）である．方策（対数）の勾配 $\nabla_\theta \ln \pi_\theta(a \,|\, s)$ は，状態行動対 (s, a) に対して対数尤度が最大となる方向を向いている．一方，行動価値がより大きい組 (s, a) について尤度を重視したいため，スコア関数を行動価値で重みづけして，パラメータの更新を調整している．

方策勾配法では，方策更新にさいして，勾配が大きくなりすぎることがしばしば起きる．このため，方策の更新幅を制約する手法がもちいられ，代表的なものには，信頼領域法 (trust region policy optimization; TRPO) と，近接方策最適化法 (proximal policy optimization; PPO) がある．これらを簡潔に紹介しよう．以下では簡単のため，極限記号 ∞ を落として記述し，また，和 $\displaystyle\frac{1}{T}\sum_{t=0}^{T-1} x_t$ を $\hat{\mathbb{E}}_t[x_t]$ と略記する．この表記のもとでは，方策勾配法における目的関数の勾配は

$$\nabla_\theta f(\theta) = \hat{\mathbb{E}}_t[\nabla_\theta \ln \pi_\theta(a_t \mid s_t)\hat{A}_t],$$

ただし，$\hat{A}_t \equiv A^{\pi_\theta}(s_t, a_t)$. この勾配は，以下の目的関数

$$f(\theta) = \hat{\mathbb{E}}_t[\ln \pi_\theta(a_t \mid s_t)\hat{A}_t]$$

の勾配である．

まず，**信頼領域法** (TRPO)[7] であるが，それは，目的関数

$$\hat{\mathbb{E}}_t\left[\frac{\pi_\theta(a_t \mid s_t)}{\pi_{\theta_{\rm old}}(a_t \mid s_t)}\hat{A}_t - \beta \cdot \mathbb{KL}(\pi_\theta(\cdot \mid s_t) \,\|\, \pi_{\theta_{\rm old}}(\cdot \mid s_t))\right]$$

を最大化する．この目的関数からわかるとおり，信頼領域法では，更新の前後の方策の KL ダイバージェンスを正則化項として導入することにより，更新幅をおさえている．ただし，β は定数で，$\theta_{\rm old}$ は，更新直前のパラメータである．実験によると，問題ごとに適切な β の値が異なり，同一の問題においてすら，学習途中での β の最適な値が異なるという結果であった．

近接方策最適化法 (PPO)[8] では，大きい変更幅を「クリップする」ことにより直接に更新幅を制限する．すなわち，近接方策最適化法では，$\theta_{\rm old}$ を更新直前のパラメータとし，ϵ は超パラメータとして，目的関数

$$\hat{\mathbb{E}}_t\left[\min(r_t(\theta)\hat{A}_t,\, {\rm clip}(r_t(\theta),\, 1-\epsilon,\, 1+\epsilon)\hat{A}_t)\right]$$

を最大化する．ただし，

$$r_t(\theta) \equiv \frac{\pi_\theta(a_t \mid s_t)}{\pi_{\theta_{\rm old}}(a_t \mid s_t)}$$

とおいた．このとき，$r_t(\theta_{\rm old}) = 1$ である．また，

---

[7] Schulman, J., et al. (2015). Trust region policy optimization. *arXiv: 1502.05477.*

[8] Schulman, J., et al. (2017). Proximal policy optimization algorithms. *arXiv: 1707.06347.*

$$
\mathrm{clip}(x,\ a,\ b) = \begin{cases} a, & x \leq a, \\ x, & a < x \leq b, \\ b, & b < x \end{cases}
$$

である.

第 II 部
生成モデル

第7章　言語の生成

本章の主題は，言語生成モデル（言語生成 AI）である．それに向けて，まず，言語モデルとは何かを解説し，言語モデルの具体例として，RNN をもちいた言語モデル（RNN 言語モデル）を簡単に紹介する．さらに，RNN で構成される符号化器と復号化器からなり，注意機構をそなえた系列変換モデルを導入し，それをトランスフォーマーによる系列変換モデルへと発展させる．そのあとで，大規模言語モデルを提示し，最後に，言語生成モデルを解説する．このような手順をふむ理由としては，以下があげられる．

1. RNN 言語モデルとの比較により，大規模言語モデルの特徴がよりよく理解できる．
2. 注意機構の具体的適用例に接することができる．
3. トランスフォーマーの具体的適用例と特徴がわかり，また，大規模言語モデルの位置づけが明確となる．

7.1　言語モデル

言語モデルは，文の生成確率のモデルであり，たとえば，「太郎は花子をみた」という文に対し，この文が生成される確率として，文を構成する単語の同時確率

$$P(\text{太郎，は，花子，を，みた})$$

を，あるいは「イタリアの首都はローマだ」という文に対して，この文の生成

確率として同時確率

$$P(\text{イタリア}, \text{の}, \text{首都}, \text{は}, \text{ローマ}, \text{だ})$$

を定める．言語モデルは，あるシステムが生成した文のたしからしさの判定や，単語や文・文章の予測と生成など，用途が広い．

とりわけ，言語モデルをもちいると，単語の予測，すなわち，テキストのつづき（あるテキストにつづく単語）を予測できる．たとえば，「イタリアの首都は」につづく単語として，候補となる単語をいれた同時確率

$$\begin{aligned} P(\text{イタリア}, \text{の}, \text{首都}, \text{は}, \text{東京}) &= 0.0000043, \\ P(\text{イタリア}, \text{の}, \text{首都}, \text{は}, \text{パリ}) &= 0.0000082, \\ &\vdots \\ P(\text{イタリア}, \text{の}, \text{首都}, \text{は}, \text{ローマ}) &= 0.0000103 \end{aligned}$$

のうちで，確率が最大となる単語，この例では「ローマ」を選べばよい．すなわち，

$$y^* = \arg\max_{y \in V} P(\text{イタリア}, \text{の}, \text{首都}, \text{は}, y)$$

なる y^* を選択する．ここで，V は対象となる全単語の集合である．

さて，同時確率を，文の開始（“BOS” という特殊記号で表わす）から順に単語の条件つき確率の積で表現すると

$$P(y_1, \ldots, y_T) = P(y_1 \,|\, \text{BOS})P(y_2 \,|\, \text{BOS}, y_1) \cdots P(y_T \,|\, \text{BOS}, y_1, \ldots, y_{T-1})$$

である．この条件つき確率の積による表記から，先のテキストのつづきを予測する例をかくと

$$\begin{aligned} &P(\text{イタリア}, \text{の}, \text{首都}, \text{は}, y) \\ &\quad = P(\text{イタリア} \,|\, \text{BOS}) \cdots P(\text{は} \,|\, \text{BOS}, \ldots, \text{首都})P(y \,|\, \text{BOS}, \ldots, \text{は}) \end{aligned}$$

となる．この式の右辺で最後の因子をのぞいた

$$P(\text{イタリア} \,|\, \text{BOS}) \cdots P(\text{は} \,|\, \text{BOS}, \ldots, \text{首都})$$

は y に無関係な定数なので

$$\begin{aligned} y^* &= \arg\max_{y \in V} P(\text{イタリア}, \text{の}, \text{首都}, \text{は}, y) \\ &= \arg\max_{y \in V} P(y \,|\, \text{イタリア}, \text{の}, \text{首都}, \text{は}) \end{aligned}$$

である．

言語モデルをもう少し形式的に書きあらわそう．単語や単語の埋めこみを値としてとる確率変数 X^t, $t = 1, \ldots, T$, の列

$$X^1, X^2, \ldots, X^T$$

を考える[1]．このような確率変数として，Y^t や S^t，X^t などがでてくる．簡単のため，以下では，確率変数 X^t の実現値 x^t に対し，確率変数を省略して，たとえば，

$$P(X^t = x^t \,|\, X^1 = x^1, \ldots, X^{t-1} = x^{t-1})$$

を

$$P(x^t \,|\, x^1, \ldots, x^{t-1})$$

とかく．確率変数の実現値として y^t や s^t，$\mathbf{x}^t$ などがでてくる．

長さ T の単語列 $y_1, \ldots, y_T$ の先頭に特殊記号 $y_0 = \text{BOS}$ を，最後尾に特殊記号 $y_{T+1} = \text{EOS}$ をいれた列を $\mathbf{Y}$ とする．すなわち，

$$\mathbf{Y} = y_0, y_1, \ldots, y_T, y_{T+1}.$$

$y_0 = \text{BOS}$ の生成確率は1なので，列 $\mathbf{Y}$ の生成確率は，条件つき確率の定義より

$$P(\mathbf{Y}) = \prod_{t=1}^{T+1} P(y_t \,|\, \mathbf{Y}_{0:t-1}) \tag{7.1.1}$$

[1] 以下では，確率変数列のインデックスとして，下つきだけではなく，上つきもつかう．たとえば，文が複数あるときに，各文を区別するために下つきインデックスをもちいるので，列のインデックスとして上つきをつかう．

となる．ただし，$\mathbf{Y}_{0:t-1}$ は部分列 $y_0, y_1, \ldots, y_{t-1}$ を表わす．この式から，よい言語モデルを得るには，条件つき確率 $P(y_t \mid \mathbf{Y}_{0:t-1})$ を精度高くモデル化することが重要であることがわかる．

よい言語モデルとして，本章では，トランスフォーマーによる言語モデル，とりわけ，大規模言語モデルとその発展形である言語生成モデルを紹介する．トランスフォーマー以前にも，条件つき確率 $P(y_t \mid \mathbf{Y}_{0:t-1})$ のモデル化手法がいくつも研究されてきた．その代表例をいくつかあげよう．

1. コーパスから条件つき確率を直接推定する手法．しかし，この手法には，条件部が長い単語列のデータは数が急速に減少するデータスパースネスの問題がある．
2. N-gram による方法．これは，条件つき確率の条件部を，

$$P(y_t \mid y_0, \ldots, y_{t-1}) \approx P(y_t \mid y_{t-n+1}, \ldots, y_{t-1})$$

と近似し，直前の $n-1$ 個前までの単語で打ちきる方法である．この方法では，データスパースネス問題はある程度回避できるが，離れた単語どうしの関係が把握できない．
3. Recurrent neural network (RNN) や long short-term memory (LSTM) などの系列処理用ニューラルネットワークを利用する方法．これらにも，学習における勾配消失問題や，離れた単語どうしの関係を把握できないなどの問題がある．

これらのうち，本章では，RNN をもちいた言語モデル（RNN 言語モデル）を簡単に紹介する．その解説にうつる前に，ここで，文頭と文末について補足し，言語モデルがあたえられたもとで実際に文を生成するアルゴリズムについてみておく．

1 つの文の開始記号として BOS (beginning of sentence) を，終了記号として EOS (end of sentence) をもちいる．これは，T 個の単語の列からなる文の 0 番めが BOS で，$T+1$ 番めが EOS とすることを意味する．たとえば，単語列

「が おいしい 果物 で」

は，日本文としては自然なならびであるのに対し，

「BOS が おいしい 果物 で EOS」

は1つの文として考えることになるので，後者が生成される確率は，前者のそれにくらべて低い．以下，ことわりがない場合には，文頭にBOSが，文末にEOSがはいっているとする．

一般に，言語モデルを利用した文（あるいは文章）の生成は，生成される文の生成確率ができるだけ大きくなるように，文頭から1語ずつ予測することによりおこなう．すなわち，文頭からはじめて，新たな単語を，それまでに予測した単語列で条件づけた確率をもとに予測する．ただし，つねに確率最大の単語を選択する貪欲法では，生成された文の確率（文を構成する単語の同時確率）が最大となるとはかぎらない．それに対し，1つの単語の予測において，すべての単語の確率を保持しておき，文の確率を最大とする単語列となるよう各単語を選択する方略では，計算量が文の長さとともに爆発的に増加するので，確率最大となる文を求めることはできない．両者の中間の方法としてのビームサーチ法は，条件つき確率が高い k 個の候補を保持し，文の確率ができるだけ高くなる単語列を探索する方法である．

貪欲法にしろビームサーチ法にしろ，確率を最大とするものを選択するアプローチでは，あるあたえられた文や文章に対し，それに後続する文を予測すると，つねに同じ文が生成されてしまう．応用としては，一意に文を決めるのではなく，多様な文がほしい場合も多い．多様な予測をするためには，貪欲法では，確率におうじて単語を選択する，つまり，単語の確率分布にしたがって単語をサンプリングすればよいし，ビームサーチ法では，文の確率におうじた文のサンプリングをおこなえばよい．以下，貪欲法とビームサーチ法についてもう少し詳しく説明する．

時刻0にBOSからはじめて，時刻 $t-1$ までに生成した単語列を

$$\tilde{\mathbf{Y}}_{t-1} = \mathrm{BOS}, \tilde{y}_1, \tilde{y}_2, \ldots, \tilde{y}_{t-1}$$

とする．**貪欲法**は，各 $t > 0$ において，EOS が生成されるまで，条件つき確率

$$P(y_t \,|\, \tilde{\mathbf{Y}}_{t-1})$$

を最大にする $\tilde{y}_t$ をつねに選ぶ．すなわち，

$$\tilde{y}_t = \mathop{\arg\max}_{y_t \in V} P(y_t \,|\, \tilde{\mathbf{Y}}_{t-1}),$$

ただし，V は全単語の集合である．

貪欲法では，生成された文の確率が最大になるとはかぎらない．例をもちいて説明しよう．パパとママの 2 単語だけでできる 2 語文を考え，条件つき確率は以下とする．

$$P(\text{パパ} \,|\, \text{BOS}) = 0.4, \quad P(\text{ママ} \,|\, \text{BOS}) = 0.6,$$
$$P(\text{パパ} \,|\, \text{BOS, パパ}) = 0.9, \quad P(\text{ママ} \,|\, \text{BOS, パパ}) = 0.1,$$
$$P(\text{パパ} \,|\, \text{BOS, ママ}) = 0.45, \quad P(\text{ママ} \,|\, \text{BOS, ママ}) = 0.55,$$
$$P(\text{EOS} \,|\, \text{BOS}, x, y) = 1.0, \quad x, y \text{ はパパ, ママのどれか.}$$

貪欲法では，まず，ママが選ばれる．そのつぎもママが選ばれ，結局，生成される文は，確率 $0.6 \times 0.55 = 0.33$ で

BOS ママ ママ EOS

となるが，同時確率が最大となる文は，確率 $0.4 \times 0.9 = 0.36$ で

BOS パパ パパ EOS

である．ある時点で選択する単語の分布が，過去に選んだ単語に依存するため，このようなことが起こる．

確率が最大となる文（単語列）を生成するため，1 つの単語の予測ごとに，すべての単語の条件つき確率を保持しておき，式 (7.1.1) によって確率最大となる単語列を特定することが考えられる．しかし，その方法では，全単語数を $|V|$ とし，文の長さを l としたとき，$|V|^l$ のオーダーの計算量となるため，実

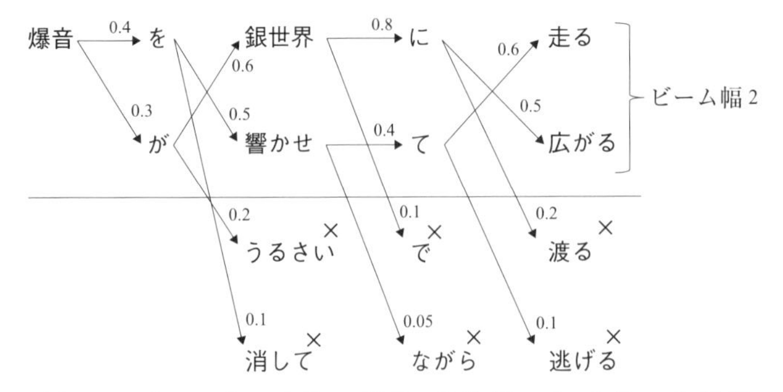

図 **7.1**　ビームサーチ法の例示．各時刻 t で，条件つき確率 $P(y_t \mid \tilde{\mathbf{Y}}_{t-1})$ が大きい上位 k 個（この図では $k=2$）の単語を選び，それらだけを保持する．

際には確率最大となる文を求めることはできない．

ビームサーチ法は，各時刻 t で，すべての単語についての条件つき確率

$$P(y_t \mid \tilde{\mathbf{Y}}_{t-1})$$

を保持するのではなく，それが大きい上位 k 個（ビーム幅という）の単語を選びそれらだけを保持する．そして，保持した単語だけで，文の同時確率ができるだけ大きくなる単語列を構成する（図 7.1）．ビームサーチ法は，ビーム幅をもうけることによって計算爆発を回避している．

それでは，RNN 言語モデルに話をうつそう．

7.2　RNN 言語モデル

RNN を利用した言語モデル[2]を，**RNN 言語モデル**とよぼう．図 7.2 に示すように，RNN 言語モデルは入力をトークン（単語）列の one-hot 表現とし，出力を，それまでの入力で条件づけた 1 つ先のトークンの確率とする RNN である．1 期先を予測することで，大規模なラベルなしコーパスから学習する．

RNN 言語モデルの詳細を説明しよう（図 7.3）．文 $s^0 = \mathrm{BOS}, s^1, \ldots, s^T, s^{T+1} = \mathrm{EOS}$ をトークン（単語）の系列とする．

[2] Mikolov, T., et al. (2010). Recurrent neural network based language model. *INTERSPEECH* 2010, 1045–1048.

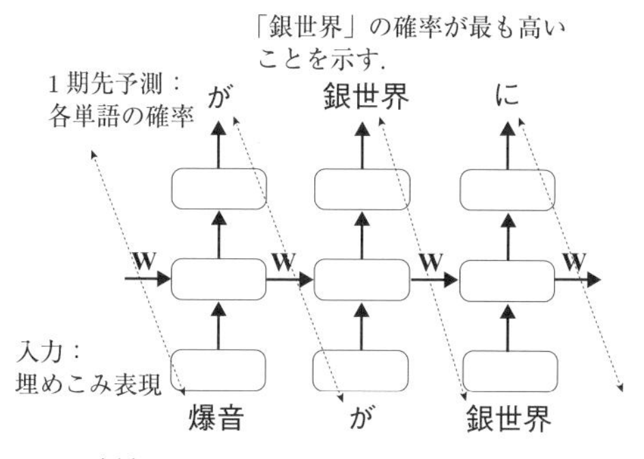

図 **7.2** RNN 言語モデルの一部．1 単語先の予測（全単語の確率）を出力とする．

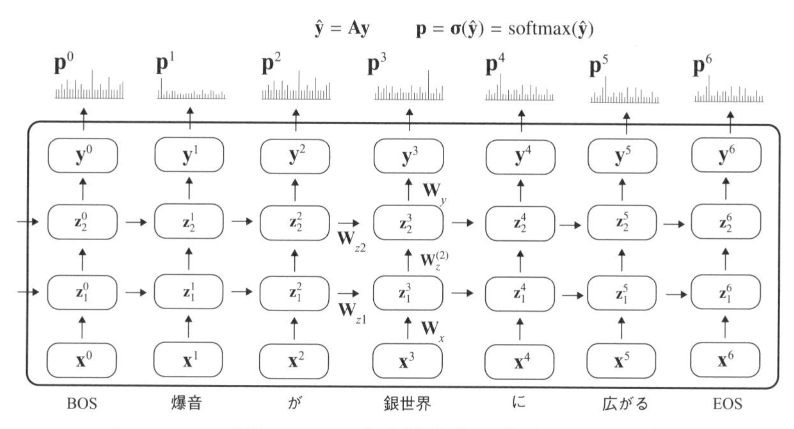

図 **7.3** RNN 言語モデル．文を構成する単語の one-hot 表現 $\mathbf{s}$ を，埋めこみに変換した $\mathbf{x}$ が入力．出力層ユニットは，埋めこみ次元のベクトル $\mathbf{y}$ を出力する．それを one-hot 表現次元（全単語数次元）に線形変換し，さらにソフトマックス関数をかませたものが最終の出力となる．

1. RNN 言語モデルへの入力は，単語 s^t の埋めこみ表現 $\mathbf{x}^t$ である $(t = 0, \ldots, T+1)$．すなわち，単語 s^t の one-hot 表現を $\mathbf{s}^t$, $t = 0, \ldots, T+1$, としたとき，それらを埋めこみ行列 $\mathbf{W}$ により変換した $\mathbf{x}^t = \mathbf{W}\mathbf{s}^t$ が入力である．
2. 隠れ層と出力層の次元は，単語の埋めこみ次元である．
3. 最終出力を，単語の確率分布（one-hot 表現と同じ次元のベクトル）とするため，出力層の出力 $\mathbf{y}^t$ を線形変換し $\hat{\mathbf{y}}^t = \mathbf{A}\mathbf{y}^t$ とし，$\hat{\mathbf{y}}^t$ に対するソフトマックス関数の値（ベクトル）を最終出力とする．

4. すなわち，RNN 言語モデルの出力は，単語の確率分布列 $\mathbf{p}^0$，$\mathbf{p}^1$，...，$\mathbf{p}^T$, $\mathbf{p}^{T+1}$ である．ただし，

$$\mathbf{p}^t = \boldsymbol{\sigma}(\hat{\mathbf{y}}^t), \quad t = 0, \ldots, T+1.$$

RNN 言語モデルは，s^0，...，s^{t-1} から1期先の単語 s^t を予測するように学習するので，これは，s^0，...，s^{t-1} で条件づけたときの1つ先のトークンの予測確率である（すべての単語の予測確率をならべたものである）．

RNN 言語モデルの出力に関して補足しておこう．単語を値としてとる確率変数 $S^t, t = 0, \ldots, T+1$ の列を

$$S^0, S^1, \ldots, S^T, S^{T+1}$$

とする．RNN 言語モデルは，単語 s^t の one-hot 表現の第 i 成分を1としたとき，$S^0 = s^0, S^1 = s^1, \ldots, S^{t-1} = s^{t-1}$ であるときの S^t の条件つき確率

$$P(s^t \mid s^0, \ldots, s^{t-1}), \quad t = 1, \ldots, T+1$$

を $\boldsymbol{\sigma}(\hat{\mathbf{y}}^t)$ の第 i 成分として定めている．すなわち，

$$\mathbf{p}^t = \begin{pmatrix} p_1 & p_2 & \cdots & p_{|V|} \end{pmatrix}^{\mathrm{T}} = \boldsymbol{\sigma}(\hat{\mathbf{y}}^t),$$
$$P(s^t \mid s^1, \ldots, s^{t-1}) = p^i,$$

ただし，V は全単語の集合である．

RNN 言語モデルの学習には，大量のコーパスをもちいる．コーパスを

$$\mathcal{S} = \{\mathrm{sent}_1, \ldots, \mathrm{sent}_N\}, \quad \mathrm{sent}_n = s_n^0, s_n^1, s_n^2, \ldots, s_n^{T_n}, s_n^{T_n+1}$$

としよう．ただし，$s_n^0 = \mathrm{BOS}$，$s_n^{T_n+1} = \mathrm{EOS}$ である．RNN 言語モデルでは，1単語先を予測させて学習する．すなわち，経験損失

$$L = -\sum_{n=1}^{N}\sum_{t=1}^{T_{n+1}} \ln P(y_n^t \mid y_n^1, \ldots, y_n^{t-1}, \cdots)$$

を最小化する．なお，学習後のRNNの出力は，文脈を考慮した単語の埋めこみ表現とみなすことができる．つまり，RNN言語モデルをつかうことにより，文を構成する各単語の文脈を考慮した単語埋めこみが得られる．

本節の最後に，RNN言語モデルの性質をまとめる．RNN言語モデルでは，埋めこみ表現により，類義語や関連語を考慮できるという利点がある．しかし，原理的には，遠く離れた依存関係をあつかえるが，実際には，固定長のベクトルのために情報の取りこぼしが起きる．つまり，長い文の場合に情報をすべてもつことができない．また，ネットワークが単語方向に深くなるので，勾配消失/発散が起きやすく，学習が困難なこともある．

7.3 系列変換モデル

系列変換モデル (**seq2seq**) は，ある系列 $\mathbf{X}$ を，ほかの系列 $\mathbf{Y}$ に変換する確率モデルである．系列変換モデルは，本質的には言語モデルであり，翻訳が典型的な適用例といえる．本節では，RNNと注意機構を組みこんだ系列変換モデルと，トランスフォーマーをもちいた系列変換モデルを紹介する．

系列変換モデルの入力と出力は，一般に，どちらも系列である．以下では，入出力とも言語文である場合を考える．入力系列を $\mathbf{X} = x^1, x^2, \ldots, x^U$ とし，出力系列を $\mathbf{Y} = y^0, y^1, y^2, \ldots, y^T, y^{T+1}$ とする．ただし，$y^0 = \mathrm{BOS}$，$y^{T+1} = \mathrm{EOS}$ で，一般に，入力にはBOSとEOSをつけない．このとき，系列変換モデルは

$$P(\mathbf{Y} \mid \mathbf{X}) = \prod_{t=1}^{T+1} P(y^t \mid \mathbf{Y}^{0:t-1}, \mathbf{X}) \tag{7.3.1}$$

と定義される．ただし，$\mathbf{Y}^{0:t-1}$ は部分列 $y^0, \ldots, y^{t-1}$ を表わす．言語モデルの定義 (7.1.1) とくらべるとわかるように，系列変換モデル (7.3.1) は入力で条件づけた言語モデルといえる．なお，通常の言語モデルと同様に，実際には，入力は単語の埋めこみで，出力は，単語の分布列から貪欲法やビームサー

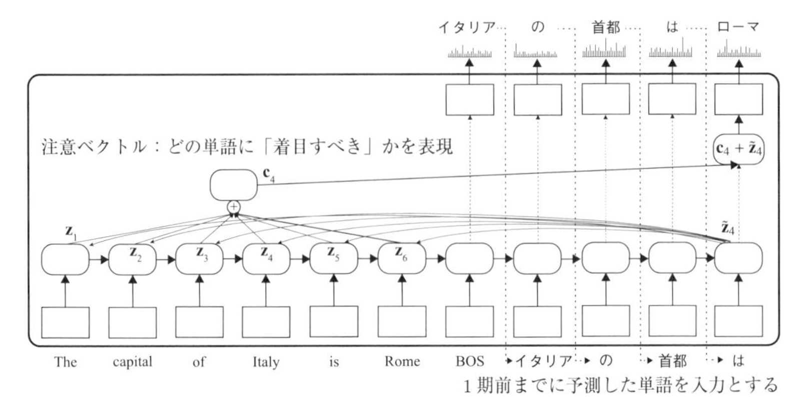

図 **7.4**　系列変換モデルの RNN と注意機構をつかった実現例.

チ法で定めた単語列である.

図 7.4 に，系列変換モデルの RNN と注意機構をつかった実現例を示す[3)]. 図に示すように，系列変換モデルは，RNN で構成される符号化器と復号化器，注意機構からなる．符号化器は，入力文のすべての単語を利用でき，出力層をもたず，隠れ層の出力が符号化器の出力となる．復号化器は，それまでの自身の出力（単語列）を入力とし，貪欲法やビームサーチ法により 1 単語ずつ出力する．そして，それらの間の情報のやりとりは注意機構をとおす．注意機構は，各時点で，復号化器の隠れ層の出力をターゲットとし，符号化器の隠れ層の出力をソースとする注意を算出し，復号化器の隠れ層の出力とする．図 7.4 では，復号化器の 1 つの隠れ層から，符号化器の隠れ層へのリンクが内積を表わし，その内積を重みとした隠れ層の線形和が $\oplus$ で示されており，その結果が注意（ベクトル）となる．なお，注意と隠れ層の出力を結合したベクトルを出力とすることもある．図 7.5 に，この系列変換モデルの動作例を示す.

系列変換モデルの実現の詳細をのべよう．入力は，ある言語のトークン（単語）s^i の系列である文 $s^0, s^1, \ldots, s^{T+1}$ であり，出力は，別の言語の単語の確

3) Bahdanau, D., Cho, K. and Bengio, Y. (2014). Neural machine translation by jointly learning to align and translate. *arXiv:1409.0473*. Luong, T., Pham, H. and Manning, C. D. (2015). Effective approaches to attention-based neural machine translation. *EMNLP* 2015, 1412–1421.

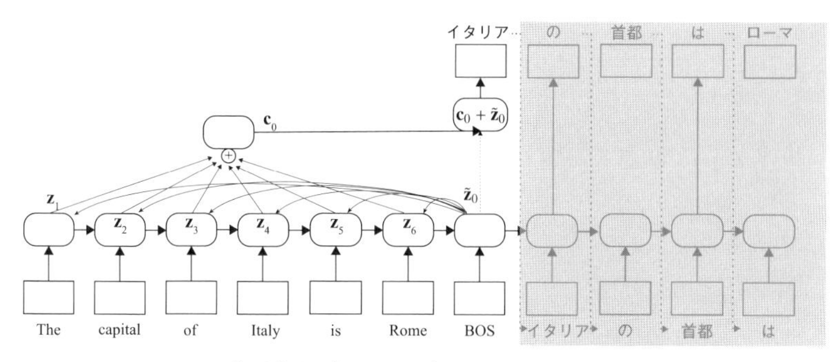

(a) 復号化器が BOS を読みこんだときの処理.

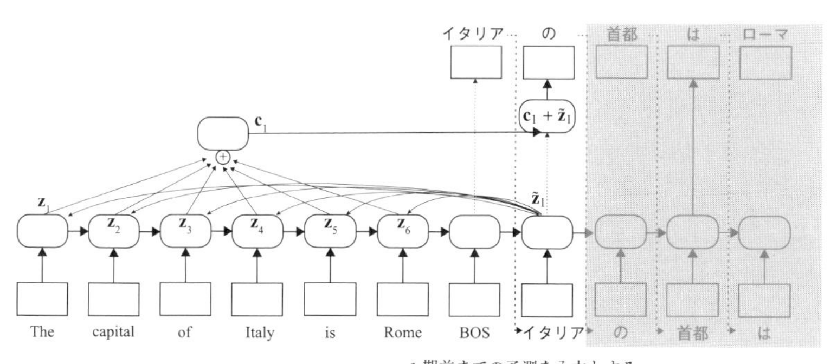

(b) 復号化器に，BOS と，予測した単語「イタリア」を入力.

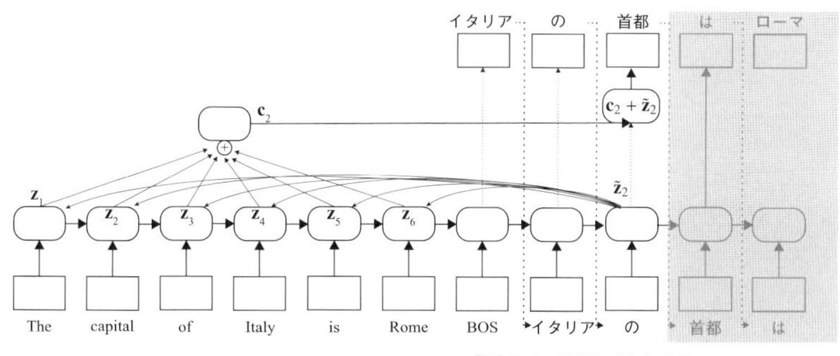

(c) 復号化器に，BOS と，予測した単語「イタリア」と「の」を入力.

図 7.5　RNN 言語モデルと注意機構による系列変換モデルの動作例.

率分布列 $\mathbf{p}^0, \ldots, \mathbf{p}^{T+1}$（このとき，$\mathbf{p}^0$ はBOSの確率分布，$\mathbf{p}^{T+1}$ はEOSの確率分布）である．系列変換モデルの計算は

1. 単語 s^t の one-hot 表現を $\mathbf{s}^t, t = 0, \ldots, T+1$, とする．
2. One-hot 表現 $\mathbf{s}^t$ から埋めこみへ変換し，$\mathbf{x}^t = \mathbf{W}\mathbf{s}^t$ を得る．
3. 埋めこみ $\mathbf{x}^0, \mathbf{x}^1, \ldots, \mathbf{x}^{T+1}$ を符号化器の入力とする．
4. 符号化器の隠れ層ユニットの出力 $\mathbf{z}^1, \mathbf{z}^2, \ldots, \mathbf{z}^T$ をソースとし，復号化器の t 番め隠れ層ユニットの出力 $\tilde{\mathbf{z}}_t$ をターゲットとする注意 $\mathbf{c}^t$ を計算する．
5. 復号化器は，注意 $\mathbf{c}^t$ を出力層の入力として出力 $\mathbf{y}^t$ を計算する（結合ベクトル $(\mathbf{c}^t\ \tilde{\mathbf{z}}_t)$ を出力層への入力とすることもある）．
6. それを単語数次元に線形変換し $\hat{\mathbf{y}}^t = \mathbf{A}\mathbf{y}^t$ を得る．これのソフトマックス関数の値（ベクトル）を単語の分布とする．すなわち

$$\mathbf{p}^t = \boldsymbol{\sigma}(\hat{\mathbf{y}}^t), \quad t = 0, \ldots, T' + 1.$$

単語列を得るには貪欲法で各 $\mathbf{p}^t$ で最大確率となる単語を選んでならべるか，$\mathbf{p}^1, \ldots, \mathbf{p}^t$ に対してビームサーチ法を利用する．

系列変換モデルでは，1期先の単語を予測させることで学習をおこなう．すなわち，大量のコーパス（もとの文 sent と，翻訳文 sent′ の組）を

$$\mathcal{S} = \{(\mathrm{sent}_1, \mathrm{sent}'_1), \ldots, (\mathrm{sent}_N, \mathrm{sent}'_N)\},$$
$$\mathrm{sent}_n = x_n^1, x_n^2, \ldots, x_n^{U_n},$$
$$\mathrm{sent}'_n = y_n^1, y_n^2, \ldots, y_n^{T_n}$$

として，経験損失

$$L = -\sum_{n=1}^{N} \sum_{t=1}^{T_n+1} \ln P(y_n^t \mid y_n^1, \ldots, y_n^{t-1}, \mathrm{sent}_1, \cdots)$$

を最小化する．

つづいて，トランスフォーマーによる系列変換モデルを解説しよう．系列変換モデルといっても，トランスフォーマーそのものであり，図7.6に，トラン

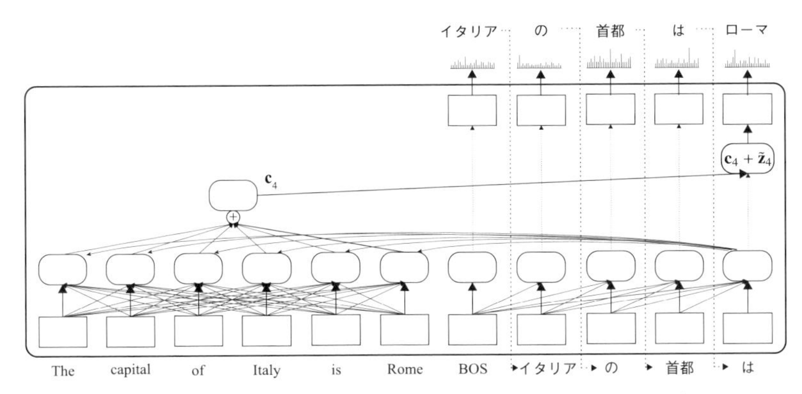

図 7.6　トランスフォーマーによる系列変換モデルの処理の概念図．実際のトランスフォーマーは，符号化器も復号化器もブロックを複数積みかさねた構造であるが，ここでは，処理の流れが明確になるように簡略化し，自己注意とクロス注意を強調している．

スフォーマーによる系列変換モデルの処理の概念図を示す．実際のトランスフォーマーは，符号化器も復号化器もブロックを複数積みかさねた構造であるが，ここでは，処理の流れが明確になるように簡略化し，自己注意とクロス注意を強調している．符号化器の入力層と隠れ層の間の全結合リンクは，隠れ層が入力の自己注意であることを表わしている．また，復号化器の入力層と隠れ層の間のリンクは片方向に「全結合」であり，隠れ層が，文中の 1 つの単語と，それをふくめたそれより前の入力単語との自己注意であることを表わしている．さらに，クロス注意として，復号化器の 1 つの隠れ層から，符号化器の隠れ層へのリンクが内積を表現しており，その内積を重みとした隠れ層の線形和が $\oplus$ で示されている．

トランスフォーマーによる系列変換モデルでは，符号化器は，入力文のすべての単語を利用でき，復号化器は，それまでの自身の出力（単語列）に対する自己注意と，符号化器の出力との（クロス）注意により予測する．単語どうしが 1 ホップで結合される自己注意がもちいられ，符号化器の自己注意は双方向で，復号化器の自己注意は片方向である．RNN 言語モデルとちがい，隠れ層には横方向の結合がないことに注意してほしい．図 7.7 に，トランスフォーマーによる系列変換モデルの動作例を示す．

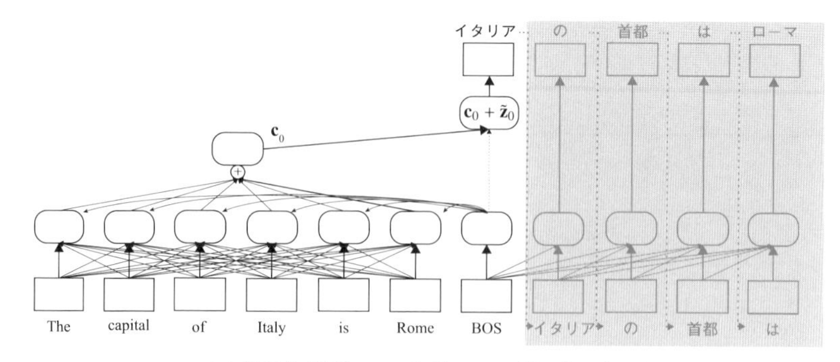

(a) 復号化器が BOS を読みこんだときの処理.

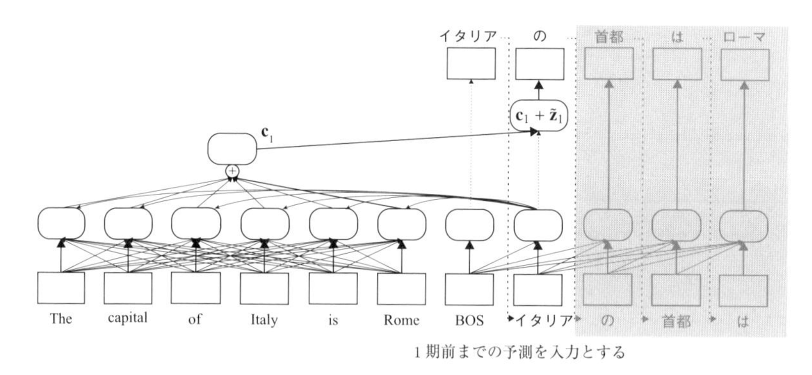

(b) 復号化器に，BOS と，予測した単語「イタリア」を入力.

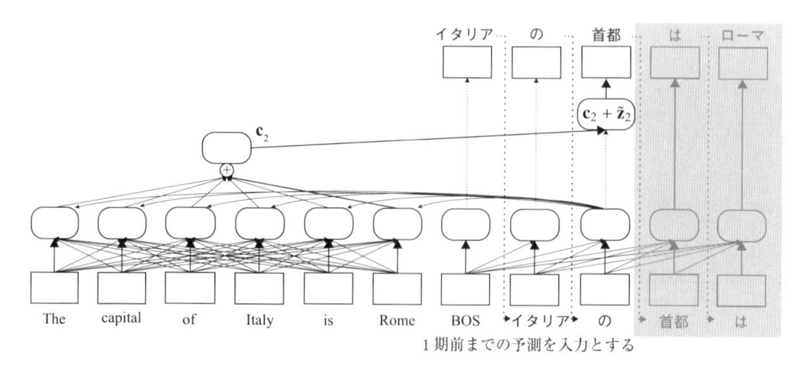

(c) 復号化器に，BOS と，予測した単語「イタリア」と「の」を入力.

図 **7.7**　トランスフォーマーによる系列変換モデルの動作例.

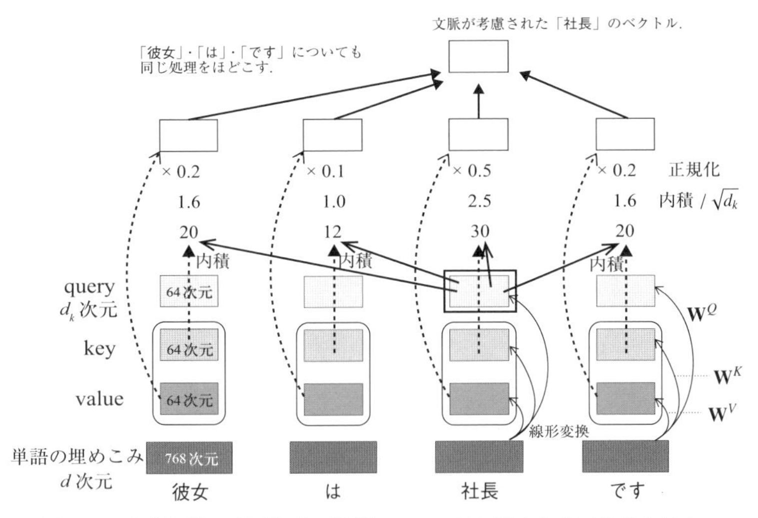

図 **7.8** 符号化器の自己注意の詳細．1 ヘッドに関する自己注意を示す．

符号化器の自己注意の詳細を，図 7.8 と図 7.10 をもとに解説しよう．これらの図では，入力文を構成する単語「彼女」・「は」・「社長」・「です」はすべて d 次元（ここでは 768 次元）の埋めこみ表現（ベクトル）とする．トランスフォーマーの自己注意はマルチヘッド注意で，d 次元の埋めこみが，1 ヘッドあたり d_k 次元（ここでは 64 次元）ベクトルに分割される．ヘッド数は d/d_k（ここでは 12）[4] である．

図 7.8 は，1 つのヘッドに関する自己注意の処理を示している．処理の流れは以下のとおりである．

1. 単語「彼女」・「は」・「社長」・「です」のそれぞれに対応する d 次元ベクトルに対し，行列 $\mathbf{W}^Q$, $\mathbf{W}^K$, $\mathbf{W}^V$ をかけてターゲット・キー・値へと線形変換する．
2. この図では，「社長」ターゲットと，文を構成するすべての単語，すなわち，「彼女」・「は」・「社長」・「です」のそれぞれのキーとの内積をとり，
3. それらを $\sqrt{d_k}$ でわったものを重みとして，「彼女」・「は」・「社長」・「で

[4] 自己注意の項で述べたように，関連性ベクトルの正規化でもちいられるソフトマックス関数の性質上，マルチヘッド化せずに一つのベクトルの注意を求めただけでは，正規化成分のうちの一つの成分が 1 に近く，その他の成分がほとんど 0 になることが起こる．

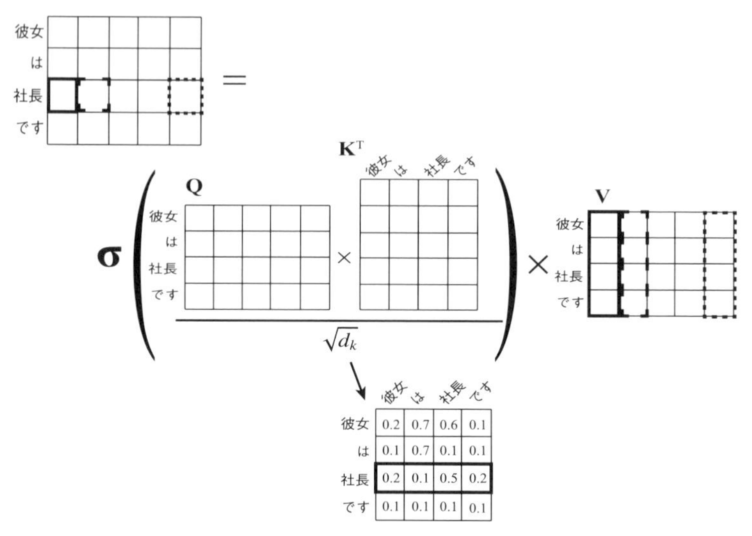

図 **7.9**　自己注意の行列表現の例示．

す」のそれぞれの値の線形和をとったベクトルが「社長」の1ヘッドあたりの自己注意，すなわち，「社長」の1ヘッドあたりの再構成ベクトルとなる．

同様の処理は，「彼女」・「は」・「です」に対してもほどこされ，それぞれの1ヘッドあたりの再構成ベクトルが構築される．なお，この例の自己注意の行列計算を図7.9に示した．ただし，この図において，行列 **Q**, **K**, **V** の各行は，すべて線形変換されたあとのそれぞれの単語に対応したベクトルである．

図7.10は，やはり，単語「社長」に対し，マルチヘッド化のために分割された入力埋めこみをまとめる処理を示す．すなわち，d/d_k $(= 12)$ に分割された埋めこみ（64次元ベクトル）ごとに自己注意が計算され，それぞれの結果を連結（ベクトルの連結）して，もとの埋めこみ次元ベクトルをつくり，さらに，それに対し線形変換をおこなう．文を構成するすべての単語「彼女」・「は」・「社長」・「です」について同様の処理がおこなわれ，それぞれに対する最終的な再構成ベクトルがつくられる．

さて，トランスフォーマーの章（第5章）で説明したように，言語文など

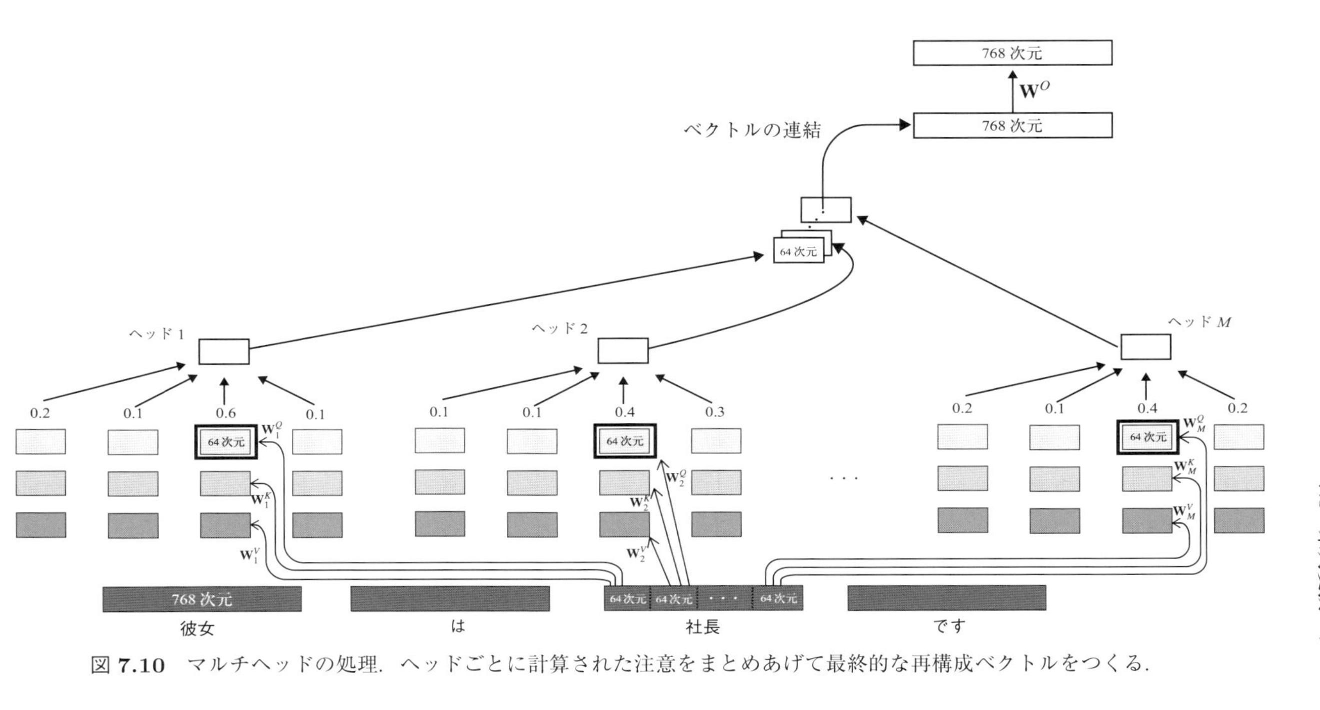

図 7.10 マルチヘッドの処理．ヘッドごとに計算された注意をまとめあげて最終的な再構成ベクトルをつくる．

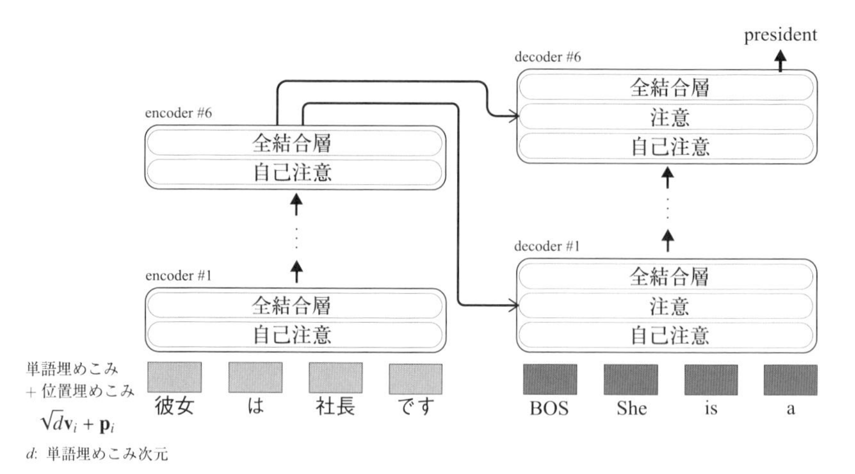

図 **7.11**　トランスフォーマーによる系列変換モデルの構成全体と情報の流れ．翻訳タスクを想定．

の系列データに対しては入力位置を符号化し，系列要素（文ならば単語）の埋めこみと合算したものを入力とする．すなわち，単語列 $\mathbf{x}_1, \mathbf{x}_2, \ldots, \mathbf{x}_l$ に対し，$\mathbf{x}_i$ の埋めこみを $\mathbf{v}_i = \mathbf{W}\mathbf{x}_i$，位置符号（あるいは位置埋めこみ）を $\mathbf{p}_i$ として

$$\sqrt{d}\mathbf{v}_1 + \mathbf{p}_1, \sqrt{d}\mathbf{v}_2 + \mathbf{p}_2, \ldots, \sqrt{d}\mathbf{v}_l + \mathbf{p}_l$$

をトランスフォーマーへの入力とする．

図 7.11 は，翻訳タスクを想定したときの，トランスフォーマーによる系列変換モデルの構成全体と情報の流れを示す．符号化器への入力はもとの文であり，復号化器への入力は，それまでの符号化器の出力とする．復号化器の出力は，次単語の予測語である．符号化器も復号化器も，6 層（ブロック 6 段）を基本とし，12 層や 24 層などで実装されることが多い．

本節の最後に，**マスク処理**を取りあげよう．トランスフォーマーの詳細な構成を示す図 7.12 において，復号化器の自己注意は，マスクされたマルチヘッド注意となっている．トランスフォーマーの学習時には，正解（たとえば翻訳された文全体）があたえられる．しかし，学習において単語を予測するのに，その単語よりも先の単語を参照してはならない．ところが，通常の自己注意

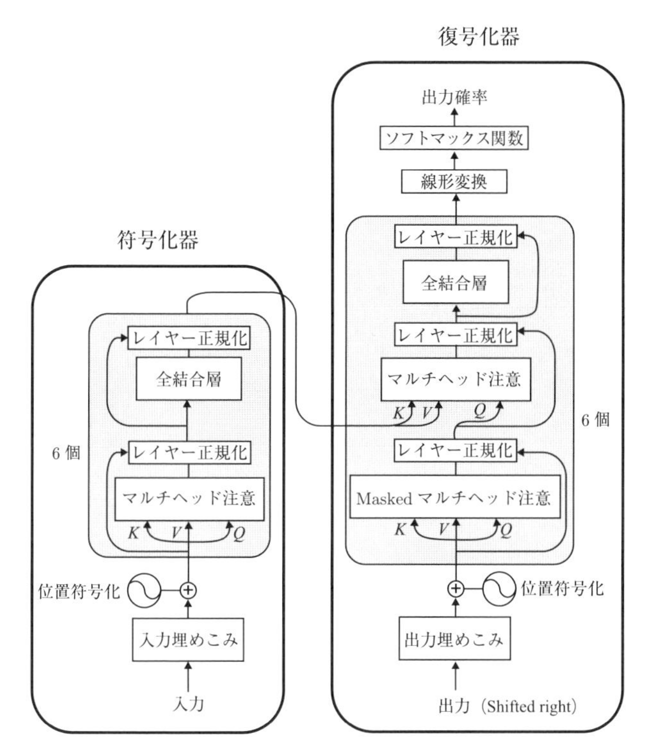

図 **7.12** 再掲．トランスフォーマーの詳細な構成．復号化器の自己注意はマスク化マルチヘッド注意である．

では，文中の各単語と，文中のすべての単語との注意を計算してしまう．そこで，復号化器のマルチヘッド自己注意では，予測する単語と，その先の単語をすべてマスクして参照できないようにし，マスクされた単語に対しては，注意の計算をおこなわないように処理をする．このようなマスク処理をおこなう注意機構がマスクされた注意である．学習時の正当性を担保するため，トランスフォーマーの復号化器の自己注意はマスクされたマルチヘッド注意となっている．

7.4 大規模言語モデル

大規模言語モデルとは，一般に，トランスフォーマーをベースにした大規模な言語モデルで，BERT や GPT-X (X = 1, 2, 3, 3.5), BART, T5, Llama などがあげられる．大規模言語モデルは，自己教師あり学習による事前学習と，

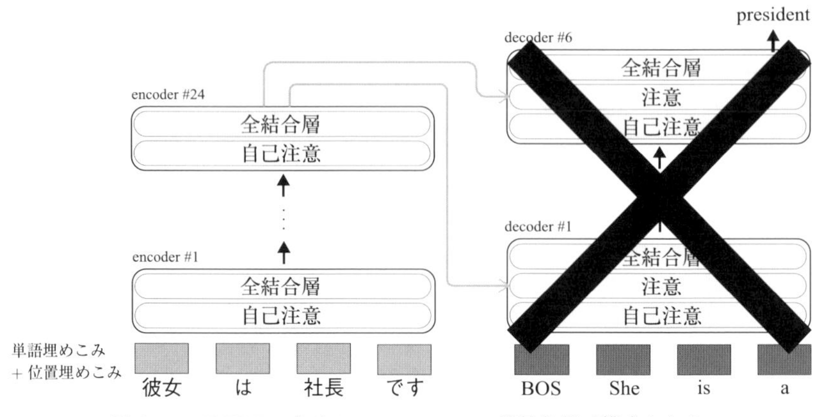

図 **7.13**　BERT．トランスフォーマーの符号化器で構成される．

タスクにおうじたファインチューニングをおこなうことを基本とする．事前学習により，言語に関する一般的な知識の獲得をねらい，事前学習時にくらべ，ファインチューニングではより少ないデータで学習が可能である．ChatGPT や GPT-4, Llama 2 など，強化学習を組みこむことにより，人間が書きおこす文とほとんど区別がつかないような言語文を生成するモデルも大規模言語モデルの範疇ではあるが，本書では，これらは言語生成モデルとして別にあつかう．

以下では，大規模言語モデルの代表例として BERT と GPT-X を取りあげ解説する．**BERT**[5] (bidirectional encoder representations from transformers) は，過去と現在だけでなく，未来の情報も入力とする双方向トランスフォーマーの符号化器で構成される（図 7.13）．BERT の基本モデルは，12 層（12 段のブロック）で構成され，埋めこみ次元は 768，ヘッド数は 12 である．拡大モデルは，24 層（24 段のブロック）から構成され，埋めこみ次元は 1024，ヘッド数は 16 である．BERT のファインチューニングによるタスクは，単語や文の分類問題が中心である．

事前学習により，言語に関する一般的な知識や，文脈つきの単語埋めこみの合成方法を学習しているため，少ないラベルつきデータでファインチューニン

[5] Devlin, J., et al. (2018). BERT: pre-training of deep bidirectional transformers for language understanding. *arXiv:1810.04805.*

グが可能である．

BERT の事前学習では，以下の 1 と 2 を並行して学習する（図 7.14）．

1. マスクした単語の復元．
2. 2 つの文が，文書において真につぎの文であるか否かを判定する次文予測．

事前学習にもちいられたコーパスは，BookCorpus (800 M words) や English Wikipedia (2,500 M words) である．

BERT のファインチューニングは，事前学習ずみの BERT の上に，タスクにおうじて設計した全結合層を積みかさねておこなう．内部パラメータをふくめて，ネットワーク全体を学習する．

自然言語処理分野における BERT 適用のタスク例には，文ペア分類問題（例：含意関係認識）や，1 文分類問題（例：評判分析）・スパン抽出（例：質問応答）・系列ラベリング（例：固有表現解析）などがある．

含意関係認識タスクでは，前提とする文があたえられたとき，仮説文なる文が前提文からみちびかれる可能性があるかどうかを判断する．たとえば，前提文を「彼女はリンゴをたべている」とし，仮説文を「彼女はフルーツをたべている」とすると，前提文がリンゴをたべていることを示しており，それは，フルーツの一種であることを暗に示していることから，仮説文は前提文から含意されていると判断することが，含意関係認識タスクである．

評判分析 (sentiment analysis) では，あたえられた文章や文から，そのテキストの感情や意見を判定する．具体的には，テキストが肯定的か否定的・中立的のいずれの評価をもつかどうかを判断する．評判分析は，ソーシャルメディアの投稿や商品レビュー・顧客フィードバックなど，さまざまなテキストデータに適用され，その結果は，企業の製品やサービスの評判を把握するための情報として活用される．

質問応答タスクでは，あたえられた質問に対し，文書や文の集合から回答を見つける．あつかう質問は多様で，以下に代表的な質問の種類をあげる．情報抽出型の質問応答は，ファクトや具体的な情報を回答する質問である．たとえば，「アメリカ合衆国の首都はどこですか？」といった質問に対して，正しい

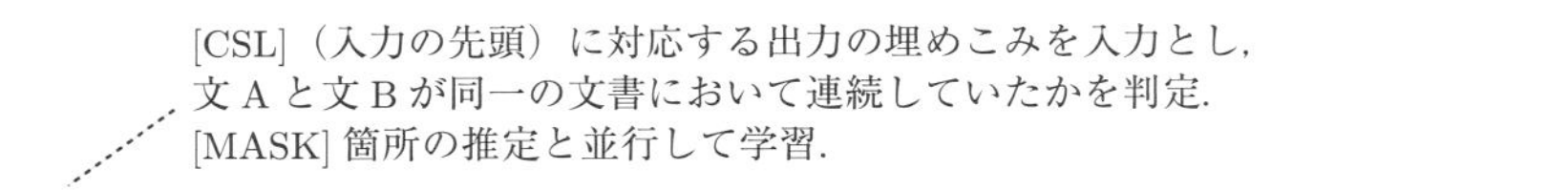

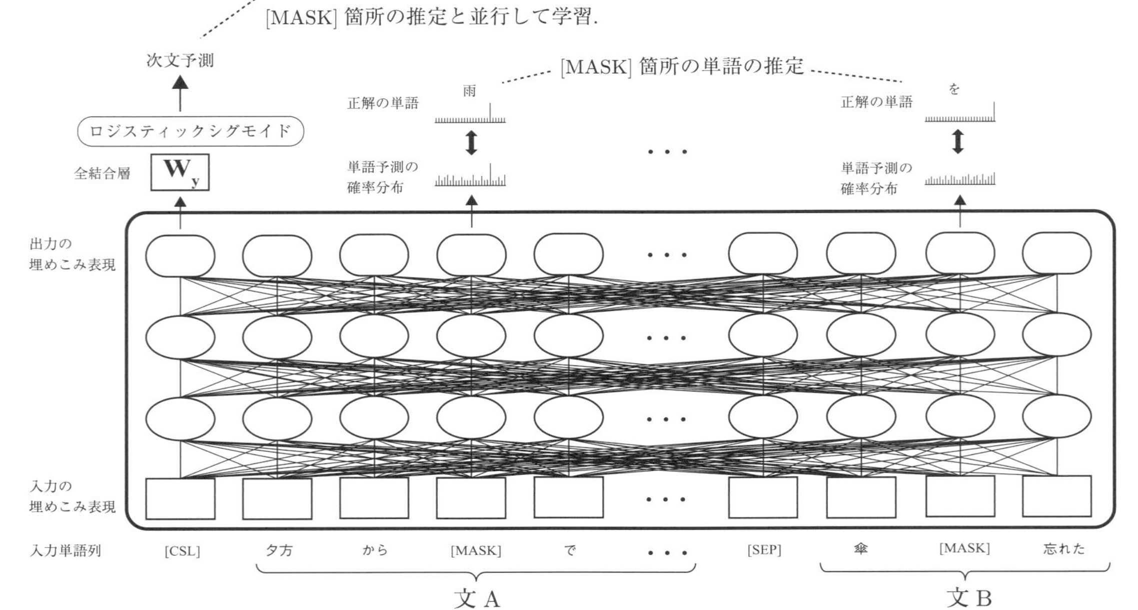

図 7.14　BERTの事前学習．マスクした単語の復元と，2つの文が，文書において真につぎの文であるか否かを判定する次文予測とが並行しておこなわれる．

回答である「ワシントン D.C」を答える形式である．システム操作型の質問応答は，特定のシステムやデータベースに関する操作を回答する質問である．たとえば，「商品の在庫状況を教えてください」といった質問に対し，在庫情報を回答する形式である．推論型の質問応答は，質問文に対して推論や推測が必要な質問である．たとえば，「なぜ地球は丸いのですか？」といった質問に対し，科学的な知識や論拠をもちいて回答する．

固有表現解析は，テキスト内の固有表現（人名や組織名・場所名・日付など）を特定し，それらを意味的なカテゴリに分類するための解析である．これにより，テキスト内の重要な箇所を自動的に識別し，情報抽出や情報検索などのタスクに活用することができる．固有表現解析で特定される一般的なカテゴリの例をあげよう．人名は，人物の名前や人物に関連する固有名詞である．たとえば，“John Smith”や“Barack Obama”などがある．組織名は，企業や政府機関・団体などの名前である．たとえば，“Google”や“United Nations”などが該当する．場所名は，地名や施設の名前である．たとえば，“Tokyo”や“Mount Everest”などである．日付は，特定の日付や期間を表わす表現である．たとえば，“2023 年 6 月 8 日”や“毎週火曜”などが該当する．

これで BERT についての解説を終えて，GPT にうつろう．

GPT (generative pre-training)[6]は，トランスフォーマーの復号化器を言語モデルとして学習したものである（図 7.15）．ただし，オリジナルの復号化器にある，符号化器からの情報をソースとする注意機構をはぶいた簡略形の復号化器になっている．パラメータ数は，GPT が 1 億強，GPT-2 が 15 億，GPT-3 は 1,750 億（GPT-3.5 は 3,550 億）である．

GPT の事前学習の基本は，1 つあと（1 期先）の単語や文・文章の予測である（図 7.16）．事前学習でもちいられるコーパスは，Common Crawl とよばれる Web アーカイブや，Book1，Book2 とよばれる本のアーカイブなど

[6] Radford, A., et al. (2018). Improving language understanding by generative pre-training. https://cdn.openai.com/research-covers/language-unsupervised/language_understanding_paper.pdf. Brown, T. B., et al. (2020). Language models are few-shot learners. *NeurIPS* 2020, 1877-1901.

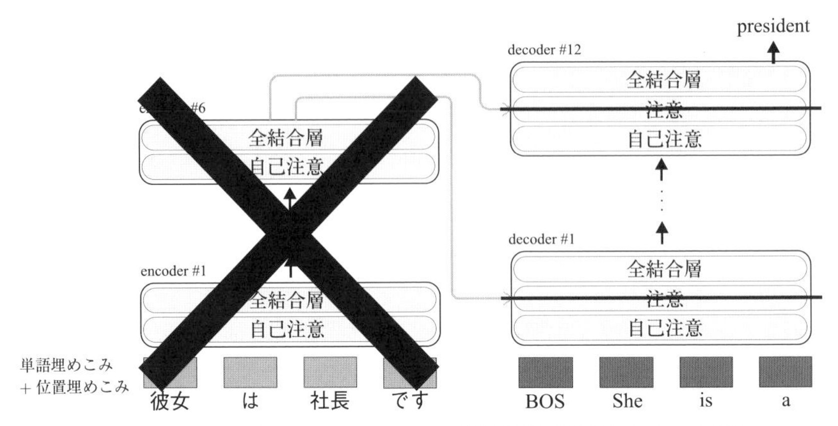

図 **7.15**　GPT．トランスフォーマーの復号化器で構成される．ただし，クロス注意機構がない簡略的なブロックをもちいる．

で，GPT-3 の事前学習では約 5,000 億（トークン）がふくまれている．図 7.17 に示すように，GPT のファインチューニングは，タスク固有の全結合層をモデルに追加しておこなわれる．

一般に，大規模なモデルでは，ファインチューニングのコストが高い．そこで，プロンプトとよばれる GPT への入力テキストを工夫することによって，所望の結果を得ようとする研究がおこなわれ，これが言語生成モデルへとつながる．

7.5　言語生成モデルに向けて

プロンプトとは，言語モデルに対する指示や質問・解答例など，言語モデルに入力するテキストのことである．プロンプトはいくつかのタイプに類別される．代表例をあげよう．

1. テキストにつづく単語を予測させるプロンプト．「イタリアの首都は？」がその例である．
2. タスクを記述するプロンプト．その例としては，「つぎの質問に答えてください．イタリアの首都はどこでしょうか？」があげられる．
3. タスクの記述ととき方の例を連結したプロンプト．「つぎの質問に答えて

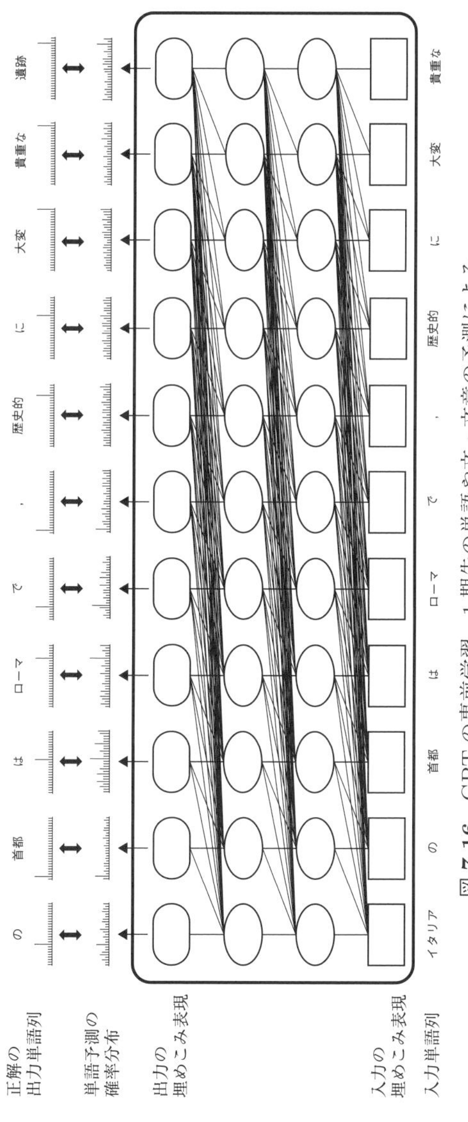

図 7.16 GPT の事前学習．1 期先の単語や文・文章の予測による．

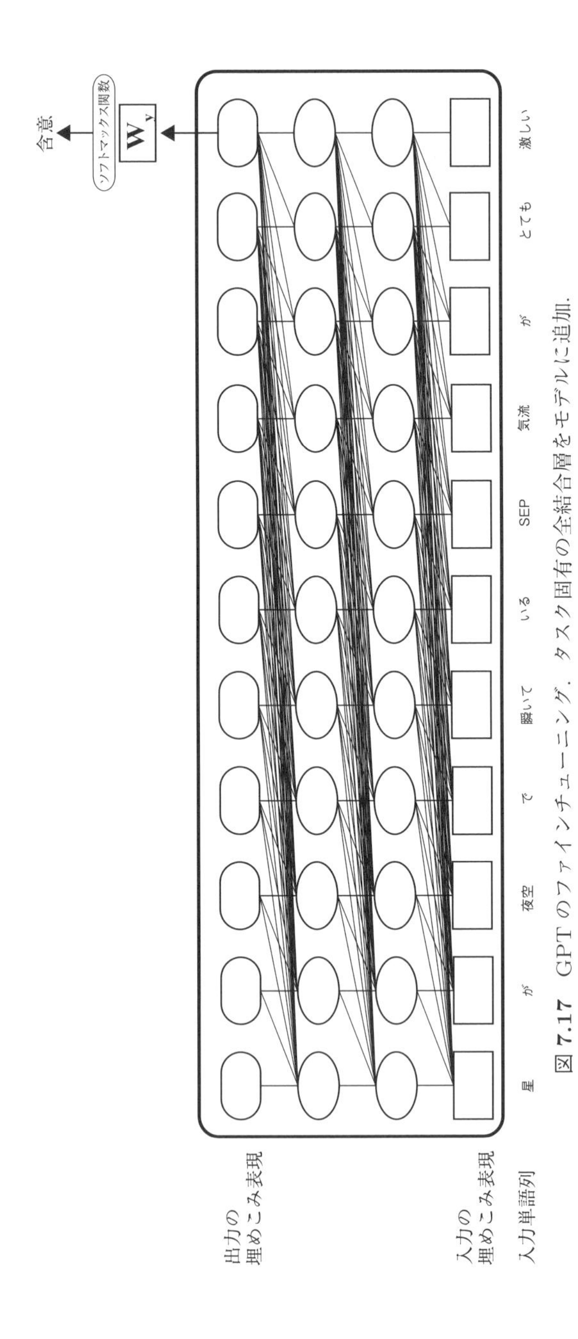

図 7.17　GPT のファインチューニング．タスク固有の全結合層をモデルに追加．

ください．日本の首都は東京です．イタリアの首都はどこでしょうか？」がその例である．

大規模な言語モデルでは，ファインチューニングのコストが高いため，ファインチューニングせずに（GPT-X に新たな層の追加なしに），プロンプトの工夫によりタスクをとく能力の向上を目指す研究がおこなわれた．とりわけ，zero-shot と few-shot がその代表的なアプローチである．**Zero-shot** は，タスクを記述するプロンプトをもちいて，まったくファインチューニングをせずに特定のタスクに対し，予測や生成をおこなう能力をさす．たとえば，プロンプト「つぎの質問に答えてください．イタリアの首都はどこでしょうか？」のように，プロンプトに「つぎの質問に答えよ」といったタスクそのものの記述をふくませて，正解を引きだすのである．それに対し，**few-shot** は，ごく少数の正解（一般には 1 から数個）をプロンプトにふくませ，「つぎの質問に答えてください．日本の首都は東京です．イタリアの首都はどこでしょうか？」のように，タスクの記述ととき方の例を連結してプロンプトを構成する．

Zero-shot と few-shot をもちいるときには，テキストのつづきさえ予測できればよいので，モデルを変更する必要がない．また，タスクのとき方をテキストであたえるため，言語モデルが汎用的にふるまうようにみえる．ただし，ファインチューニングをおこなった場合と比較すると，タスクの正解率が低いことが多い．

さらに，解答例の中に「考え方」をふくめる**考え方の連鎖** (chain-of-thought) は，算術の問題や常識推論・記号推論などのタスクの性能を大きく改善させる[7]．図 7.18 に，考え方の連鎖におけるプロンプト例を示す．

また，**インストラクションチューニング** (instruction tuning) は，zero-shot の性能改善をねらいとし，複数のタスクでファインチューニングする手法である[8]．すでにのべたように，大規模言語モデルの通常のファインチューニング

---

[7] Wei, J., et al. (2022). Chain-of-thought prompting elicits reasoning in large language models. *arXiv:2201.11903.*

[8] Wei, J., et al. (2022). Finetuned language models are zero-shot learners. *ICLR* 2022. Chung, H. W., et al. (2022). Scaling instruction-finetuned language

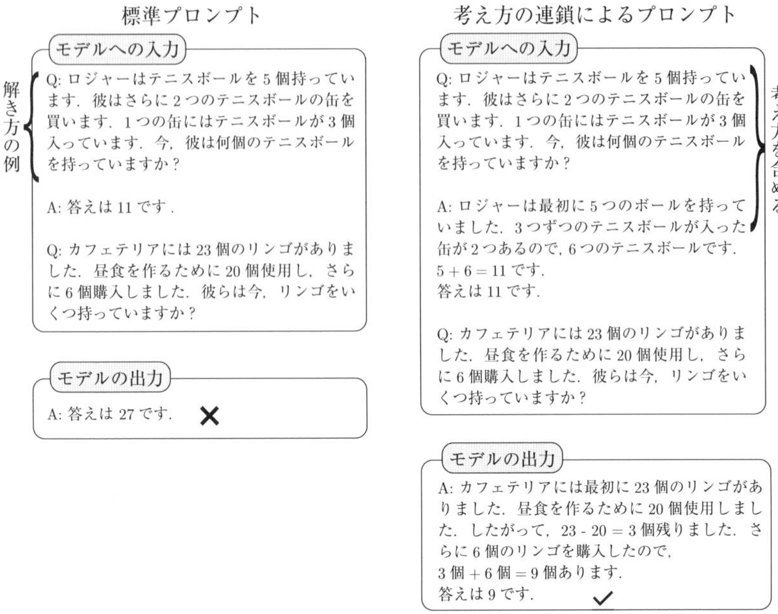

標準プロンプト

モデルへの入力

解き方の例

Q: ロジャーはテニスボールを5個持っています．彼はさらに2つのテニスボールの缶を買います．1つの缶にはテニスボールが3個入っています．今，彼は何個のテニスボールを持っていますか？

A: 答えは11です．

Q: カフェテリアには23個のリンゴがありました．昼食を作るために20個使用し，さらに6個購入しました．彼らは今，リンゴをいくつ持っていますか？

モデルの出力

A: 答えは27です．

考え方の連鎖によるプロンプト

モデルへの入力

解答例に考え方を含める

Q: ロジャーはテニスボールを5個持っています．彼はさらに2つのテニスボールの缶を買います．1つの缶にはテニスボールが3個入っています．今，彼は何個のテニスボールを持っていますか？

A: ロジャーは最初に5つのボールを持っていました．3つずつのテニスボールが入った缶が2つあるので，6つのテニスボールです．
$5 + 6 = 11$ です．
答えは11です．

Q: カフェテリアには23個のリンゴがありました．昼食を作るために20個使用し，さらに6個購入しました．彼らは今，リンゴをいくつ持っていますか？

モデルの出力

A: カフェテリアには最初に23個のリンゴがありました．昼食を作るために20個使用しました．したがって，$23 - 20 = 3$ 個残りました．さらに6個のリンゴを購入したので，
3個 + 6個 = 9個あります．
答えは9です．✓

図 **7.18**　考え方の連鎖 (chain-of-thought) におけるプロンプト例．

では，特定のタスクに対し，たとえば，GPT-3では，トランスフォーマーの（簡易版）復号化器にタスク固有の全結合層を追加する．それに対し，インストラクションチューニングでは，全結合層を追加せず，複数のタスクに対する学習用データを作成し，単語の予測によるファインチューニングをおこなう．とりわけ，既存のデータに，テンプレート的なインストラクションを付与し，インストラクションにそった形の出力がだせるように大規模言語モデルをチューニングする．ここで，インストラクションとは，自然言語によるタスクの指示のことである．

具体的には，タスクごとに学習データ構築用テンプレートを用意して，「プロンプト（インストラクションと事例）+ 出力」という形式の学習データに変換し，事前学習ずみ言語モデルに対し追加学習する．この追加学習では，学習データ中の出力（文）に対し，通常の1期先単語の予測をおこなわせる．

---

models. *arXiv:2210.11416.*

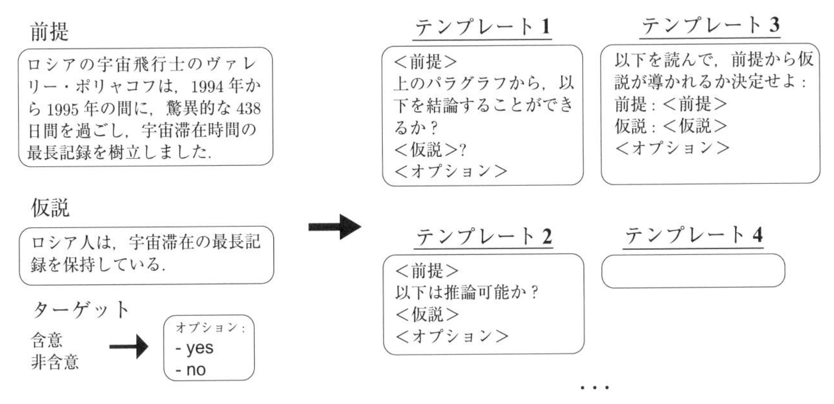

図 7.19　インストラクションチューニングでもちいられた学習用データ作成のためのテンプレート．

図 7.19 は，原論文に示されたテンプレートの例である．図 7.19 の左の「前提文」が「仮説文」を含意しているか否かを問うプロンプトは，テンプレートの<前提>には左の「前提文」を代入し，<仮説>には「仮説文」を代入する．<オプション>には，左のオプションである「オプション：yes か no」を代入した文章を代入する．このようにして，人手で作成した前提文や仮説文・オプションから，テンプレートによって学習データを作成する[9]．

Wei らの論文では，1,370 億パラメータをもつ言語モデルである LaMDA-PT（トランスフォーマーの復号化器ベース）を利用しており，感情分析や言いかえ・質問応答・要約・機械翻訳など，62 個のデータセットをもちいた実験において，多くのケースで，GPT-3 による zero-shot よりも高い精度を達成している．これにより，タスクの指示を，自然言語で適切に記述してあたえることが成功の鍵であることが示唆された．また，Chung らの論文では，1,800 をこえるタスクに拡張し，性能の向上をはかっている．

しかし，以上のようなプロンプト改良アプローチをとっても，ユーザが期待するアウトプットがでないことが多々あった．さらに，不正確な答えや，

[9] 原論文では，自然言語処理に関する 62 個の公開データベースから，言語推論や常識推論・感情分析など 12 種のタスク群を対象とし，人手で作成した 10 個のテンプレートを利用している．

道徳的に問題のある答え，バイアスがある答えをだすこともしばしばであった．InstructGPT[10]では，出力文の改善のため強化学習が導入され，その結果，大幅な出力文の改善がみられた．強化学習の理解なしには，InstructGPT (ChatGPT) をかたることはできない[11]．

7.6　言語生成モデル

ChatGPT の出現はおどろきをもって迎えられ，社会に多大な影響をおよぼした．その後すぐに，GPT-4 や Llama 2（とその対話強化版の Llama 2-chat）など，多くの ChatGPT-like なモデルが開発・発表されている．本書では，事前学習ずみの言語モデルを強化学習により訓練したモデルの総称として，言語生成モデルという用語をもちいる．本節では，言語生成モデルの基本的構造と学習を提示し，言語生成モデルの原点である InstructGPT[12]と，一部非公開の部分もあるがソースコードをふくめて公開した Llama 2[13]に関し，それぞれのモデル特有な事項をまとめる．

7.6.1　言語生成モデルの基本

言語生成モデルは，テキストのつづきを予測するように学習した事前学習モデルから出発する．ChatGPT は GPT-3.5 を，InstructGPT は GPT-3 を事前学習モデルとし，Llama 2 は，トランスフォーマー（の復号化器）ベースの独自に構築した事前学習モデルをつかっている．言語生成モデルでは，まず，事前学習モデルをインストラクションチューニングする．さらに，インストラクションチューニングされたモデルの（単語の）予測確率分布を（強化学習の）方策とし，人のフィードバックにもとづく強化学習により方策を調整する．もう少し詳しくのべよう．言語生成モデルは，複数用意した事前学習モデルを以下の手順で調整することにより構築される（図 7.20）．

---

[10] ChatGPT の論文版ともいえるモデル．ChatGPT は中身については公開されていない．

[11] 強化学習そのものというよりも，人手で文をランクづけた学習データが重要である．

[12] Ouyang, L., et al. (2022). Training language models to follow instructions with human feedback. *NeurIPS* 2022.

[13] Touvron, H., et al. (2023). Llama 2: open foundation and fine-tuned chat models. *arXiv:2307.09288*.

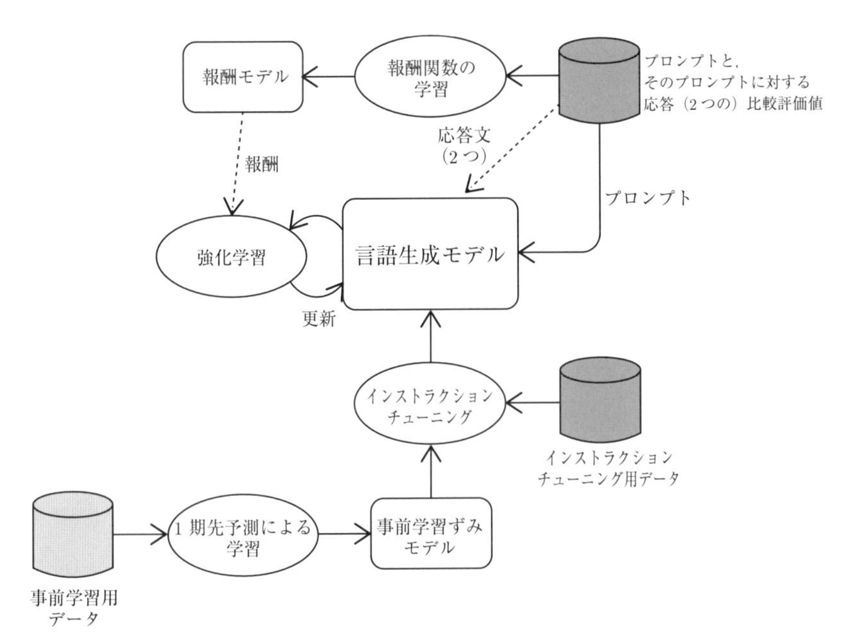

図 **7.20** 言語生成モデルの学習の全体像.

図 **7.21** 言語生成モデルの構築におけるインストラクションチューニング.

1. 複数の事前学習モデルに対しインストラクションチューニングをほどこす（図 7.21）.
2. インストラクションチューニングされたモデルに対し，人のフィードバックにもとづく強化学習により方策を調整する．これはつぎの2つのステップからなる.
   i. 学習により，報酬関数を計算する深層ニューラルネットワーク（報酬モデル）を構築（図 7.22）．報酬モデルの学習は，複数のインストラ

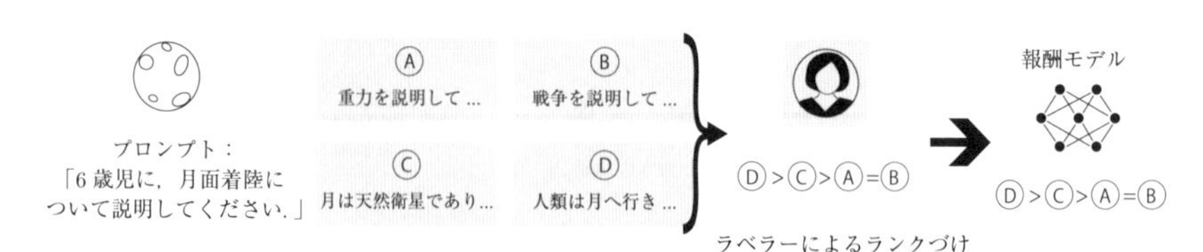

図 **7.22**　言語生成モデルにおける報酬モデルの学習.

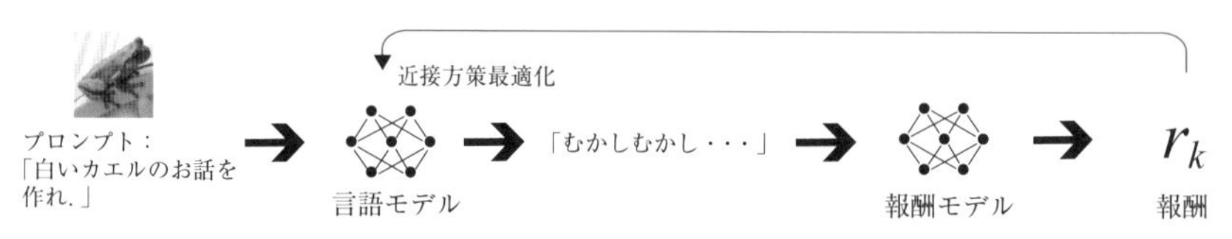

図 **7.23**　言語生成モデルの学習における強化学習.

クションチューニングされた言語モデルの出力を応答文とし，人手でランクづけした応答文のランクを即時報酬とする.

ii. 強化学習による方策の調整（図 7.23).

3. 報酬モデルの学習 2-i と，強化学習による方策の調整 2-ii を繰りかえす.

この手順を実施するために，事前学習モデルの学習にもちいたデータ以外に以下の学習データを用意する.

1. 事前学習モデルに対するインストラクションチューニング用の学習データ．新たに人手で作成したプロンプトと，すでにあるプロンプト，人手でつくった応答文をデータとする.
2. 報酬モデルの学習用データ．インストラクションチューニングされた複数の言語モデルの出力を応答文とし，人手でランクづけした応答文のランクを即時報酬とする.

以上のように，これらのデータは基本的には人手で構築する.

プロンプト x に対する応答文が y のときの報酬モデルの出力を $r_\theta(x, y)$ としよう．報酬モデルの学習のための損失関数は,

$$L(\theta) = -\mathbb{E}[\ln(\sigma(r_\theta(x, y_w) - r_\theta(x, y_l)))].$$

ただし，y_w は，よりランクが高いと評価された応答文，y_l は，よりランクが低いと評価された応答文である．人手でランクが高いと評価された応答文ほど大きな報酬値となることを直接要請している．

また，強化学習における方策の決定は，通常，近接方策最適化による．その目的関数の基本形は，方策の更新が，報酬を大きくすることと，インストラクションチューニングされたモデルの方策から離れないこととのトレードオフを表現した

$$\text{objective}(\boldsymbol{\phi}) = \mathbb{E}[r_{\boldsymbol{\theta}}(x, y) - \beta \cdot \mathbb{KL}(\pi_{\boldsymbol{\phi}}^{\text{RL}}(y \mid x) \parallel \pi^{\text{IT}}(y \mid x))]$$

である．ただし，$\boldsymbol{\phi}$ は，方策を出力するニューラルネットワークの重み，β は定数，$r_{\boldsymbol{\theta}}(x, y)$ は，プロンプト x に対する応答文が y のときの報酬モデルの出力，$\pi_{\boldsymbol{\phi}}^{\text{RL}}$ は学習対象である方策，$\pi^{\text{IT}}(y \mid x)$ は，もとの言語モデルからインストラクションチューニングされたモデルの出力である．

報酬モデルの作成と強化学習による方策の更新は，繰りかえし実行され，性能向上がはかられる．

以下，InstructGPT と Llama 2 それぞれについて，特徴的な事項を簡単にまとめる．

7.6.2 InstructGPT

先にのべたように，ChatGPT は GPT-3.5（パラメータ数 3,550 億）を，InstructGPT は GPT-3（パラメータ数 1,750 億）を事前学習モデルとしている．

InstructGPT では，学習用データのプロンプトは 2 種類あり，1 つは，初期の InstructGPT にあたえられたプロンプトで，もう 1 つは，ラベラーが人手で作成したプロンプトである．収集されたプロンプトは，文章生成や質問応答・対話・要約など多岐にわたっており，インストラクションチューニングモデル作成用（13,000 個），報酬モデル作成用（33,000 個），近接方策最適化用（31,000 個）の 3 種のプロンプトデータセットが作成された．ラベラーは選別された 40 名である．彼ら・彼女らは，(a) プロンプトの作成をおこない，(b) プロンプトに対する望ましい応答文（インストラクションチューニングに利

用）を作成し，(c) また，プロンプトに対する応答文をランクづけ（報酬モデルの学習に利用）した．

ラベラーが作成したプロンプトは以下の 3 種類に大別される．

1. Plain. ラベラーに，任意に，しかし十分に多岐多様にわたるタスクを考えてもらったプロンプト．
2. Few-shot. ラベラーに，指示をあたえ，その指示に対する複数の質問・応答の対を作成してもらったプロンプト．
3. User-based. OpenAI 社が提供している API に対しよせられた多くの実際の質問をまねて，ラベラーにそれらと同じような質問を作成してもらったプロンプト．

ラベラーにより作成されたプロンプトの例を以下にあげる．

・自分のキャリアに対する熱意を取りもどすための 5 つのアイデアをあげてください.
・クマがビーチに行き，アシカと友達になり，それから家に帰る短い物語を書いてください.
・つぎの質問に答えてください：　地球の形はなんでしょうか？
　A) 円
　B) 球
　C) 楕円
　D) 平面

インストラクションチューニングに利用するために，13,000 個のプロンプトに対し，ラベラーは応答文を作成した．また，報酬モデルの作成用として，ラベラーは，33,000 個のプロンプトに対し，複数のインストラクションチューニングされた言語モデルの出力 4〜9 個を比較し，各出力をランクづけした．ラベラーは，学習データの作成時には，ユーザにとって役だつ応答文であることを，誠実な応答文であることや，有害でない応答文であることよりも優先するように指示された（ただし，評価時には，誠実な応答文であることと有害でない応答文であることを最優先するように指示された）．なお，作成データに対し，ラベラーがランクづけした例を本章末の付録にあげた．

InstructGPT では，インストラクションチューニング用の学習データ（13,000 個）をもちいて，GPT-3 をインストラクションチューニングする[14)]．このチューニングでは，エポック数 16 とし，学習率としてコサイン学習率を採用し，ドロップアウトにおけるユニット残存率は 0.2 とした．評価用データセットに対する報酬スコアで，インストラクションチューニングされた複数の言語モデルのうちスコアが高いものを選択した．

報酬モデルの学習では，報酬モデル作成用のプロンプト（33,000 個）に対し，数種 ($K = 4 \sim 9$) の言語モデルの出力をサンプルし，人手で出力をランクづけしたものを学習データとして，報酬関数を学習する．

プロンプト x に対する応答文が y のときの報酬モデルの出力を $r_\theta(x, y)$ として，損失関数は，言語モデルが K 個あるとすると，1 プロンプトあたり，K 個の応答文があり，それらの対ごとの報酬モデルの出力の差である．すなわち，

$$L(\theta) = -\frac{1}{\binom{K}{2}} \mathbb{E}_{(x,\, y_w,\, y_l) \sim \mathcal{D}}[\ln(\sigma(r_\theta(x,\, y_w) - r_\theta(x,\, y_l)))].$$

ただし，$\mathcal{D}$ は，2 つの応答文の優劣を人手でつけたデータセットで，y_w は，よりランクが高いと評価された応答文，y_l は，よりランクが低いと評価された応答文である．1 プロンプトに対する応答文の複数の対には高い相関があるため，それらを別べつにあつかうと過学習が起きる．それゆえ，それらの対を 1 つのバッチとして処理する（報酬モデルの出力の差の対すべての和となる）．組みあわせ数でわることは，対あたりの損失を意味している．報酬モデルのネットワーク構造は，GPT-3 をインストラクションチューニングしたモデルの最終層を除去し，スカラー値（スコア）をだす層につくりなおしたものである．

方策の決定は近接方策最適化による．近接方策最適化では，プロンプトデー

---

14) 原論文では，教師ありファインチューニング (supervised fine tuning; SFT) とよんでいる．

タセット（31,000 個）から新たなプロンプトを選択し,

1. 方策 π で，プロンプトに対する応答文（最も確率が高い単語列）を生成し,
2. 報酬モデルをつかい，その応答文に対する報酬を求め,
3. その報酬をもとにして，近接方策最適化により方策を学習する.

近接方策最適化の目的関数は，近接方策最適化法 (PPO) の変種として PPO-ptx とよばれ[15)]

$$\begin{aligned}\text{objective}(\boldsymbol{\phi}) = \mathbb{E}_{(x,\, y)\sim\mathcal{D}_{\pi_{\boldsymbol{\phi}}^{\text{RL}}}}[r_{\boldsymbol{\theta}}(x,\, y) - \beta\ln(\pi_{\boldsymbol{\phi}}^{\text{RL}}(y\,|\,x)/\pi^{\text{IT}}(y\,|\,x))] \\ + \gamma\mathbb{E}_{x\sim\mathcal{D}_{\text{pretrain}}}[\ln(\pi_{\boldsymbol{\phi}}^{\text{RL}}(x))]\end{aligned} \tag{7.6.1}$$

である．ただし，$\boldsymbol{\phi}$ は，方策を出力するニューラルネットワークの重み，β と γ は定数，$r_{\boldsymbol{\theta}}(x,\, y)$ は，プロンプト x に対する応答文が y のときの報酬モデルの出力，$\pi_{\boldsymbol{\phi}}^{\text{RL}}$ は学習対象である方策，$\pi^{\text{IT}}(y\,|\,x)$ は，もとの言語モデルからインストラクションチューニングされた言語モデルの出力，$\mathcal{D}_{\pi_{\boldsymbol{\phi}}^{\text{RL}}}$ は強化学習用データセット，$\mathcal{D}_{\text{pretrain}}$ は事前学習用データセットである．目的関数 (7.6.1) の最後の項は，公開された NLP ベンチマーク用データセットでの性能劣化をさけるため，事前学習用データに対しても方策が効果的であることを要請している.

7.6.3　Llama 2

Llama 2 は，トランスフォーマーをベースとして，2 兆バイトのコーパスをつかって学習した事前学習モデル（パラメータ数が 70 億・130 億・330 億・660 億の 4 つのモデル）をつかっている．ただし，オリジナルのトランスフォーマーではレイヤー正規化であるところを，Llama 2 では，中心化しないより単純な 2 乗平均平方根正規化 (RMSNorm)，すなわち，同一層のユニット i の

---

15) InstructGPT の原論文では，近接方策最適化法 (PPO) の変種としているが，近接方策最適化の原論文，Schulman, J., et al. (2017). Proximal policy optimization algorithms. *arXiv:1707.06347*, にそくしていえば，むしろ信頼領域法 (TRPO) の変種である.

活性を u_i としたとき，

$$\tilde{u}_i = \gamma \frac{u_i}{\sqrt{\frac{1}{n}\sum_{i=1}^{n} u_i^2}} + \beta_i$$

としている．ただし，β と γ は定数で，n はその層のユニット数である．また，オリジナルのトランスフォーマーでは活性化関数は ReLU 関数であるが，Llama 2 では，SwiGLU 関数[16]を活性化関数として採用している．ReLU 関数を「近似」する微分可能（あるいはなめらか）な関数がいくつか提案されており，SwiGLU 関数はその 1 つである．

インストラクションチューニング[17]では，既存のデータにインストラクションを付与する通常の形でおこない，さらに，人手で作成した広範囲におよぶ高品質な 27,000 個のインストラクションデータをつかってモデルをチューニングした．

報酬モデルは，有用性報酬モデルと安全性報酬モデルの 2 種類を別べつに構築した．それに対応して，ラベラーは，報酬モデルの学習用データの作成として，インストラクションチューニングされた複数のモデルのうちの 2 つの出力に対し，有用性 (helpfulness) と安全性 (safety) の 2 つの観点それぞれからランクづけ（2 つのうちどちらがよいか，preference）をおこなった．ランクは，とてもよい (significantly better)，よい (better)，わずかによい (slightly better)，ごくわずかによい (negligibly better)，わからない (unsure) の 5 段階である．報酬モデルの学習用データは，週ごとに処理され，ランクづけされた対データは合計で 141 万件であった．

報酬モデルの学習における損失関数は，基本的には InstructGPT のものと同じであるが，プロンプト x に対する応答文が y のときの報酬モデルの出力を $r_\theta(x, y)$ として，損失関数は，

$$L(\theta) = -\mathbb{E}[\ln(\sigma(r_\theta(x, y_w) - r_\theta(x, y_l)) - m(r))],$$

[16] Shazeer, N. (2020). GLU variants improve transformer. *arXiv:2002.05202.*

[17] 原論文では，InstructGPT の論文と同様に，教師ありファインチューニング (supervised fine tuning, SFT) とよんでいる．

ここで，$m(r)$ は，ラベラーのランクづけ r に対するマージンで，より差があるとしたランクほど大きいマージンとして，その差が強調されるように損失に反映させている．また，y_w は，よりランクが高いと評価された応答文で，y_l は，よりランクが低いと評価された応答文である．

Llama 2の強化学習は，棄却サンプリングによるファインチューニングと近接方策最適化の2つのタイプからなる．まず，棄却サンプリングによるファインチューニングだけを4回おこない，5回めの棄却サンプリングによるファインチューニングの結果に対し近接方策最適化をおこなう．棄却サンプリングによるファインチューニングとは，チューニング途中のモデルから K 個のサンプルを出力し，それらに対する報酬モデルの値が最大となるサンプル（gold standardとよぶ）をもちいてモデルを1期先予測させるファインチューニングである．近接方策最適化の目的関数は，

$$\mathrm{objective}(\boldsymbol{\phi}) = \mathbb{E}_{(x,\,y)\sim\mathcal{D}_{\pi_{\boldsymbol{\phi}}^{\mathrm{RL}}}}[\tilde{r}_c(x,\,y) - \beta\cdot\mathbb{KL}(\pi_{\boldsymbol{\phi}}^{\mathrm{RL}}(y\,|\,x)\,\|\,\pi^0(y\,|\,x))] \tag{7.6.2}$$

である．ただし，期待値をとる式を閾値0.2でクリップし，また，$\boldsymbol{\phi}$ は，方策を出力するニューラルネットワークの重み，β は定数，$\pi_{\boldsymbol{\phi}}^{\mathrm{RL}}$ は学習対象である方策，$\pi^0(y\,|\,x)$ は近接方策最適化の初期方策（5回めの棄却サンプリングによるファインチューニング直後の方策），$\mathcal{D}_{\pi_{\boldsymbol{\phi}}^{\mathrm{RL}}}$ は強化学習用データセットであり，

$$\tilde{r}_c(x,\,y) = \mathrm{norm}(\mathrm{logit}(r_c(x,\,y))),$$

$$r_c(x,\,y) = \begin{cases} r_s(x,\,y), & \text{if isSafety}(x)\ \text{ or }\ r_s(x,\,y) < 0.15, \\ r_h(x,\,y), & \text{otherwise}, \end{cases}$$

ここで，normは，中心化（平均を0とする）して標準偏差でわる標準化関数で[18]，logitは，ロジット関数とよばれ，$(0,\,1)$ を定義域とし，$(-\infty,\,\infty)$ を

[18] 原論文では，normではなくwhiten，すなわち，白色化関数となっている．しかし，白色化は多変量データに対しておこなう操作であり，報酬モデルの値はスカラーなので標準化関数とした．

値域とする単調増加関数であり，ロジスティックシグモイド関数の逆関数である．報酬モデルの値に対しロジット関数をとっていることは，報酬モデルの値が (0, 1) に正規化されているからであろう．また，isSafety(x) は，データ中の x が安全性のほうのランクづけでつかわれたプロンプトであるとき真となる関数で，r_s は安全性報酬モデルを，r_h は有用性報酬モデルを表わす．

以上にのべたほかにも，入力や注意などにいくつも工夫があるが割愛する．

7.6.4　言語生成モデルの課題

ChatGPT は，多くのタスクにおいてすぐれた性能を発揮する．ChatGPT の出現により，誰でもが，汎用的な自然言語処理 AI をつかえるようになった．しかし，解決すべき重要な課題がある．とくに重要な課題を 2 つあげよう．

1. わからない場合でも平気でうそをつき，事実にもとづかない応答をすることがしばしば起こる．これは，質問応答タスクなどでとくに目立つ．
2. 人種や宗教・性別などでバイアスがかかった応答をすることがある．これは，言語生成モデルが大量のデータをもちいて学習しているためである．しかも，あつかう言語によって応答の内容がかわることがある．

最後に，GPT から ChatGPT への流れをまとめよう．大規模化された言語モデルは，「テキストのつづき」を予測するために，事前学習とファインチューニングの方略をとっている．また，プロンプトにより，言語モデルであらゆるタスクに取りくめるようになった．つまり，このプロンプトの利用によって，ときたいタスクを，自然言語の「指示」としてモデルにあたえられるようになった．さらに，強化学習との組みあわせにより，人がふさわしいと考える出力が得られるように調整することに成功した．

人間の脳の構造と構成・処理には未知の部分が多いのに対し，以上にみてきたように，言語生成モデルを実現するハードウェアの構成と，DNN の構成と計算，さらに，1 期先予測による学習と強化学習，と，われわれには，これらのすべてがわかっている．しかし，なぜ，言語生成モデルが，推論をおこない「人のようにふるまう」ことができるのかという素朴な疑問は，残念ながら払拭されていない．それは，おそらく，大量のデータから損失が最小となるよう膨大な数のパラメータを定めたモデルが，いったい何を (what) 計算しているのかが簡単には表現できないからであろう．

7.7　付　録

7.7.1　InstructGPT のデータ作成におけるラベラーのランクづけ例

以下は，あるラベラーが，ある記事の要約をつかって，報酬モデル作成用のランクづけをした例である．

Rank　1 (best)

(A) A research group in the United States has found that parrots can imitate human speech with ease, and some of them can even do so in the same way as humans. This group studied the sounds that parrots make in their natural habitats and found that they use their tongues and breaks in ways that are strikingly...

(B) A team of researchers from Yale University and University of California, Davis studied the vocalization patterns of several different types of parrots. They found that parrots like to mimic human speech, and can produce a wide range of sounds, such as whistles, squawks, and other types of vocalizations...

Rank　2

(C) Parrots have been found to have the ability to understand numbers. Researchers have found that parrots can understand numbers up to six. In a series of experiments, the parrots were able to identify the amount of food items under a number of cups...

Rank　3

(D) Current research suggests that parrots see and hear things in a different way than humans do. While humans see a rainbow of colors, parrots only see shades of red and green. Parrots can also see ultraviolet light, which is invisible to humans. Many birds have this ability to see ultraviolet light, an ability...

(E) Scientists have found that green-winged parrots can tell the difference between two noises that are the same except for the order in which they are heard. This is important because green-winged parrots are known to imitate sounds. This research shows that they are able to understand the difference between sounds.

Rank 5 (worst)

参考に，日本語に訳すと以下となる．

Rank 1 (best)

(A) アメリカの研究チームが，オウムが人間の発話を容易に模倣できることを発見した．中には，人間とまったく同じように発話できるオウムもいるとさえいう．このチームは，オウムが自生地で発する音を研究し，舌や休止を効果的につかっていることを見いだした...

(B) イェール大学とカリフォルニア大学デービス校の研究チームは，いくつかの異なる種類のオウムの発声パターンを研究した．彼らは，オウムが人間の話し声を模倣することが好きであり，さまざまな音をだすことを見いだした．ヒューという笛の音やわめき声・その他の種類の発声など，幅広い音を生成できることが判明した...

Rank 2

(C) オウムは数字を理解する能力をもっていることがわかった．研究者たちは，オウムが最大 6 までの数字を理解できることを発見した．一連の実験では，オウムはカップの下にかくされた食べ物の量を識別することができた...

Rank 3

(D) 最新の研究によれば，オウムは人間とは異なる方法で物事を見たり聴いたりしているようだ．人間が虹にあるさまざまな色をみるのに対して，オウムは赤と緑の濃淡しかみることができない，また，オウムは人間にはみえない紫外線もみることができる．多くの鳥がこのような紫外線をみる能力をもっており，これは彼らにとって重要な役割をはたしている...

(E) 科学者たちは，ベニコンゴウインコが，きこえる順序以外は同じ音のちがいを認識できることを発見した．これは重要なことである．なぜなら，ベニコンゴウインコは音を模倣することで知られているからだ．この研究は，彼らが音のちがいを理解できることを示している．

Rank 5 (worst)

第8章　拡散モデル

8.1　拡散モデルの概要

拡散モデル（あるいは拡散確率モデル）[1]は，非平衡熱力学から着想を得た潜在変数をもちいる生成モデルである．拡散モデルは，データに一致するサンプルをノイズから生成するように変分推論をもちいて学習させたマルコフ連鎖で，信号を完全なノイズに徐々に置きかえる拡散過程の逆方向に，ノイズ信号から信号を復元させる（図 8.1）．図 8.2（口絵 1）に拡散モデルで生成された画像の例をあげる．生成された画像は高品質であることがわかる．以下，拡散モデルを詳述する．ただし，煩雑になることをさけるため，計算の詳細は本章末の付録にまわした．まず，マルコフ過程の導入からはじめよう．

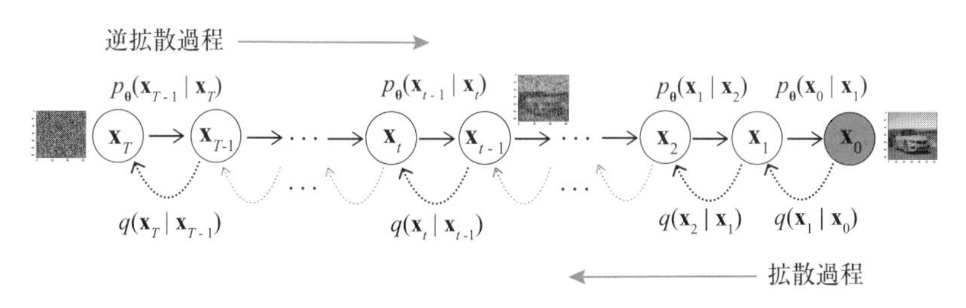

図 **8.1**　拡散モデル．

[1] Sohl-Dickstein, J., et al. (2015). Deep unsurpervised learning using nonequilibrium thermodynamics. *avXiv:1503.03585.* Ho, J., Jain, A. and Abbeel, P. (2020). Denoising diffusion probabilistic models. *arXiv:2006.11239.*

図 **8.2**　拡散モデルで生成された画像の例. Ho, J., Jain, A. and Abbeel, P. (2020)[1].　→ 口絵 1

8.2　マルコフ過程（マルコフ連鎖）

以下をみたす確率変数の系列 $\mathbf{x}_0, \mathbf{x}_1, \ldots, \mathbf{x}_T$ をマルコフ過程（あるいはマルコフ連鎖）という.

$$p(\mathbf{x}_t \mid \mathbf{x}_0, \ldots, \mathbf{x}_{t-1}) = p(\mathbf{x}_t \mid \mathbf{x}_{t-1}), \quad t = 1, \ldots, T. \tag{8.2.1}$$

添字の t を時間と考え，確率変数 $\mathbf{x}_t$ がとる値を状態とよべば，この式 (8.2.1) からわかるように，マルコフ連鎖は，過去のすべての状態で条件づけた現在の時刻 t の条件つき確率が，直前の状態だけに依存するような確率変数列である．式 (8.2.1) は，以下と同値であることを示すことができる.

$$p(\mathbf{x}_t, \ldots, \mathbf{x}_T \mid \mathbf{x}_0, \ldots, \mathbf{x}_{t-1}) = p(\mathbf{x}_t, \ldots, \mathbf{x}_T \mid \mathbf{x}_{t-1}), \quad t = 1, \ldots, T. \tag{8.2.2}$$

また，マルコフ連鎖では系列の同時確率が

$$p(\mathbf{x}_0, \ldots, \mathbf{x}_T) = p(\mathbf{x}_T \mid \mathbf{x}_{T-1}) \cdots p(\mathbf{x}_2 \mid \mathbf{x}_1) p(\mathbf{x}_1 \mid \mathbf{x}_0) p(\mathbf{x}_0) \tag{8.2.3}$$

となることが，条件つき確率の定義

$$p(\mathbf{x}_0, \ldots, \mathbf{x}_T) = p(\mathbf{x}_T \mid \mathbf{x}_0, \ldots, \mathbf{x}_{T-1}) \cdots p(\mathbf{x}_2 \mid \mathbf{x}_0, \mathbf{x}_1) p(\mathbf{x}_1 \mid \mathbf{x}_0) p(\mathbf{x}_0)$$

と，式 (8.2.1) から簡単にわかる．逆に，同時確率が式 (8.2.3) のように表現されれば，式 (8.2.1) をみちびくことができる．定義式 (8.2.1)・(8.2.2)・(8.2.3) が同値であることを本章末の付録に示した．

確率過程 $\mathbf{x}_t$, $t = 0, \ldots, T$, に対し，$\tau = T - t$ と変換した確率過程 $\mathbf{x}'_\tau = \mathbf{x}_{T-t}$，$\tau = 0, \ldots, T$, を $\mathbf{x}_t$ の逆過程とよぼう．つまり，逆過程は，$\mathbf{x}_0$, $\mathbf{x}_1$, $\ldots$, $\mathbf{x}_T$ の時間を逆向きにした $\mathbf{x}_T, \mathbf{x}_{T-1}, \ldots, \mathbf{x}_0$ である．条件つき確率の定義からわかるように，$\mathbf{x}_t$ がマルコフ過程であるとき，逆過程 $\mathbf{x}'_\tau$ もマルコフ過程になる（本章末の付録参照）．

8.2.1 拡散モデルの由来

いま，1 本の細長い一様な針金を考え，時刻 t における位置 x の温度を $u(x, t)$ とする．すると，$u(x, t)$ は有名な拡散方程式

$$\frac{\partial u(x, t)}{\partial t} = \alpha^2 \frac{\partial^2 u(x, t)}{\partial x^2} \tag{8.2.4}$$

を満足することが知られている．ただし，α^2 は拡散係数とよばれる定数で，それは針金の材料によって決まる．自然界には，ほかにも，この方程式をみたす多くの拡散現象がみられる．一方，離散時間のマルコフ過程の時間間隔を小さくした極限としての連続時間のマルコフ過程では，時刻 τ のとき状態（位置）ξ にあるという前提のもとで，時刻 $t > \tau$ のとき状態（位置）x にある条件つき確率 $p_{t,\tau}(x \mid \xi)$ は，$t - \tau$ が小さければ $|x - \xi|$ も小さいという制約のもとで，拡散方程式 (8.2.4) をみたすことを示せる（本章末の付録参照）．また，分布 $p_{t,\tau}(x \mid \xi)$ としてガウス分布

$$\frac{1}{2\alpha\sqrt{\pi(t-\tau)}} \exp\left\{-\frac{(x-\xi)^2}{4\alpha^2(t-\tau)}\right\}$$

をとると，この分布は拡散方程式 (8.2.4) の解であることが簡単にわかる．

上記のような連続時間のマルコフ過程を拡散過程という．これが，本章で紹介する拡散モデルの名前の由来である．拡散モデルでは，遷移での状態変化が小さいマルコフ連鎖を仮定する．また，上でのべたように，マルコフ連鎖の逆過程もマルコフ連鎖となり，マルコフ連鎖の遷移での状態変化が小さければ，連鎖の条件つき遷移分布はガウス分布と仮定してもよく，その逆過程の遷移分布についてもしかりである．拡散モデルでは，逆過程の遷移分布がガウス分布

にしたがうことを仮定し，それをニューラルネットワークで表現する．

8.3　拡散モデルの定式化

データの生成分布（未知）を $q(\mathbf{x})$ とし，1つのデータを $\mathbf{x}_0 \sim q(\mathbf{x}_0)$ とする．データ $\mathbf{x}_0$ と同じ次元のベクトル $\mathbf{x}_1$, …, $\mathbf{x}_T$ を潜在変数とし，$\mathbf{x}_{0:T}$ を $\{\mathbf{x}_0, \ldots, \mathbf{x}_T\}$ の略記とする．また，逆過程を推定するニューラルネットワークの重みパラメータの集合を $\boldsymbol{\theta}$ とし，$\mathbf{x}_0$, …, $\mathbf{x}_T$ に対し，ニューラルネットワークが推定する同時確率を $p_{\boldsymbol{\theta}}(\mathbf{x}_{0:T})$ とする．

このとき，データ $\mathbf{x}_0$ の尤度は，周辺化により

$$p_{\boldsymbol{\theta}}(\mathbf{x}_0) = \int p_{\boldsymbol{\theta}}(\mathbf{x}_{0:T}) d\mathbf{x}_{1:T}$$

である．また，逆過程における初期値 $\mathbf{x}_T$ は，分布 $p(\mathbf{x}_T) = \mathcal{N}(\mathbf{x}_T \mid \mathbf{0}, \mathbf{I})$ にしたがうとする．

拡散モデルの順過程（拡散過程）は，$\mathbf{x}_0$ から $\mathbf{x}_T$ へ，徐々にノイズを付加していくマルコフ連鎖である（図8.3）．具体的には，遷移確率 $q(\mathbf{x}_t \mid \mathbf{x}_{t-1})$, $t = 1, \ldots, T$, を

$$q(\mathbf{x}_t \mid \mathbf{x}_{t-1}) = \mathcal{N}(\mathbf{x}_t \mid \sqrt{1-\beta_t}\mathbf{x}_{t-1}, \beta_t \mathbf{I}) \tag{8.3.1}$$

と仮定する．ただし，$0 < \beta_1 < \cdots < \beta_T < 1$ は分散スケジュールとよばれるパラメータである．また，マルコフ性から，$\mathbf{x}_0$ で条件づけた $\mathbf{x}_{1:T}$ の同時確率は

$$q(\mathbf{x}_{1:T} \mid \mathbf{x}_0) = \prod_{i=1}^{T} q(\mathbf{x}_t \mid \mathbf{x}_{t-1}) \tag{8.3.2}$$

となる．

ベイズ推論の立場では，順過程は，潜在変数の分布の推論にあたる．しかし，拡散モデルにおいては，推論する必要がなく，潜在変数の分布がはじめからあたえられることに注意してほしい．一般に，生成モデルにおいては，データがあたえられたもとでの潜在変数の分布を求める（推論）必要があり，推論は，ベイズ推論でのむずかしいところの1つである．拡散モデルでは，推論

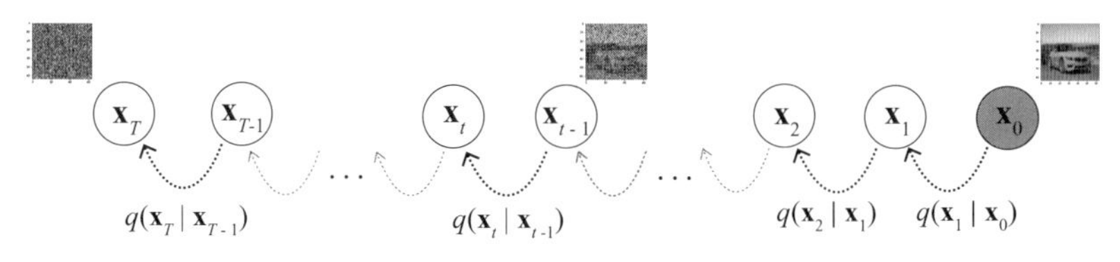

図 **8.3** 拡散モデル：順過程.

が固定であたえられるため，ベイズ推論の困難が回避されている.

さて，一般に，データ $\mathbf{x}_0$ がしたがう分布 $q(\mathbf{x}_0)$ はわからないので，$q(\mathbf{x}_1 \mid \mathbf{x}_0)$ がガウス分布であっても，$q(\mathbf{x}_1)$ は簡単な形として求めることはできない．同様に，$q(\mathbf{x}_t)$ も簡単な形で求めることはできない．しかし，$\mathbf{x}_0$ で条件づけた $\mathbf{x}_t$ の分布はガウス分布になる．以下でこれを示そう．まず，

$$\alpha_t \equiv 1 - \beta_t, \quad \bar{\alpha}_t \equiv \prod_{i=1}^{t} \alpha_i \tag{8.3.3}$$

とおき，独立同分布の $\boldsymbol{\epsilon}_t \sim \mathcal{N}(\mathbf{0}, \mathbf{I})$, $t = 1, \ldots, T$, を導入すると

$$\mathbf{x}_t = \sqrt{\alpha_t}\mathbf{x}_{t-1} + \sqrt{1 - \alpha_t}\boldsymbol{\epsilon}_t$$

とかくことができる．ここで，σ_t, σ_{t-1} を定数としたとき，

$$\boldsymbol{\epsilon}'_{t-1} = \sigma_t \boldsymbol{\epsilon}_t + \sigma_{t-1}\boldsymbol{\epsilon}_{t-1} \sim \mathcal{N}(\mathbf{0}, (\sigma_t^2 + \sigma_{t-1}^2)\mathbf{I})$$

であることに注意すると

$$\begin{aligned}
\mathbf{x}_t &= \sqrt{\alpha_t}\mathbf{x}_{t-1} + \sqrt{1 - \alpha_t}\boldsymbol{\epsilon}_t = \sqrt{\alpha_t \alpha_{t-1}}\mathbf{x}_{t-2} + \sqrt{1 - \alpha_t \alpha_{t-1}}\boldsymbol{\epsilon}_{t-1} = \cdots \\
&= \sqrt{\bar{\alpha}_t}\mathbf{x}_0 + \sqrt{1 - \bar{\alpha}_t}\boldsymbol{\epsilon}_1.
\end{aligned}$$

ただし，$\boldsymbol{\epsilon}'_{t-1}$ を $\boldsymbol{\epsilon}_{t-1}$ と書きなおした．よって

$$q(\mathbf{x}_t \mid \mathbf{x}_0) = \mathcal{N}(\mathbf{x}_t \mid \sqrt{\bar{\alpha}_t}\mathbf{x}_0, (1 - \bar{\alpha}_t)\mathbf{I}) \tag{8.3.4}$$

を得る．式 (8.3.4) において，時間 T を大きくした極限を考えると，$\lim_{T\to\infty} \bar{\alpha}_T = 0$, $\lim_{T\to\infty} 1 - \bar{\alpha}_T = 1$ なので

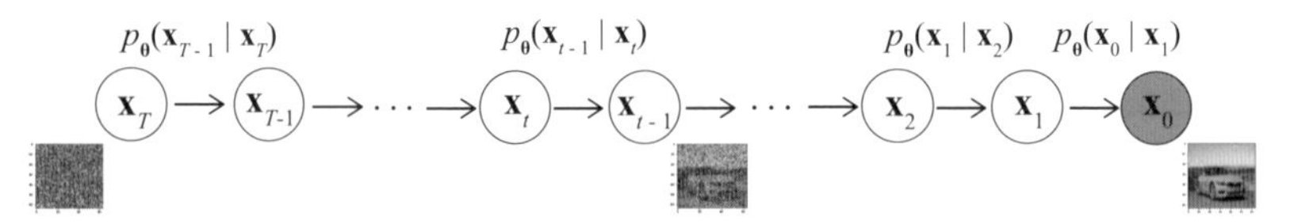

図 **8.4**　拡散モデル：逆過程.

$$q(\mathbf{x}_\infty \mid \mathbf{x}_0) = \mathcal{N}(\mathbf{x}_\infty \mid \mathbf{0}, \mathbf{I})$$

となる．すなわち，順過程において，時刻 T を大きくすれば $\mathbf{x}_T$ はガウスノイズ画像となる.

つぎに，拡散モデルの逆過程を定式化する（図 8.4）．逆過程における遷移確率のニューラルネットワークによる推定を

$$p_\theta(\mathbf{x}_{t-1} \mid \mathbf{x}_t) = \mathcal{N}(\mathbf{x}_{t-1} \mid \boldsymbol{\mu}_\theta(\mathbf{x}_t, t), \boldsymbol{\Sigma}_\theta(\mathbf{x}_t, t)) \tag{8.3.5}$$

とする．ただし，$\boldsymbol{\mu}_\theta(\mathbf{x}_t, t)$ と $\boldsymbol{\Sigma}_\theta(\mathbf{x}_t, t)$ は，ニューラルネットワークの出力として表現されるガウス分布の平均と共分散行列である．また，初期値 $\mathbf{x}_T$ の分布は

$$p(\mathbf{x}_T) = \mathcal{N}(\mathbf{x}_T \mid \mathbf{0}, \mathbf{I}) \tag{8.3.6}$$

である．このとき，逆過程における $\mathbf{x}_{0:T}$ の同時確率（の推定）は

$$p_\theta(\mathbf{x}_{0:T}) = p(\mathbf{x}_T)\prod_{t=1}^{T} p_\theta(\mathbf{x}_{t-1} \mid \mathbf{x}_t) \tag{8.3.7}$$

となる.

拡散モデルの実現には多くのバリエーションがある．たとえば，順過程では，分散スケジュールを学習によって定めるか，固定にするかなどがあげられる．また，逆過程においては，ニューラルネットワークのアーキテクチャの選択などがある．これらは超パラメータとしてあつかわれる．以下では，簡単のため，分散スケジュールは固定として考える.

8.4 拡散モデルの学習

それでは拡散モデルの学習にうつろう．拡散過程 $q(\mathbf{x}_t \mid \mathbf{x}_{t-1})$ を固定したもとで，逆過程 $p_\theta(\mathbf{x}_{t-1} \mid \mathbf{x}_t)$ を計算するニューラルネットワークの重みを決定することが拡散モデルの学習である．データ $\mathbf{x}_0$ に対する尤度は

$$p_\theta(\mathbf{x}_0) = \int p_\theta(\mathbf{x}_{0:T})\, d\mathbf{x}_{1:T}$$

で，式 (8.3.5), (8.3.6), (8.3.7) からガウス分布となる．しかし，その平均と共分散は

$$\boldsymbol{\mu}_\theta(\mathbf{x}_1, 1),\ \boldsymbol{\Sigma}_\theta(\mathbf{x}_1, 1),\ \ldots,\ \boldsymbol{\mu}_\theta(\mathbf{x}_T, T),\ \boldsymbol{\Sigma}_\theta(\mathbf{x}_T, T)$$

の複雑な式となり，尤度の最大化は困難である．そこで，尤度の最大化の代わりに，変分上界（負の変分下界）を最小化する．

8.4.1 変分上界

観測変数の集合を $\mathbf{X}$，対応する潜在変数の集合を $\mathbf{Z}$ とし，$p(\mathbf{X}, \mathbf{Z})$ を $\mathbf{X}$, $\mathbf{Z}$ の同時分布，$q(\mathbf{Z})$ を $\mathbf{Z}$ の分布（事後分布）としたとき，変分下界は，分布 $q(\mathbf{Z})$ の（汎）関数

$$\mathcal{L}(q) \equiv \mathbb{E}_{q(\mathbf{Z})}\left[\ln \frac{p(\mathbf{X}, \mathbf{Z})}{q(\mathbf{Z})}\right] \leq \ln p(\mathbf{X})$$

と定義されることを思いだそう[2)]．変分上界は，変分下界の符号を逆にしたもので

$$\mathbb{E}_{q(\mathbf{Z})}\left[-\ln \frac{p(\mathbf{X}, \mathbf{Z})}{q(\mathbf{Z})}\right] \geq -\ln p(\mathbf{X})$$

である．以下では，原論文にしたがって，（変分下界の最大化ではなく）変分上界の最小化を考える．

観測されたデータ $\mathbf{X}_0 = \{\mathbf{x}_0^{(1)}, \mathbf{x}_0^{(2)}, \ldots, \mathbf{x}_0^{(N)}\}$ は，同じ分布から独立に生

[2)] 変分下界については，たとえば，Bishop 著『パターン認識と機械学習（下）』（丸善出版）の第 9 章と第 10 章，あるいは，拙著『機械学習 2』（共立出版）の第 10 章と第 11 章を参照されたい．

成されたとする．1つのデータ $\mathbf{x}_0$ に対する変分上界 $L_{\mathbf{x}_0}$ を

$$L_{\mathbf{x}_0} = \mathbb{E}_{q(\mathbf{x}_{1:T} \mid \mathbf{x}_0)}\left[-\ln \frac{p_\theta(\mathbf{x}_{0:T})}{q(\mathbf{x}_{1:T} \mid \mathbf{x}_0)}\right] \geq -\ln p_\theta(\mathbf{x}_0)$$

として，全データ $\mathbf{X}_0$ に対する変分上界

$$L(\theta) = \sum_{n=1}^{N} L_{\mathbf{x}_0^{(n)}} \geq \sum_{n=1}^{N}\left(-\ln p_\theta(\mathbf{x}_0^{(n)})\right) = -\ln p_\theta(\mathbf{X}_0)$$

を最小にする θ を求めることが目標である．以下では，誤解のおそれがないときは，$L_{\mathbf{x}_0}$ を L とかく．

ここで，拡散モデルにおける変分上界について少しばかり注意をしておこう．

1. 拡散モデルでは，$\mathbf{x}_0$ が唯一の観測変数で，$\mathbf{x}_1$ から $\mathbf{x}_T$ は潜在変数である．変分上界は

$$L = \mathbb{E}_{q(\mathbf{x}_{1:T} \mid \mathbf{x}_0)}\left[-\ln \frac{p_\theta(\overbrace{\mathbf{x}_0}^{\text{observed}}, \overbrace{\mathbf{x}_{1:T}}^{\text{latent}})}{q(\underbrace{\mathbf{x}_{1:T}}_{\text{latent}} \mid \mathbf{x}_0)}\right]$$

と，期待値の中の分母が $\mathbf{x}_0$ で条件づけられた分布となっており，これは，$\mathbf{x}_1$ から $\mathbf{x}_T$ の事後同時分布である．

2. (a) 尤度最大化では，データの分布 $q(\mathbf{x}_0)$ の近似として $p_\theta(\mathbf{x}_0)$ を定める．すなわち，尤度最大化は，$q(\mathbf{x}_0)$ と $p_\theta(\mathbf{x}_0)$ の KL ダイバージェンス

$$-\int q(\mathbf{x}_0) \ln \frac{p_\theta(\mathbf{x}_0)}{q(\mathbf{x}_0)}\, d\mathbf{x}_0 = -\mathbb{E}_{q(\mathbf{x}_0)}\left[\ln \frac{p_\theta(\mathbf{x}_0)}{q(\mathbf{x}_0)}\right]$$

の大数の法則による近似

$$-\frac{1}{N}\sum_{n=1}^{N} \ln \frac{p_\theta(\mathbf{x}_0^{(n)})}{q(\mathbf{x}_0^{(n)})}$$

の最小化，つまり，（$q(\mathbf{x}_0^{(n)})$ はパラメータ θ に無関係なので）

$$\frac{1}{N}\sum_{n=1}^{N}\ln p_\theta(\mathbf{x}_0^{(n)})$$

の最大化である．

(b) それに対し，ここでの変分上界の最小化は，事後確率 $q(\mathbf{x}_{1:T} \mid \mathbf{x}_0)$ に $p_\theta(\mathbf{x}_{1:T} \mid \mathbf{x}_0)$ を近づけることと，対数尤度を大きくすることとのトレードオフとなる．それは，変分上界が以下のように変形されることからわかる．

$$\begin{aligned}
L_{\mathbf{x}_0} &= \mathbb{E}_{q(\mathbf{x}_{1:T} \mid \mathbf{x}_0)}\left[-\ln\frac{p_\theta(\mathbf{x}_{0:T})}{q(\mathbf{x}_{1:T} \mid \mathbf{x}_0)}\right] \\
&= \mathbb{E}_{q(\mathbf{x}_{1:T} \mid \mathbf{x}_0)}\left[-\ln\frac{p_\theta(\mathbf{x}_{1:T} \mid \mathbf{x}_0)\cdot p_\theta(\mathbf{x}_0)}{q(\mathbf{x}_{1:T} \mid \mathbf{x}_0)}\right] \\
&= \mathbb{E}_{q(\mathbf{x}_{1:T} \mid \mathbf{x}_0)}\left[-\ln\frac{p_\theta(\mathbf{x}_{1:T} \mid \mathbf{x}_0)}{q(\mathbf{x}_{1:T} \mid \mathbf{x}_0)}\right] - \mathbb{E}_{q(\mathbf{x}_{1:T} \mid \mathbf{x}_0)}\left[\ln p_\theta(\mathbf{x}_0)\right] \\
&= \mathbb{KL}\left(q(\mathbf{x}_{1:T} \mid \mathbf{x}_0) \,\|\, p_\theta(\mathbf{x}_{1:T} \mid \mathbf{x}_0)\right) - \ln p_\theta(\mathbf{x}_0).
\end{aligned}$$

この式の最右辺により，変分上界の最小化において，$\mathbb{KL}\left(q(\mathbf{x}_{1:T} \mid \mathbf{x}_0) \,\|\, p_\theta(\mathbf{x}_{1:T} \mid \mathbf{x}_0)\right)$ が正則項の役割をはたしていることがわかる．

3. (a) 変分上界の期待値と全データとの関係として，大数の法則により

$$L(\theta) = \sum_{n=1}^{N} L_{\mathbf{x}_0^{(n)}} \approx \mathbb{E}_{q(\mathbf{x}_0)}[L_{\mathbf{x}_0}]$$

が成りたつ．

(b) 理想的には，変分上界の期待値の最小化によりパラメータを決定したい．しかし，その期待値はわからないので，あとで提示する学習アルゴリズムでは，上記の関係をつかった確率的勾配降下法をもちいる．

(c) 以下では，当面，1つのデータ $\mathbf{x}_0$ に対する変分上界

$$L_{\mathbf{x}_0} = \mathbb{E}_{q(\mathbf{x}_{1:T} \mid \mathbf{x}_0)}\left[-\ln\frac{p_\theta(\mathbf{x}_{0:T})}{q(\mathbf{x}_{1:T} \mid \mathbf{x}_0)}\right]$$

の最小化を考える．

8.4.2　変分上界の時間方向分解

さて，変分上界を最小化するため，変分上界を時間方向に分解する．この分解により，全体の最適化を，時刻ごとの最適化に置きかえることができる．まず，

$$
\begin{aligned}
L &= \mathbb{E}_{q(\mathbf{x}_{1:T}\,|\,\mathbf{x}_0)}\left[-\ln \frac{p_\theta(\mathbf{x}_{0:T})}{q(\mathbf{x}_{1:T}\,|\,\mathbf{x}_0)}\right] \\
&= \mathbb{E}_{q(\mathbf{x}_{1:T}\,|\,\mathbf{x}_0)}\left[-\ln p(\mathbf{x}_T) - \sum_{t\geq 1} \ln \frac{p_\theta(\mathbf{x}_{t-1}\,|\,\mathbf{x}_t)}{q(\mathbf{x}_t\,|\,\mathbf{x}_{t-1})}\right]
\end{aligned}
$$

と変形する．この表現から，以下の分解

$$
L = L_0 + L_1 + \cdots + L_{T-1} + L_T,
$$

ただし，

$$
\begin{aligned}
L_0 &= -\mathbb{E}_{q(\mathbf{x}_1\,|\,\mathbf{x}_0)}[\ln p_\theta(\mathbf{x}_0\,|\,\mathbf{x}_1)], \\
L_{t-1} &= \mathbb{E}_{q(\mathbf{x}_t\,|\,\mathbf{x}_0)}[\mathbb{KL}(q(\mathbf{x}_{t-1}\,|\,\mathbf{x}_t,\,\mathbf{x}_0)\,\|\,p_\theta(\mathbf{x}_{t-1}\,|\,\mathbf{x}_t))], \quad t = 2,\,\ldots,\,T, \\
L_T &= \mathbb{KL}(q(\mathbf{x}_T\,|\,\mathbf{x}_0)\,\|\,p(\mathbf{x}_T))
\end{aligned}
$$

をみちびくことができる．証明は本章末の付録に示した．もとの L では，分布 $q(\mathbf{x}_{1:T}\,|\,\mathbf{x}_0)$ に対して期待値をとっているのに対し，L_0 と L_{t-1} では，分布 $q(\mathbf{x}_t\,|\,\mathbf{x}_0)$ に対し期待値をとることに注意されたい．分散スケジュール β_t を学習で決めず，固定する場合は，

$$
L_T = \mathbb{KL}(q(\mathbf{x}_T\,|\,\mathbf{x}_0)\,\|\,p(\mathbf{x}_T))
$$

は定数で，学習には無関係になる．よって，変分上界の最小化は，$L_0, L_1, L_2, \ldots, L_{T-1}$ を個別に最小化することに帰着される．

上記の分解表現における項

$$
L_{t-1} = \mathbb{E}_{q(\mathbf{x}_t\,|\,\mathbf{x}_0)}[\mathbb{KL}(q(\mathbf{x}_{t-1}\,|\,\mathbf{x}_t,\,\mathbf{x}_0)\,\|\,p_\theta(\mathbf{x}_{t-1}\,|\,\mathbf{x}_t))]
$$

をみてみると，その最小化は，拡散過程 $q(\mathbf{x}_t\,|\,\mathbf{x}_{t-1}) = q(\mathbf{x}_t\,|\,\mathbf{x}_{t-1}, \mathbf{x}_0)$ の $\mathbf{x}_t$

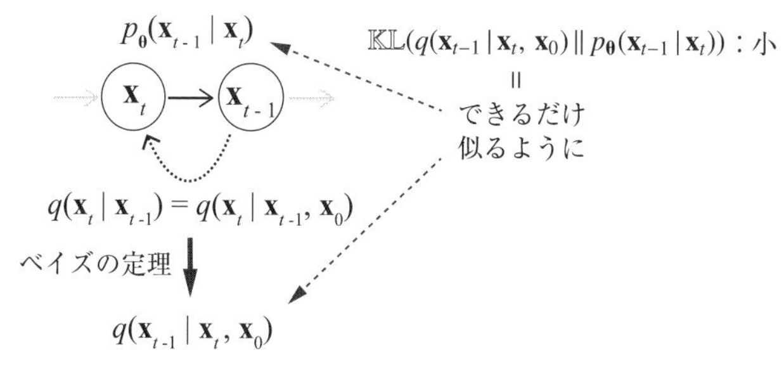

図 8.5　学習の詳細：L_{t-1} の最小化．この最小化は，データ $\mathbf{x}_0$ で条件づけた逆拡散過程の遷移確率に，逆拡散過程の遷移確率のニューラルネットワークによる推定が，平均的にできるだけ似るようにすることを意味する．

と $\mathbf{x}_{t-1}$ をひっくり返し，さらに，$\mathbf{x}_0$ に向かうように条件づけた逆拡散過程の遷移確率

$$q(\mathbf{x}_{t-1} \mid \mathbf{x}_t, \mathbf{x}_0)$$

に，逆拡散過程の遷移確率のニューラルネットワークによる推定

$$p_\theta(\mathbf{x}_{t-1} \mid \mathbf{x}_t)$$

が，平均的にできるだけ似るようにすることを意味する（図 8.5）．

このの L_{t-1} の最小化を計算しよう．ここでは，簡単のため $\boldsymbol{\Sigma}_\theta(\mathbf{x}_t, t) = \sigma_t^2\mathbf{I}$, $\sigma_t^2 = \beta_t$ と仮定する．すると，

$$p_\theta(\mathbf{x}_{t-1} \mid \mathbf{x}_t) = \mathcal{N}(\mathbf{x}_{t-1} \mid \boldsymbol{\mu}_\theta(\mathbf{x}_t, t), \sigma_t^2\mathbf{I}).$$

まず，拡散過程の遷移確率

$$q(\mathbf{x}_t \mid \mathbf{x}_{t-1}) = \mathcal{N}(\mathbf{x}_t \mid \sqrt{1-\beta_t}\mathbf{x}_{t-1}, \beta_t\mathbf{I})$$

の $\mathbf{x}_t$ と $\mathbf{x}_{t-1}$ を，ベイズの定理をつかってひっくり返した逆拡散過程の遷移確率

$$q(\mathbf{x}_{t-1} \mid \mathbf{x}_t)$$

を求める．ただし，これは簡単には求めることができない．そこで，$\mathbf{x}_{t-1}$ が

あたえられたもとで，$\mathbf{x}_0$ は $\mathbf{x}_t$ と条件つき独立であることを利用し，

$$q(\mathbf{x}_t \,|\, \mathbf{x}_{t-1}) = q(\mathbf{x}_t \,|\, \mathbf{x}_{t-1},\, \mathbf{x}_0)$$

のように，$\mathbf{x}_0$ で条件づけしてからベイズの定理をつかう．すなわち，

$$q(\mathbf{x}_t \,|\, \mathbf{x}_{t-1},\, \mathbf{x}_0) = q(\mathbf{x}_t \,|\, \mathbf{x}_{t-1}) = \mathcal{N}(\mathbf{x}_t \,|\, \sqrt{1-\beta_t}\mathbf{x}_{t-1},\, \beta_t \mathbf{I})$$

に対し，式 (8.3.4) の $q(\mathbf{x}_t \,|\, \mathbf{x}_0) = \mathcal{N}(\mathbf{x}_t \,|\, \sqrt{\bar{\alpha}_t}\mathbf{x}_0,\, (1-\bar{\alpha}_t)\mathbf{I})$ を考慮して，ベイズの定理をもちいると

$$\begin{aligned} q(\mathbf{x}_{t-1} \,|\, \mathbf{x}_t,\, \mathbf{x}_0) &\propto q(\mathbf{x}_t \,|\, \mathbf{x}_{t-1},\, \mathbf{x}_0) \cdot q(\mathbf{x}_{t-1} \,|\, \mathbf{x}_0) \\ &= \mathcal{N}(\mathbf{x}_{t-1} \,|\, \tilde{\boldsymbol{\mu}}_t(\mathbf{x}_t,\, \mathbf{x}_0),\, \tilde{\beta}_t \mathbf{I}), \end{aligned}$$

ただし，

$$\tilde{\boldsymbol{\mu}}_t(\mathbf{x}_t,\, \mathbf{x}_0) \equiv \frac{\sqrt{\bar{\alpha}_{t-1}}\beta_t}{1-\bar{\alpha}_t}\mathbf{x}_0 + \frac{\sqrt{\alpha_t}(1-\bar{\alpha}_{t-1})}{1-\bar{\alpha}_t}\mathbf{x}_t, \quad \tilde{\beta}_t \equiv \frac{1-\bar{\alpha}_{t-1}}{1-\bar{\alpha}_t}\beta_t, \tag{8.4.1}$$

$\bar{\alpha}_t$ は式 (8.3.3) である．この具体的計算を本章末の付録に記載した．逆過程の遷移確率 $q(\mathbf{x}_{t-1} \,|\, \mathbf{x}_t)$ は簡単に求めることができないが，$\mathbf{x}_0$ で条件づけた $q(\mathbf{x}_{t-1} \,|\, \mathbf{x}_t,\, \mathbf{x}_0)$ は解析的に求められることに注意してほしい．

ガウス分布どうしの KL ダイバージェンスは計算することができ，$\boldsymbol{\theta}$ に無関係な定数項を無視すると

$$\begin{aligned} L_{t-1} &= \mathbb{E}_{q(\mathbf{x}_t \,|\, \mathbf{x}_0)}[\mathbb{KL}(q(\mathbf{x}_{t-1} \,|\, \mathbf{x}_t,\, \mathbf{x}_0) \,\|\, p_{\boldsymbol{\theta}}(\mathbf{x}_{t-1} \,|\, \mathbf{x}_t))] \\ &= \mathbb{E}_{q(\mathbf{x}_t \,|\, \mathbf{x}_0)}\left[\frac{1}{2\sigma_t^2}\|\tilde{\boldsymbol{\mu}}_t(\mathbf{x}_t,\, \mathbf{x}_0) - \boldsymbol{\mu}_{\boldsymbol{\theta}}(\mathbf{x}_t,\, t)\|^2\right] \end{aligned}$$

を得る（本章末の付録参照）．すなわち，L_{t-1} の最小化は，式 (8.4.1) で定まる $\tilde{\boldsymbol{\mu}}_t(\mathbf{x}_t,\, \mathbf{x}_0)$ に，ニューラルネットワークの出力 $\boldsymbol{\mu}_{\boldsymbol{\theta}}(\mathbf{x}_t,\, t)$ を，$q(\mathbf{x}_t \,|\, \mathbf{x}_0) = \mathcal{N}(\mathbf{x}_t \,|\, \sqrt{\bar{\alpha}_t}\mathbf{x}_0,\, (1-\bar{\alpha}_t)\mathbf{I})$ に関して平均的にできるだけ近づけることを意味する．

この最小化は，分布 $q(\mathbf{x}_t \,|\, \mathbf{x}_0)$ から $\mathbf{x}_t$ をサンプルすることにより，期待値を近似することで実現可能である．しかし，実験によると，この方略ではうまく学習ができない．その理由として考えられることは，(a) 時刻 t ごとに，分

布 $q(\mathbf{x}_t \mid \mathbf{x}_0)$ の平均と分散が異なるので，$\boldsymbol{\mu}_\theta(\mathbf{x}_t, t)$ を計算するニューラルネットワークの入力の変動幅が大きいことと，(b) 近づけるべき $\tilde{\boldsymbol{\mu}}_t(\mathbf{x}_t, \mathbf{x}_0)$ の値も t ごとにかわり，そのため，学習が安定しないことがあげられる．

そこで，$\mathbf{x}_t$ の再パラメータ化により，L_{t-1} を書きかえる[3)]．すなわち，

$$q(\mathbf{x}_t \mid \mathbf{x}_0) = \mathcal{N}(\mathbf{x}_t \mid \sqrt{\bar{\alpha}_t}\mathbf{x}_0, (1-\bar{\alpha}_t)\mathbf{I})$$

（式 (8.3.4)）であるから，$\boldsymbol{\epsilon} \sim \mathcal{N}(\mathbf{0}, \mathbf{I})$ をつかって，$\mathbf{x}_t$ を

$$\mathbf{x}_t(\mathbf{x}_0, \boldsymbol{\epsilon}) = \sqrt{\bar{\alpha}_t}\mathbf{x}_0 + \sqrt{1-\bar{\alpha}_t}\boldsymbol{\epsilon} \tag{8.4.2}$$

と表わすことができる．この式 (8.4.2) から

$$\mathbf{x}_0 = \frac{1}{\sqrt{\bar{\alpha}_t}}\left(\mathbf{x}_t(\mathbf{x}_0, \boldsymbol{\epsilon}) - \sqrt{1-\bar{\alpha}_t}\boldsymbol{\epsilon}\right).$$

これと，式 (8.4.1) から

$$\begin{aligned} L_{t-1} &= \mathbb{E}_{\boldsymbol{\epsilon}}\left[\frac{1}{2\sigma_t^2}\left\|\tilde{\boldsymbol{\mu}}_t\left(\mathbf{x}_t(\mathbf{x}_0, \boldsymbol{\epsilon}), \frac{1}{\sqrt{\bar{\alpha}_t}}\left(\mathbf{x}_t(\mathbf{x}_0, \boldsymbol{\epsilon}) - \sqrt{1-\bar{\alpha}_t}\boldsymbol{\epsilon}\right)\right)\right.\right. \\ &\qquad \left.\left. - \boldsymbol{\mu}_\theta(\mathbf{x}_t(\mathbf{x}_0, \boldsymbol{\epsilon}), t)\right\|^2\right] \\ &= \mathbb{E}_{\boldsymbol{\epsilon}}\left[\frac{1}{2\sigma_t^2}\left\|\frac{1}{\sqrt{\alpha_t}}\left(\mathbf{x}_t(\mathbf{x}_0, \boldsymbol{\epsilon}) - \frac{\beta_t}{\sqrt{1-\bar{\alpha}_t}}\boldsymbol{\epsilon}\right) - \boldsymbol{\mu}_\theta(\mathbf{x}_t(\mathbf{x}_0, \boldsymbol{\epsilon}), t)\right\|^2\right] \end{aligned}$$

を得る．

この再パラメータ化は，拡散過程における $\mathbf{x}_t$ を，信号 $(\mathbf{x}_0)$ と付加されるノイズ $(\boldsymbol{\epsilon})$ に分解したことに相当する．これにより，逆拡散過程の平均 $\tilde{\boldsymbol{\mu}}_t$ が，信号 $\mathbf{x}_0$ とノイズ $\boldsymbol{\epsilon}$ で表現され，$\mathbf{x}_0$ はデータとしてあたえられるので，ニューラルネットワークの目標を平均の推定から $\boldsymbol{\epsilon}$ の推定に変更する．そのため，$\boldsymbol{\epsilon}$ の推定量として $\boldsymbol{\epsilon}_\theta(\mathbf{x}_t, t)$ を導入する．もとの推定すべき平均が

3) VAE では，期待値をとる分布が，期待値の対象となる式にあるパラメータをふくんでいるので，直接には，サンプリングによる近似ができず，再パラメータ化をおこなう必要があった．それとは対照的に，拡散モデルでは，単に学習の安定化のために再パラメータ化をおこなう．

$$(\tilde{\boldsymbol{\mu}}_t(\mathbf{x}_t,\,\mathbf{x}_0)=)\ \tilde{\boldsymbol{\mu}}_t(\mathbf{x}_t,\,\boldsymbol{\epsilon})=\frac{1}{\sqrt{\alpha_t}}\left(\mathbf{x}_t-\frac{\beta_t}{\sqrt{1-\bar{\alpha}_t}}\boldsymbol{\epsilon}\right) \tag{8.4.3}$$

であることに鑑み，$\boldsymbol{\epsilon}_\theta(\mathbf{x}_t,\,t)$ を

$$\boldsymbol{\mu}_\theta(\mathbf{x}_t,\,t)=\frac{1}{\sqrt{\alpha_t}}\left(\mathbf{x}_t-\frac{\beta_t}{\sqrt{1-\bar{\alpha}_t}}\boldsymbol{\epsilon}_\theta(\mathbf{x}_t,\,t)\right)$$

で定義する．すると

$$L_{t-1}=\mathbb{E}_{\boldsymbol{\epsilon}}\left[\frac{\beta_t^2}{2\sigma_t^2\alpha_t(1-\bar{\alpha}_t)}\left\|\boldsymbol{\epsilon}-\boldsymbol{\epsilon}_\theta(\sqrt{\bar{\alpha}_t}\mathbf{x}_0+\sqrt{1-\bar{\alpha}_t}\boldsymbol{\epsilon},\,t)\right\|^2\right] \tag{8.4.4}$$

となる．なお，$\boldsymbol{\epsilon}_\theta(\mathbf{x}_t,\,t)$ の上記定義は，$\tilde{\boldsymbol{\mu}}_t(\mathbf{x}_t,\,\boldsymbol{\epsilon})$ の式 (8.4.3) の右辺の $\boldsymbol{\epsilon}$ に $\boldsymbol{\epsilon}_\theta(\mathbf{x}_t,\,t)$ を代入したものが推定の平均 $\boldsymbol{\mu}_\theta(\mathbf{x}_t,\,t)$ に等しくなるように，すなわち

$$\boldsymbol{\mu}_\theta(\mathbf{x}_t,\,t)=\tilde{\boldsymbol{\mu}}_t(\mathbf{x}_t,\,\boldsymbol{\epsilon})$$

となるように定義することと同値である．こちらのほうが $\boldsymbol{\epsilon}_\theta(\mathbf{x}_t,\,t)$ の意味をとりやすいかもしれない．

式 (8.4.4) の最小化は，$\mathcal{N}(\mathbf{0},\,\mathbf{I})$ から $\boldsymbol{\epsilon}$ をサンプルすることによっておこなう（多変数ガウス分布からのサンプリングについては本章末の付録参照）．すべての時刻 t において，標準ガウス分布からのサンプリングなのでニューラルネットワークが算出する範囲も限定的で学習が安定する．

つぎは $L_0=-\mathbb{E}_{q(\mathbf{x}_1\,|\,\mathbf{x}_0)}[\ln p_\theta(\mathbf{x}_0\,|\,\mathbf{x}_1)]$ の最小化である．拡散モデルでは，逆過程の最後に，画像 $\mathbf{x}_0$ を生成する．この生成段階の学習は，尤度 $p_\theta(\mathbf{x}_0\,|\,\mathbf{x}_1)$ の最大化である．ただし，画像は，整数の画素値で構成されるため，離散対数尤度を求める工夫が必要となる．いま，画素は，値 0, 1, . . ., 255 をとるとし，それを $[-1,\,1]$ にスケーリングする．すなわち，$\mathbf{x}_0$ の第 i 成分を $x_0^{(i)}$ とかけば，それは -1 から 1 までの間の離散値をとり

$$\mathbf{x}_0=(x_0^{(1)}\ x_0^{(2)}\ \cdots\ x_0^{(D)})^{\mathrm{T}},\quad x_0^{(i)}\in[-1,\,1]$$

である（図 8.6）．

画像 $\mathbf{x}_0$ の生成は，$\mathbf{x}_1$ から画素ごとに独立した -1 から 1 までの離散値の復号としておこなわれる．具体的には，$\mathbf{x}_0$ の第 i 成分は，$\mathbf{x}_1$ に対するニューラ

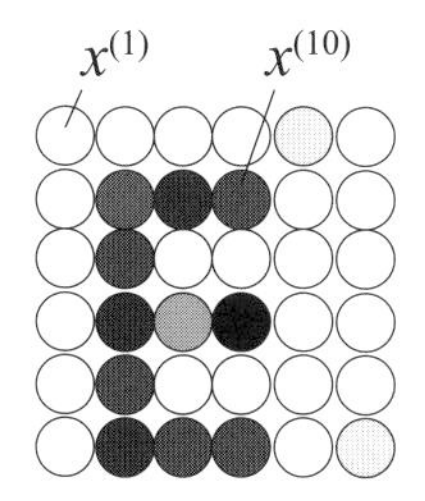

図 **8.6**　L_0 の最小化．画素は，$[-1, 1]$ にスケーリングされている．

ルネットワークの出力 $\boldsymbol{\mu}_\theta(\mathbf{x}_1, 1)$ の第 i 成分 $\mu_\theta^{(i)}(\mathbf{x}_1, 1)$ を平均とするガウス分布から，成分ごとに生成されるとして，尤度

$$p_\theta(\mathbf{x}_0 \mid \mathbf{x}_1) = \prod_{i=1}^{D} \int_{\delta_-(x_0^{(i)})}^{\delta_+(x_0^{(i)})} \mathcal{N}(x \mid \mu_\theta^{(i)}(\mathbf{x}_1, 1), \sigma_1^2) dx$$

を最大化する．ただし，

$$\delta_+(x) = \begin{cases} \infty, & \text{if } x = 1, \\ x + \frac{1}{255}, & \text{if } x < 1, \end{cases}$$

$$\delta_-(x) = \begin{cases} -\infty, & \text{if } x = -1, \\ x - \frac{1}{255}, & \text{if } x > -1 \end{cases}$$

である．

以上のように，拡散モデルでは，L_t, $t > 1$，において，直接 $\boldsymbol{\mu}_\theta(\mathbf{x}_t, t)$ を算出するのではなく，誤差の推定 $\boldsymbol{\epsilon}_\theta(\mathbf{x}_t, t)$ を計算する．これは，順過程で付加されたノイズ除去を目指すことにあたる．

以上の変分上界の最小化をおこなう学習アルゴリズムをあたえよう．1 つのデータに対し，時間を T から順に逆にもどしながら学習するのではなく，データ $\mathbf{x}_0$ と，時刻 t，ノイズ $\boldsymbol{\epsilon}$ をランダムに選択する確率的勾配降下法による L_0, L_{t-1} の最小化である．詳細なアルゴリズムを図 8.7 に示す．

つぎに，生成アルゴリズムをあたえよう．ステップ $t > 1$ では，

Algorithm:　Training

repeat

　$\mathbf{x}_0 \sim q(\mathbf{x}_0)$

　$t \sim \mathrm{Uniform}(\{1, \ldots, T\})$

　$\boldsymbol{\epsilon} \sim \mathcal{N}(\mathbf{0}, \mathbf{I})$

　Take gradient descent step on

　　$\nabla_{\boldsymbol{\theta}} \|\boldsymbol{\epsilon} - \boldsymbol{\epsilon}_{\boldsymbol{\theta}}(\sqrt{\bar{\alpha}_t}\mathbf{x}_0 + \sqrt{1-\bar{\alpha}_t}\boldsymbol{\epsilon}, t)\|^2$

until converged

図 **8.7**　拡散モデルの学習アルゴリズム．

Algorithm:　Sampling

$\mathbf{x}_T \sim \mathcal{N}(\mathbf{0}, \mathbf{I})$

for $t = T, \ldots, 1$ **do**

　$\mathbf{z} \sim \mathcal{N}(\mathbf{0}, \mathbf{I})$ if $t > 1$, else $\mathbf{z} = \mathbf{0}$

　$\mathbf{x}_{t-1} = \frac{1}{\sqrt{\alpha_t}}\left(\mathbf{x}_t - \frac{1-\alpha_t}{\sqrt{1-\bar{\alpha}_t}}\boldsymbol{\epsilon}_{\boldsymbol{\theta}}(\mathbf{x}_t, t)\right) + \sigma_t \mathbf{z}$

end for

return $\mathbf{x}_0$

図 **8.8**　拡散モデルの生成アルゴリズム．

$$
p_\theta(\mathbf{x}_{t-1} \mid \mathbf{x}_t) = \mathcal{N}(\mathbf{x}_{t-1} \mid \boldsymbol{\mu}_\theta(\mathbf{x}_t, t), \sigma_t^2 \mathbf{I}),
$$
$$
\boldsymbol{\mu}_\theta(\mathbf{x}_t, t) = \frac{1}{\sqrt{\alpha_t}}\left(\mathbf{x}_t - \frac{\beta_t}{\sqrt{1-\bar{\alpha}_t}}\boldsymbol{\epsilon}_\theta(\mathbf{x}_t, t)\right)
$$

なので，$p_\theta(\mathbf{x}_{t-1} \mid \mathbf{x}_t)$ からのサンプルは

$$
\mathbf{x}_{t-1} = \frac{1}{\sqrt{\alpha_t}}\left(\mathbf{x}_t - \frac{1-\alpha_t}{\sqrt{1-\bar{\alpha}_t}}\boldsymbol{\epsilon}_\theta(\mathbf{x}_t, t)\right) + \sigma_t \mathbf{z}, \quad \mathbf{z} \sim \mathcal{N}(\mathbf{0}, \mathbf{I})
$$

から得られる．生成アルゴリズムの詳細を図 8.8 に示す．

8.5　Stable diffusion：拡散モデルの実装

拡散モデルを実装したシステムには，DALLE-2, 3 や Imagen, Stable diffusion など，多くのシステムがある．本節では，拡散モデルの実装例として，Stable diffusion を取りあげる．画像の生成においては，画像をいったん圧縮し，特徴抽出してから拡大する処理をおこなうのが普通である．Stable diffusion でも，画像の圧縮と拡大処理をおこなっている．画像サイズ拡大についての一般的な解説と，Stable diffusion でおこなっている転置たたみこみによる画像拡大についての説明を，本章末の付録にあたえたので参考にしてほしい．

8.5.1 Stable diffusion

Stable diffusion の解説の前に，Ho らの拡散モデルの原論文に示された，画像生成のためのネットワークアーキテクチャの基本形を提示しよう．それは，U-net[4] とよばれるアーキテクチャに準拠したネットワーク（図 8.9）で，U の字構造の左部分がプーリングによる画像圧縮をおこない，右半分が転置たたみこみによる画像の拡大をになう．U の字構造の各部分でたたみこみをおこない，また，左部分から右部分への同じレベルの矢印はスキップ接続を表わす．ただし，オリジナルの U-net は重みの正規化をおこなっているのに対し，拡散モデルではグループ正規化を採用している．U-net というと，特別なネットワークにきこえるかもしれないが，それは，残差ブロックの積みかさねであり，ブロックを U の字に配置して記載したので U-net とよばれる（ブロックをそのように配置すると，圧縮と拡大間のスキップ接続が明確になる）．時間 t が，各残差ブロックと自己注意ブロックに，正弦波位置埋めこみによりくわえられることに注意してほしい．時刻 t での入力「画像」

$$\mathbf{x}_t(\mathbf{x}_0, \boldsymbol{\epsilon}) = \sqrt{\bar{\alpha}_t}\mathbf{x}_0 + \sqrt{1-\bar{\alpha}_t}\boldsymbol{\epsilon}$$

に，時刻 t の埋めこみ $\tilde{t}$ を加えたものが入力で，それに対する出力が $\boldsymbol{\epsilon}_\theta(\mathbf{x}_t, t)$ となる．この $\boldsymbol{\epsilon}_\theta(\mathbf{x}_t, t)$ とサンプルされた $\boldsymbol{\epsilon}$ の差を誤差として学習をおこなう．

図 8.9 の元画像と生成画像は，それぞれ 32×32 の比較的小さな画像であり，実際に学習も生成もおこなうことができる．しかし，画像サイズが大きくなるにしたがい残差ブロックの数も増え，学習に多大な時間がかかるようになる．

Stable diffusion[5] は，512×512 の入力画像に対して，まず，VAE[6] の符号化器により 8×8 の画像に圧縮する．圧縮された画像に対して拡散モデルを

[4] Ronneberger, O., Fischer, P. and Brox, T. (2015). U-net: convolutional networks for biomedical image segmentation. *arXiv1505.04597*.

[5] https://huggingface.co/blog/stable_diffusion

[6] VAE については，たとえば，拙著『機械学習 2』（共立出版）の第 11 章を参照されたい．

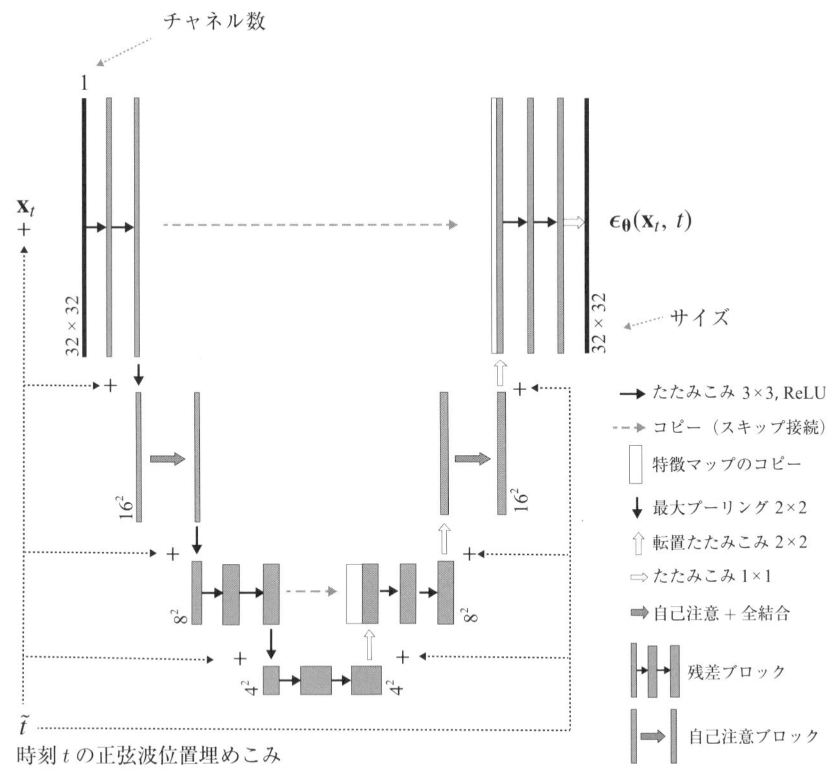

図 8.9　U-net に準拠したニューラルネットワーク．拡散モデルによる画像生成のためのネットワークのアーキテクチャ例．

適用し，画像の生成では，逆拡散過程で算出された 8×8 の画像を，VAE の復号化器で 512×512 の画像に変換し出力する（図 8.10）．すなわち，拡散過程と逆拡散過程の処理を，小さな画像に対しておこない，計算量の削減をはかっている．

また，Stable diffusion は，テキストや画像などで条件づけた画像も生成できる．図 8.10 は，テキスト「お寿司屋風の猫」で条件づけた生成画像である．テキストで条件づけた画像の生成のため，Stable diffusion はテキストを埋めこみ（画像の潜在空間）に変換するテキスト符号化器をもっている．さらに，ノイズ除去のステップにおいて，残差ブロックの処理のあとに注意機構を挿

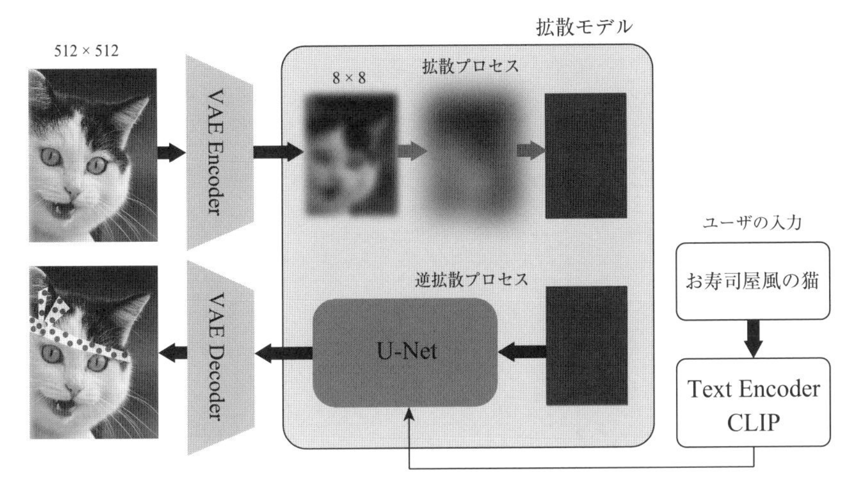

図 8.10 Stable diffusion のネットワークアーキテクチャ．VAE の符号化器により 8 × 8 の画像に圧縮し，圧縮された画像に対して拡散モデルを適用する．画像の生成では，逆拡散過程で算出された 8 × 8 の画像を，VAE の復号化器で 512 × 512 の画像に変換し出力する．テキストで条件づけた画像も生成できる（ただし，図中のはちまきをしている猫の画像はイメージで，Stable diffusion により生成した画像ではない）．

入して，残差ブロックの出力をソース Q とし，テキスト符号化器の出力をキーと値 (K, V) とした注意によりテキストプロンプトを埋めこみに変換し，その埋めこみを逆拡散過程の残差ブロックの出力とする．これにより，テキストで条件づけた画像の生成を実現している（図 8.11）．テキスト符号化器は，CLIPTextModel とよばれるトランスフォーマーベースの学習ずみのモデルである．CLIPTextModel は，インターネット上の 4 億組の画像とテキストの対を教師データとして学習した CLIP[7] とよばれる画像分類モデルにふくまれているテキスト符号化器である．

Stable diffusion モデルは，58 億 5 千枚の画像とキャプションの対からなる LAION-5B の 2 つのサブセット，LAION2B-EN（英語のキャプションをもつ低解像度 256 × 256 の画像 23 億枚）と，LAION-High-Resolution（1024 × 1024 より高解像度の画像を 512 × 512 にダウンサンプリングした 1 億 7 千

[7] Radford, A., et al. (2021). Learning transferable visual models from natural language supervision. *arXiv:2103.00020*.

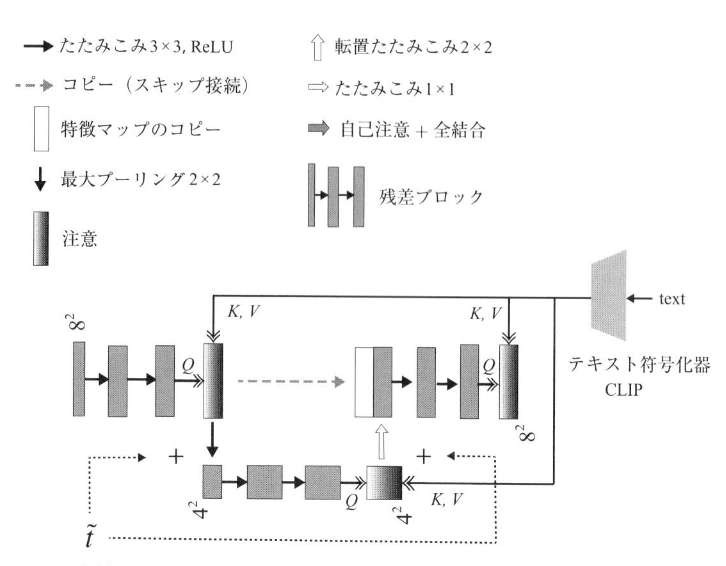

図 8.11　Stable diffusion のテキストによる条件づけ．条件づけにつかうテキストを画像の潜在空間に変換するテキスト符号化器があり，また，残差ブロックのあとに注意機構がある．

万枚)，をおもにもちいて初期の学習をしている[8]．

8.6　付　録

8.6.1　マルコフ過程の定義式の同値性

マルコフ過程を特徴づける3つの式，すなわち，$t = 1, \ldots, T$ において，

$$p(\mathbf{x}_t \mid \mathbf{x}_0, \ldots, \mathbf{x}_{t-1}) = p(\mathbf{x}_t \mid \mathbf{x}_{t-1}), \tag{8.6.1}$$

$$p(\mathbf{x}_t, \ldots, \mathbf{x}_T \mid \mathbf{x}_0, \ldots, \mathbf{x}_{t-1}) = p(\mathbf{x}_t, \ldots, \mathbf{x}_T \mid \mathbf{x}_{t-1}), \tag{8.6.2}$$

$$p(\mathbf{x}_0, \ldots, \mathbf{x}_T) = p(\mathbf{x}_T \mid \mathbf{x}_{T-1}) \cdots p(\mathbf{x}_2 \mid \mathbf{x}_1) p(\mathbf{x}_1 \mid \mathbf{x}_0) p(\mathbf{x}_0) \tag{8.6.3}$$

が同値であることを示そう．まず，式 (8.6.1) と式 (8.6.3) の同値性を示す．

[8] Baio, A. (2022). https://waxy.org/2022/08/exploring-12-million-of-the-images-used-to-train-stable-diffusions-image-generator

式 (8.6.1) を仮定する．この仮定と，条件つき確率の定義

$$p(\mathbf{x}_0, \ldots, \mathbf{x}_T) = p(\mathbf{x}_T \mid \mathbf{x}_0, \ldots, \mathbf{x}_{T-1}) \cdots p(\mathbf{x}_2 \mid \mathbf{x}_0, \mathbf{x}_1) p(\mathbf{x}_1 \mid \mathbf{x}_0) p(\mathbf{x}_0) \tag{8.6.4}$$

から，式 (8.6.3) の導出は自明である．逆に，式 (8.6.3) を仮定する．この式の両辺から $\mathbf{x}_T$ を積分消去すれば

$$p(\mathbf{x}_0, \ldots, \mathbf{x}_{T-1}) = p(\mathbf{x}_{T-1} \mid \mathbf{x}_{T-2}) \cdots p(\mathbf{x}_2 \mid \mathbf{x}_1) p(\mathbf{x}_1 \mid \mathbf{x}_0) p(\mathbf{x}_0). \tag{8.6.5}$$

式 (8.6.3) の左辺を条件つき確率の定義によって分解し，また，右辺も上式をつかって同時確率として表現すれば

$$\begin{aligned} & p(\mathbf{x}_T \mid \mathbf{x}_0, \ldots, \mathbf{x}_{T-1}) \cdot p(\mathbf{x}_0, \ldots, \mathbf{x}_{T-1}) \\ &\quad = p(\mathbf{x}_T \mid \mathbf{x}_{T-1}) \cdots p(\mathbf{x}_2 \mid \mathbf{x}_1) p(\mathbf{x}_1 \mid \mathbf{x}_0) p(\mathbf{x}_0) \\ &\quad = p(\mathbf{x}_T \mid \mathbf{x}_{T-1}) \cdot p(\mathbf{x}_0, \ldots, \mathbf{x}_{T-1}) \end{aligned}$$

となる．よって

$$p(\mathbf{x}_T \mid \mathbf{x}_0, \ldots, \mathbf{x}_{T-1}) = p(\mathbf{x}_T \mid \mathbf{x}_{T-1}).$$

この両辺に $p(\mathbf{x}_{T-1} \mid \mathbf{x}_{T-2})$ をかけて $\mathbf{x}_T$ を積分消去すれば

$$p(\mathbf{x}_{T-1} \mid \mathbf{x}_{T-2}) = p(\mathbf{x}_{T-1} \mid \mathbf{x}_0, \ldots, \mathbf{x}_{T-2})$$

を得る．以下同様に

$$p(\mathbf{x}_t \mid \mathbf{x}_{t-1}) = p(\mathbf{x}_t \mid \mathbf{x}_0, \ldots, \mathbf{x}_{t-1})$$

となり，これは式 (8.6.1) である．

つぎに式 (8.6.1) と式 (8.6.2) の同値性を示す．まず，式 (8.6.2) を仮定する．この式の両辺から $\mathbf{x}_{t+1}, \ldots, \mathbf{x}_T$ を積分消去すれば

$$p(\mathbf{x}_t \mid \mathbf{x}_0, \ldots, \mathbf{x}_{t-1}) = p(\mathbf{x}_t \mid \mathbf{x}_{t-1})$$

となり，これは式 (8.6.1) である．逆に，式 (8.6.1) を仮定する．式 (8.6.2) を帰納法で示す．$t = T$ では，式 (8.6.2) の両辺が同じになり成立する．$t = k$

で，式 (8.6.2) が成立するとしよう．すなわち，

$$p(\mathbf{x}_k,\ \ldots,\mathbf{x}_T \,|\, \mathbf{x}_0,\ \ldots,\ \mathbf{x}_{k-1}) = p(\mathbf{x}_k,\ \ldots,\mathbf{x}_T \,|\, \mathbf{x}_{k-1}).$$

この仮定と式 (8.6.1) をもちいると，$t = k - 1$ では

$$\begin{aligned}
&p(\mathbf{x}_{k-1},\ \ldots,\mathbf{x}_T \,|\, \mathbf{x}_0,\ \ldots,\ \mathbf{x}_{k-2}) \\
&\quad = p(\mathbf{x}_k,\ \ldots,\mathbf{x}_T \,|\, \mathbf{x}_0,\ \ldots,\ \mathbf{x}_{k-1}) \cdot p(\mathbf{x}_{k-1} \,|\, \mathbf{x}_0,\ \ldots,\mathbf{x}_{k-2}) \\
&\quad = p(\mathbf{x}_k,\ \ldots,\mathbf{x}_T \,|\, \mathbf{x}_{k-1}) \cdot p(\mathbf{x}_{k-1} \,|\, \mathbf{x}_{k-2}) \\
&\quad = p(\mathbf{x}_k,\ \ldots,\mathbf{x}_T \,|\, \mathbf{x}_{k-1},\ \mathbf{x}_{k-2}) \cdot p(\mathbf{x}_{k-1} \,|\, \mathbf{x}_{k-2}) \\
&\quad = p(\mathbf{x}_{k-1},\ \mathbf{x}_k,\ \ldots,\mathbf{x}_T \,|\, \mathbf{x}_{k-2})
\end{aligned}$$

となり，やはり式 (8.6.2) が成立する．

8.6.2　逆過程のマルコフ性

マルコフ確率過程 $\mathbf{x}_t$, $t = 0, \ldots, T$, に対し，$\tau = T - t$ と変換した確率過程 $\mathbf{x}'_\tau = \mathbf{x}_{T-t}$，$\tau = 0, \ldots, T$,（逆過程）もマルコフ過程になることを示す．まず，$\mathbf{x}_t$ のマルコフ性から

$$p(\mathbf{x}_T,\ \ldots,\ \mathbf{x}_t \,|\, \mathbf{x}_{t-1}) = p(\mathbf{x}_T,\ \ldots,\ \mathbf{x}_t \,|\, \mathbf{x}_{t-1},\ \ldots,\ \mathbf{x}_0).$$

これと条件つき確率の定義から

$$\frac{p(\mathbf{x}_T,\ \ldots,\ \mathbf{x}_t,\ \mathbf{x}_{t-1})}{p(\mathbf{x}_{t-1})} = \frac{p(\mathbf{x}_T,\ \mathbf{x}_{T-1},\ \ldots,\ \mathbf{x}_0)}{p(\mathbf{x}_{t-1},\ \ldots,\ \mathbf{x}_0)}.$$

両辺に $\frac{p(\mathbf{x}_{t-1},\ \ldots,\ \mathbf{x}_0)}{p(\mathbf{x}_T,\ \ldots,\ \mathbf{x}_t,\ \mathbf{x}_{t-1})}$ をかけて

$$\frac{p(\mathbf{x}_{t-1},\ \ldots,\ \mathbf{x}_0)}{p(\mathbf{x}_{t-1})} = \frac{p(\mathbf{x}_T,\ \mathbf{x}_{T-1},\ \ldots,\ \mathbf{x}_0)}{p(\mathbf{x}_T,\ \ldots,\ \mathbf{x}_{t-1})}.$$

再度，条件つき確率の定義により

$$p(\mathbf{x}_{t-2},\ \ldots,\ \mathbf{x}_0 \,|\, \mathbf{x}_{t-1}) = p(\mathbf{x}_{t-2},\ \ldots,\ \mathbf{x}_0 \,|\, \mathbf{x}_T,\ \ldots,\ \mathbf{x}_{t-1}).$$

すなわち

$$p(\mathbf{x}'_T, \ldots, \mathbf{x}'_{\tau+2} \,|\, \mathbf{x}'_{\tau+1}) = p(\mathbf{x}'_T, \ldots, \mathbf{x}'_{\tau+2} \,|\, \mathbf{x}'_{\tau+1}, \ldots, \mathbf{x}'_0).$$

これは逆過程がマルコフ連鎖であることを示している.

8.6.3 マルコフ連鎖からの拡散方程式の導出

時間のきざみ幅と,確率値のきざみ幅は十分に小さいとする.時刻τに状態(位置)xにあるという前提のもとで,時刻$t > \tau$に状態(位置)yにある条件つき確率を$p_{t,\tau}(y\,|\,x)$と表わそう.離散時間のマルコフ過程の時間間隔を小さくした極限としての連続時間のマルコフ過程では,条件つき確率$p_{t,\tau}(y\,|\,x)$は,$t-\tau$が小さければ$|y-x|$も小さいという制約のもとで,拡散方程式をみたすことを示そう.ただし,簡単のため,$p_{t,\tau}(y\,|\,x)$がxの関数として,いわゆる「後ろ向き方程式」である拡散方程式の解であることを示す($p_{t,\tau}(y\,|\,x)$が,yの関数として,「前向き方程式」である拡散方程式の解であることも示せるが,余分な仮定が必要な上に,導出も複雑になる).

まず,マルコフ連鎖では,その意味から,$\tau < s < t$をみたす任意の時刻sにおいて,恒等的に以下が成りたつ(チャップマン・コルモゴロフの方程式):

$$p_{t,\tau}(y\,|\,x) = \sum_{\nu} p_{s,\tau}(\nu\,|\,x)p_{t,s}(y\,|\,\nu).$$

ただし,和は,時刻sにおいて取りうるすべての状態にわたるとする.適当なhをとると,上のチャップマン・コルモゴロフの方程式より

$$\begin{aligned}
&p_{t,\tau-h}(y\,|\,x) - p_{t,\tau}(y\,|\,x)\\
&\quad= \sum_{\nu} p_{s,\tau-h}(\nu\,|\,x)p_{t,s}(y\,|\,\nu) - p_{t,\tau}(y\,|\,x)\\
&\quad= \sum_{\nu} p_{s,\tau-h}(\nu\,|\,x)p_{t,s}(y\,|\,\nu) - \sum_{\nu} p_{s,\tau-h}(\nu\,|\,x)p_{t,\tau}(y\,|\,x)\\
&\quad= \sum_{\nu} p_{s,\tau-h}(\nu\,|\,x)(p_{t,s}(y\,|\,\nu) - p_{t,\tau}(y\,|\,x)).
\end{aligned}$$

2番めの等号では,$p_{t,\tau}(y\,|\,x)$がνに関する和とは無関係で,また,$\sum_{\nu} p_{s,\tau-h}(\nu\,|\,x) = 1$であることをもちいた.いま,$s-\tau$が小さく,その

ため $|\nu - x|$ も十分小さいとすれば

$$p_{t,s}(y\,|\,\nu) - p_{t,\tau}(y\,|\,x) \approx \frac{\partial p_{t,\tau}(y\,|\,x)}{\partial x}(\nu - x) + \frac{1}{2}\frac{\partial^2 p_{t,\tau}(y\,|\,x)}{\partial x^2}(\nu - x)^2.$$

よって，このとき

$$\begin{aligned} &p_{t,\tau-h}(y\,|\,x) - p_{t,\tau}(y\,|\,x) \\ &\quad \approx \sum_{\nu} p_{s,\tau-h}(\nu\,|\,x)\left(\frac{\partial p_{t,\tau}(y\,|\,x)}{\partial x}(\nu - x) + \frac{1}{2}\frac{\partial^2 p_{t,\tau}(y\,|\,x)}{\partial x^2}(\nu - x)^2\right). \end{aligned} \tag{8.6.6}$$

ここで，以下を仮定する．すなわち，$h \to 0$ で $\nu - x$ は十分早く 0 に近づき，$p_{s,\tau-h}(\nu\,|\,x)$ に関する $\nu - x$ の期待値は 0 に近く

$$\lim_{h\to 0}\frac{1}{h}\sum_{\nu} p_{s,\tau-h}(\nu\,|\,x)(\nu - x) = 0,$$

また，

$$\lim_{h\to 0}\frac{1}{h}\sum_{\nu} p_{s,\tau-h}(\nu\,|\,x)(\nu - x)^2 = 2\alpha^2.$$

これらの仮定のもとで，式 (8.6.6) の両辺を h でわって，$h \to 0$ とすれば

$$\frac{\partial p_{t,\tau}(y\,|\,x)}{\partial \tau} = \lim_{h\to 0}\frac{p_{t,\tau-h}(y\,|\,x) - p_{t,\tau}(y\,|\,x)}{h} \approx \alpha^2\frac{\partial^2 p_{t,\tau}(y\,|\,x)}{\partial x^2}.$$

これは拡散方程式である．

8.6.4　変分上界の時間方向分解

期待値 $\mathbb{E}_{q(\mathbf{x}_{1:T}\,|\,\mathbf{x}_0)}[\cdot]$ を $\mathbb{E}_q[\cdot]$ と略記する．変分上界

$$L = \mathbb{E}_q\left[-\ln\frac{p_\theta(\mathbf{x}_{0:T})}{q(\mathbf{x}_{1:T}\,|\,\mathbf{x}_0)}\right] = \mathbb{E}_q\left[-\ln p(\mathbf{x}_T) - \sum_{t\geq 1}\ln\frac{p_\theta(\mathbf{x}_{t-1}\,|\,\mathbf{x}_t)}{q(\mathbf{x}_t\,|\,\mathbf{x}_{t-1})}\right]$$

が，

$$L = L_0 + L_1 + \cdots + L_{T-1} + L_T,$$

ただし，

$$L_0 = -\mathbb{E}_{q(\mathbf{x}_1 \mid \mathbf{x}_0)}[\ln p_\theta(\mathbf{x}_0 \mid \mathbf{x}_1)],$$

$$L_{t-1} = \mathbb{E}_{q(\mathbf{x}_t \mid \mathbf{x}_0)}[\mathbb{KL}(q(\mathbf{x}_{t-1} \mid \mathbf{x}_t, \mathbf{x}_0) \,\|\, p_\theta(\mathbf{x}_{t-1} \mid \mathbf{x}_t))], \quad t = 2, \ldots, T,$$

$$L_T = \mathbb{KL}(q(\mathbf{x}_T \mid \mathbf{x}_0) \,\|\, p(\mathbf{x}_T))$$

と分解されることを示そう．すなわち，

$$\begin{aligned}
L &= \mathbb{E}_q\left[-\ln \frac{p_\theta(\mathbf{x}_{0:T})}{q(\mathbf{x}_{1:T} \mid \mathbf{x}_0)}\right] \\
&= \mathbb{E}_q\left[-\ln p(\mathbf{x}_T) - \sum_{t \geq 1} \ln \frac{p_\theta(\mathbf{x}_{t-1} \mid \mathbf{x}_t)}{q(\mathbf{x}_t \mid \mathbf{x}_{t-1})}\right] \\
&= \mathbb{E}_q\left[-\ln p(\mathbf{x}_T) - \sum_{t > 1} \ln \frac{p_\theta(\mathbf{x}_{t-1} \mid \mathbf{x}_t)}{q(\mathbf{x}_t \mid \mathbf{x}_{t-1})} - \ln \frac{p_\theta(\mathbf{x}_0 \mid \mathbf{x}_1)}{q(\mathbf{x}_1 \mid \mathbf{x}_0)}\right] \\
&= \mathbb{E}_q\left[-\ln p(\mathbf{x}_T) - \sum_{t > 1} \ln \frac{p_\theta(\mathbf{x}_{t-1} \mid \mathbf{x}_t)}{q(\mathbf{x}_{t-1} \mid \mathbf{x}_t, \mathbf{x}_0)} \cdot \frac{q(\mathbf{x}_{t-1} \mid \mathbf{x}_0)}{q(\mathbf{x}_t \mid \mathbf{x}_0)} - \ln \frac{p_\theta(\mathbf{x}_0 \mid \mathbf{x}_1)}{q(\mathbf{x}_1 \mid \mathbf{x}_0)}\right] \\
&= \mathbb{E}_q\left[-\ln \frac{p(\mathbf{x}_T)}{q(\mathbf{x}_T \mid \mathbf{x}_0)} - \sum_{t > 1} \ln \frac{p_\theta(\mathbf{x}_{t-1} \mid \mathbf{x}_t)}{q(\mathbf{x}_{t-1} \mid \mathbf{x}_t, \mathbf{x}_0)} - \ln p_\theta(\mathbf{x}_0 \mid \mathbf{x}_1)\right] \\
&= \mathbb{KL}(q(\mathbf{x}_T \mid \mathbf{x}_0) \,\|\, p(\mathbf{x}_T)) + \sum_{t > 1} \mathbb{E}_{q(\mathbf{x}_t \mid \mathbf{x}_0)}[\mathbb{KL}(q(\mathbf{x}_{t-1} \mid \mathbf{x}_t, \mathbf{x}_0) \,\|\, p_\theta(\mathbf{x}_{t-1} \mid \mathbf{x}_t))] \\
&\quad - \mathbb{E}_{q(\mathbf{x}_1 \mid \mathbf{x}_0)}[\ln p_\theta(\mathbf{x}_0 \mid \mathbf{x}_1)].
\end{aligned}$$

ここで，2 番めの等号は

$$\begin{cases}
p_\theta(\mathbf{x}_{0:T}) = p(\mathbf{x}_T) \displaystyle\prod_{t=1}^{T} p_\theta(\mathbf{x}_{t-1} \mid \mathbf{x}_t), \\
q(\mathbf{x}_{1:T} \mid \mathbf{x}_0) = \displaystyle\prod_{t=1}^{T} q(\mathbf{x}_t \mid \mathbf{x}_{t-1})
\end{cases}$$

から，また，4 番めの等号は，マルコフ性による条件つき独立

$$q(\mathbf{x}_t \mid \mathbf{x}_{t-1}) = q(\mathbf{x}_t \mid \mathbf{x}_{t-1}, \mathbf{x}_0)$$

と，ベイズの定理より，それぞれ成立する．また，最後の等号が成りたつことは，たとえば，和の中の項

$$\mathbb{E}_{q(\mathbf{x}_{1:T}\,|\,\mathbf{x}_0)}\left[\ln\frac{p_\theta(\mathbf{x}_{t-1}\,|\,\mathbf{x}_t)}{q(\mathbf{x}_{t-1}\,|\,\mathbf{x}_t,\,\mathbf{x}_0)}\right]$$
$$=\mathbb{E}_{q(\mathbf{x}_t\,|\,\mathbf{x}_0)}[\mathbb{KL}(q(\mathbf{x}_{t-1}\,|\,\mathbf{x}_t,\,\mathbf{x}_0)\,\|\,p_\theta(\mathbf{x}_{t-1}\,|\,\mathbf{x}_t))]$$

は

$$\begin{aligned}
&\mathbb{E}_{q(\mathbf{x}_{1:T}\,|\,\mathbf{x}_0)}\left[\ln\frac{p_\theta(\mathbf{x}_{t-1}\,|\,\mathbf{x}_t)}{q(\mathbf{x}_{t-1}\,|\,\mathbf{x}_t,\,\mathbf{x}_0)}\right]\\
&\quad=\int q(\mathbf{x}_{1:T}\,|\,\mathbf{x}_0)\ln\frac{p_\theta(\mathbf{x}_{t-1}\,|\,\mathbf{x}_t)}{q(\mathbf{x}_{t-1}\,|\,\mathbf{x}_t,\,\mathbf{x}_0)}\,d\mathbf{x}_1\cdots d\mathbf{x}_T\\
&\quad=\int q(\mathbf{x}_{t-1},\,\mathbf{x}_t|\,\mathbf{x}_0)\ln\frac{p_\theta(\mathbf{x}_{t-1}\,|\,\mathbf{x}_t)}{q(\mathbf{x}_{t-1}\,|\,\mathbf{x}_t,\,\mathbf{x}_0)}\,d\mathbf{x}_{t-1}d\mathbf{x}_t\\
&\quad=\int q(\mathbf{x}_t|\,\mathbf{x}_0)\,q(\mathbf{x}_{t-1}\,|\,\mathbf{x}_t,\,\mathbf{x}_0)\ln\frac{p_\theta(\mathbf{x}_{t-1}\,|\,\mathbf{x}_t)}{q(\mathbf{x}_{t-1}\,|\,\mathbf{x}_t,\,\mathbf{x}_0)}\,d\mathbf{x}_{t-1}d\mathbf{x}_t\\
&\quad=\int q(\mathbf{x}_t|\,\mathbf{x}_0)\left(\underbrace{\int q(\mathbf{x}_{t-1}\,|\,\mathbf{x}_t,\,\mathbf{x}_0)\ln\frac{p_\theta(\mathbf{x}_{t-1}\,|\,\mathbf{x}_t)}{q(\mathbf{x}_{t-1}\,|\,\mathbf{x}_t,\,\mathbf{x}_0)}\,d\mathbf{x}_{t-1}}_{\mathbb{KL}(q(\mathbf{x}_{t-1}\,|\,\mathbf{x}_t,\,\mathbf{x}_0)||p_\theta(\mathbf{x}_{t-1}\,|\,\mathbf{x}_t))}\right)d\mathbf{x}_t\\
&\quad=\mathbb{E}_{q(\mathbf{x}_t\,|\,\mathbf{x}_0)}[\mathbb{KL}(q(\mathbf{x}_{t-1}\,|\,\mathbf{x}_t,\,\mathbf{x}_0)\,\|\,p_\theta(\mathbf{x}_{t-1}\,|\,\mathbf{x}_t))]
\end{aligned}$$

と示される．

8.6.5　$\mathbf{x_0}$ と $\mathbf{x}_t$ で条件づけた $\mathbf{x}_{t-1}$ の分布

拡散過程において

$$q(\mathbf{x}_t\,|\,\mathbf{x}_{t-1},\,\mathbf{x}_0)=\mathcal{N}(\mathbf{x}_t\,|\,\sqrt{1-\beta_t}\mathbf{x}_{t-1},\,\beta_t\mathbf{I}),$$
$$q(\mathbf{x}_{t-1}\,|\,\mathbf{x}_0)=\mathcal{N}(\mathbf{x}_{t-1}\,|\,\sqrt{\bar{\alpha}_{t-1}}\mathbf{x}_0,\,(1-\bar{\alpha}_{t-1})\mathbf{I})$$

のとき，

$$\begin{aligned}
q(\mathbf{x}_{t-1}\,|\,\mathbf{x}_t,\,\mathbf{x}_0)&\propto q(\mathbf{x}_t\,|\,\mathbf{x}_{t-1},\,\mathbf{x}_0)\cdot q(\mathbf{x}_{t-1}\,|\,\mathbf{x}_0)\\
&=\mathcal{N}(\mathbf{x}_{t-1}\,|\,\tilde{\boldsymbol{\mu}}_t(\mathbf{x}_t,\,\mathbf{x}_0),\,\tilde{\beta}_t\mathbf{I})
\end{aligned}$$

となることを示そう．ただし，$\alpha_t\equiv 1-\beta_t$, $\bar{\alpha}_t\equiv\prod_{i=1}^{t}\alpha_i$ として

$$\tilde{\boldsymbol{\mu}}_t(\mathbf{x}_t, \mathbf{x}_0) \equiv \frac{\sqrt{\bar{\alpha}_{t-1}}\beta_t}{1-\bar{\alpha}_t}\mathbf{x}_0 + \frac{\sqrt{\alpha_t}(1-\bar{\alpha}_{t-1})}{1-\bar{\alpha}_t}\mathbf{x}_t, \quad \tilde{\beta}_t \equiv \frac{1-\bar{\alpha}_{t-1}}{1-\bar{\alpha}_t}\beta_t$$

である．これを示すには，分割多次元ガウス分布に関するベイズの定理，すなわち，

1. $\mathbf{x}$ の周辺分布が $p(\mathbf{x}) = \mathcal{N}(\mathbf{x} \mid \boldsymbol{\mu}, \boldsymbol{\Lambda}^{-1})$ で，
2. $\mathbf{x}$ を前提とする $\mathbf{y}$ の条件つき分布が $p(\mathbf{y} \mid \mathbf{x}) = \mathcal{N}(\mathbf{y} \mid \mathbf{A}\mathbf{x} + \mathbf{b}, \mathbf{L}^{-1})$

のとき，$\mathbf{y}$ を前提とする $\mathbf{x}$ の条件つき分布は

$$p(\mathbf{x} \mid \mathbf{y}) = \mathcal{N}(\mathbf{x} \mid \boldsymbol{\Sigma}_{\mathbf{x}\mid\mathbf{y}}\{\mathbf{A}^{\mathrm{T}}\mathbf{L}(\mathbf{y}-\mathbf{b}) + \boldsymbol{\Lambda}\boldsymbol{\mu}\}, \boldsymbol{\Sigma}_{\mathbf{x}\mid\mathbf{y}})$$

となることを直接適用する．ただし，$\boldsymbol{\Sigma}_{\mathbf{x}\mid\mathbf{y}} = (\boldsymbol{\Lambda} + \mathbf{A}^{\mathrm{T}}\mathbf{L}\mathbf{A})^{-1}$．これには，定理中の変数を，示すべき式中の変数につぎのように対応させればよい：

$$\mathbf{y} \mapsto \mathbf{x}_t, \quad \mathbf{x} \mapsto \mathbf{x}_{t-1}.$$

この対応により，定理中の平均と分散を表現する式における定数が，示すべき式中の平均と分散に，以下のように対応する．

$$\boldsymbol{\mu} \mapsto \sqrt{\bar{\alpha}_{t-1}}\mathbf{x}_0, \quad \boldsymbol{\Lambda}^{-1} \mapsto (1-\bar{\alpha}_{t-1})\mathbf{I},$$
$$\mathbf{A} \mapsto \sqrt{1-\beta_t}\mathbf{I}, \quad \mathbf{b} \mapsto \mathbf{0}, \quad \mathbf{L}^{-1} \mapsto \beta_t\mathbf{I},$$

ただし，$\mathbf{I}$ は単位行列である．また，$\bar{\alpha}_t \equiv \prod_{i=1}^{t}\alpha_i$ から $\bar{\alpha}_t = \alpha_t\bar{\alpha}_{t-1}$ が成りたつことと，$\alpha_t \equiv 1-\beta_t$ から $\alpha_t + \beta_t = 1$ であることに注意して，$\boldsymbol{\Sigma}_{\mathbf{x}\mid\mathbf{y}}$ の対応を計算すると

$$\begin{aligned}\boldsymbol{\Sigma}_{\mathbf{x}\mid\mathbf{y}} &\mapsto \left((1-\bar{\alpha}_{t-1})^{-1}\mathbf{I} + (1-\beta_t)/\beta_t\mathbf{I}\right)^{-1} \\ &= \frac{1-\bar{\alpha}_{t-1}}{\beta_t + (1-\bar{\alpha}_{t-1})\alpha_t}\beta_t\mathbf{I} = \frac{1-\bar{\alpha}_{t-1}}{1-\bar{\alpha}_t}\beta_t\mathbf{I}\end{aligned}$$

となる．同様に，対応

$$
\begin{aligned}
&\boldsymbol{\Sigma}_{\mathbf{x}\,|\,\mathbf{y}}\{\mathbf{A}^{\mathrm{T}}\mathbf{L}(\mathbf{y}-\mathbf{b})+\boldsymbol{\Lambda}\boldsymbol{\mu}\} \\
&\quad\mapsto \frac{1-\bar{\alpha}_{t-1}}{1-\bar{\alpha}_t}\beta_t\mathbf{I}\left(\sqrt{1-\beta_t}\mathbf{I}^{\mathrm{T}}\beta_t^{-1}\mathbf{I}\mathbf{x}_t+(1-\bar{\alpha}_{t-1})^{-1}\sqrt{\bar{\alpha}_{t-1}}\mathbf{I}\mathbf{x}_0\right) \\
&\quad= \frac{\sqrt{\bar{\alpha}_{t-1}}\beta_t}{1-\bar{\alpha}_t}\mathbf{x}_0+\frac{\sqrt{\alpha_t}(1-\bar{\alpha}_{t-1})}{1-\bar{\alpha}_t}\mathbf{x}_t
\end{aligned}
$$

を得る.

8.6.6　ガウス分布間の KL ダイバージェンス

ベクトル $\mathbf{x}$ は D 次元とし,

$$
p(\mathbf{x}) \sim \mathcal{N}(\boldsymbol{\mu}_0,\,\boldsymbol{\Sigma}_0), \quad q(\mathbf{x}) \sim \mathcal{N}(\boldsymbol{\mu}_1,\,\boldsymbol{\Sigma}_1)
$$

とする. このとき

$$
\begin{aligned}
&\mathbb{KL}(p(\mathbf{x})\,\|\,q(\mathbf{x})) = \int p(\mathbf{x})\ln\frac{p(\mathbf{x})}{q(\mathbf{x})}d\mathbf{x} = \int p(\mathbf{x})[\ln p(\mathbf{x})-\ln q(\mathbf{x})]d\mathbf{x} \\
&\quad= \int p(\mathbf{x})\left[-\frac{D}{2}\ln 2\pi-\frac{1}{2}\ln|\boldsymbol{\Sigma}_0|-\frac{1}{2}(\mathbf{x}-\boldsymbol{\mu}_0)^{\mathrm{T}}\boldsymbol{\Sigma}_0^{-1}(\mathbf{x}-\boldsymbol{\mu}_0)\right. \\
&\qquad\qquad\left.+\frac{D}{2}\ln 2\pi+\frac{1}{2}\ln|\boldsymbol{\Sigma}_1|+\frac{1}{2}(\mathbf{x}-\boldsymbol{\mu}_1)^{\mathrm{T}}\boldsymbol{\Sigma}_1^{-1}(\mathbf{x}-\boldsymbol{\mu}_1)\right]d\mathbf{x} \\
&\quad= \frac{1}{2}\ln\frac{|\boldsymbol{\Sigma}_1|}{|\boldsymbol{\Sigma}_0|}-\frac{1}{2}\mathbb{E}_{p(\mathbf{x})}[(\mathbf{x}-\boldsymbol{\mu}_0)^{\mathrm{T}}\boldsymbol{\Sigma}_0^{-1}(\mathbf{x}-\boldsymbol{\mu}_0)] \\
&\qquad+\frac{1}{2}\mathbb{E}_{p(\mathbf{x})}[(\mathbf{x}-\boldsymbol{\mu}_1)^{\mathrm{T}}\boldsymbol{\Sigma}_1^{-1}(\mathbf{x}-\boldsymbol{\mu}_1)] \\
&\quad= \frac{1}{2}\ln\frac{|\boldsymbol{\Sigma}_1|}{|\boldsymbol{\Sigma}_0|}-\frac{1}{2}D+\frac{1}{2}\mathbb{E}_{p(\mathbf{x})}[(\mathbf{x}-\boldsymbol{\mu}_1)^{\mathrm{T}}\boldsymbol{\Sigma}_1^{-1}(\mathbf{x}-\boldsymbol{\mu}_1)] \\
&\quad= \frac{1}{2}\ln\frac{|\boldsymbol{\Sigma}_1|}{|\boldsymbol{\Sigma}_0|}-\frac{1}{2}D+\frac{1}{2}\mathbb{E}_{p(\mathbf{x})}[(\mathbf{x}-\boldsymbol{\mu}_0+\boldsymbol{\mu}_0-\boldsymbol{\mu}_1)^{\mathrm{T}}\boldsymbol{\Sigma}_1^{-1}(\mathbf{x}-\boldsymbol{\mu}_0+\boldsymbol{\mu}_0-\boldsymbol{\mu}_1)] \\
&\quad= \frac{1}{2}\ln\frac{|\boldsymbol{\Sigma}_1|}{|\boldsymbol{\Sigma}_0|}-\frac{1}{2}D+\frac{1}{2}\mathbb{E}_{p(\mathbf{x})}[(\mathbf{x}-\boldsymbol{\mu}_0)^{\mathrm{T}}\boldsymbol{\Sigma}_1^{-1}(\mathbf{x}-\boldsymbol{\mu}_0)] \\
&\qquad+\frac{1}{2}\mathbb{E}_{p(\mathbf{x})}[(\boldsymbol{\mu}_0-\boldsymbol{\mu}_1)^{\mathrm{T}}\boldsymbol{\Sigma}_1^{-1}(\boldsymbol{\mu}_0-\boldsymbol{\mu}_1)] \\
&\quad= \frac{1}{2}\left[\ln\frac{|\boldsymbol{\Sigma}_1|}{|\boldsymbol{\Sigma}_0|}-D+\mathrm{Tr}(\boldsymbol{\Sigma}_1^{-1}\boldsymbol{\Sigma}_0)+(\boldsymbol{\mu}_1-\boldsymbol{\mu}_0)^{\mathrm{T}}\boldsymbol{\Sigma}_1^{-1}(\boldsymbol{\mu}_1-\boldsymbol{\mu}_0)\right]
\end{aligned}
$$

となる. ただし, 5 番めの等号では, $\mathbf{x}^{\mathrm{T}}\mathbf{A}\mathbf{x}=\mathrm{Tr}(\mathbf{A}\mathbf{x}\mathbf{x}^{\mathrm{T}})$ をつかうと

$$
\begin{aligned}
&\mathbb{E}_{p(\mathbf{x})}[(\mathbf{x}-\boldsymbol{\mu}_0)^{\mathrm{T}}\boldsymbol{\Sigma}_0^{-1}(\mathbf{x}-\boldsymbol{\mu}_0)] \\
&\quad = \mathrm{Tr}(\boldsymbol{\Sigma}_0^{-1}\mathbb{E}_{p(\mathbf{x})}[(\mathbf{x}-\boldsymbol{\mu}_0)(\mathbf{x}-\boldsymbol{\mu}_0)^{\mathrm{T}}]) \\
&\quad = \mathrm{Tr}(\boldsymbol{\Sigma}_0^{-1}\boldsymbol{\Sigma}_0) = D
\end{aligned}
$$

となることを，7 番めの等号では $\mathbb{E}_{p(\mathbf{x})}[\mathbf{x}-\boldsymbol{\mu}_0]=0$ を，最後の等号では，やはり，$\mathbf{x}^{\mathrm{T}}\mathbf{A}\mathbf{x}=\mathrm{Tr}(\mathbf{A}\mathbf{x}\mathbf{x}^{\mathrm{T}})$ と，$\mathbb{E}_{p(\mathbf{x})}[(\mathbf{x}-\boldsymbol{\mu}_0)(\mathbf{x}-\boldsymbol{\mu}_0)^{\mathrm{T}}]=\boldsymbol{\Sigma}_0$ をもちいた．

8.6.7 サンプリング

■ 線形合同法：一様分布からのサンプリング

整数 $M>0$ に対し，線形合同法は，0 から M までの一様乱数を生成する簡単な方法である．それは，$a>0$, $c\geq 0$ を定数 $(M>a)$ とし，初期値 X_0 を適当に設定して，

$$
X_{n+1}=aX_n+c \pmod{M}, \quad n\geq 1
$$

で数列 $X_1, X_2, \ldots$ を生成する．ただし，$X \bmod M$ は X を M でわったあまりである．たとえば，$X_0=2, a=3, c=2, M=7$ とすると

$$
\begin{aligned}
X_1 &= aX_0+c \pmod{M} \\
&= 3\times 2+2 \pmod{7} \\
&= 8 \pmod{7} \\
&= 1 \pmod{7}
\end{aligned}
$$

となり，以下同様に，$X_2=5, X_3=3, X_4=4, \ldots$ となる．

■ **Marsaglia** 法：標準ガウス分布からのサンプリング

Marsaglia 法は，標準ガウス分布（平均が 0 で分散が 1 のガウス分布）にしたがう乱数を生成する手法である（図 8.12）．その手順は

1. $(0, 1)$ の一様分布にしたがう乱数のペア z_1'，z_2' を生成する．
2. $z_i=2z_i'-1, \quad i=1, 2,$ と変数変換する．このとき，$z_1, z_2\in(-1, 1)$

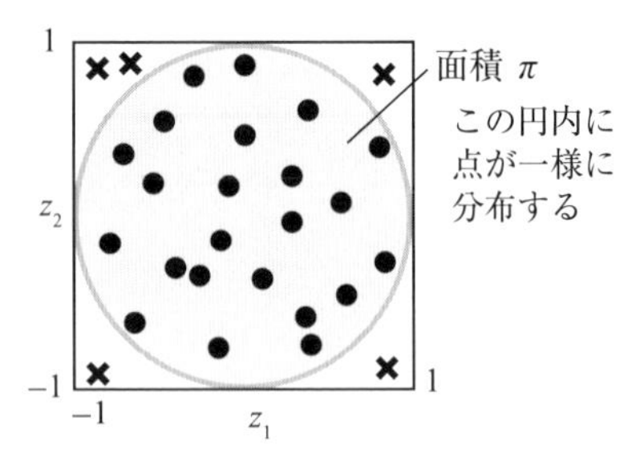

図 **8.12**　Marsaglia 法では，まず，$(-1, 1)$ における一様分布から 2 つのサンプル z_1, z_2 を生成し，単位円内にあるものだけを採択する．

である．

3. $z_1^2 + z_2^2 \leq 1$ をみたさない場合は 1 にもどる．
4. 以下を計算し，2 つのサンプル y_1, y_2 を得る．

$$r^2 = z_1^2 + z_2^2,$$

$$y_1 = z_1 \cdot \left(\frac{-2\ln r^2}{r^2}\right)^{\frac{1}{2}}, \quad y_2 = z_2 \cdot \left(\frac{-2\ln r^2}{r^2}\right)^{\frac{1}{2}}.$$

1 から 3 の処理で $p(z_1, z_2) = 1/\pi$ にしたがう乱数を生成している．ちなみに，ステップ 3 において，円外部に落ちる確率は 21.5% である．

■ Marsaglia 法の検証

Marsaglia 法で生成される乱数 y_1, y_2 が独立に標準ガウス分布にしたがうことを確認しよう．まず，変数 z_1, z_2 を極座標 r, θ に変換する．

$$z_1 = r\cos\theta, \quad z_2 = r\sin\theta \qquad (r^2 = z_1^2 + z_2^2).$$

さらに，r, θ を y_1, y_2 に変換する．

$$y_1 = z_1 \cdot \left(\frac{-2\ln r^2}{r^2}\right)^{\frac{1}{2}} = \left(-2\ln r^2\right)^{\frac{1}{2}} \cos\theta,$$

$$y_2 = z_2 \cdot \left(\frac{-2\ln r^2}{r^2}\right)^{\frac{1}{2}} = \left(-2\ln r^2\right)^{\frac{1}{2}} \sin\theta.$$

ここで，ヤコビアンの計算に必要となる式を導出するため，上式の 2 つを 2 乗してたす．

$$y_1^2 + y_2^2 = \left(-2\ln r^2\right)\cos^2\theta + \left(-2\ln r^2\right)\sin^2\theta = -2\ln r^2.$$

これから

$$r^2 = \exp\left(-\frac{y_1^2 + y_2^2}{2}\right) \tag{8.6.7}$$

を得る．ヤコビアンを求めよう．まず，

$$\left|\frac{\partial\left(z_1, z_2\right)}{\partial(r, \theta)}\right| = \begin{vmatrix} \cos\theta & -r\sin\theta \\ \sin\theta & r\cos\theta \end{vmatrix} = r\cos^2\theta - \left(-r\sin^2\theta\right) = r.$$

さらに，

$$\begin{aligned}\left|\frac{\partial\left(y_1, y_2\right)}{\partial(r, \theta)}\right| &= \begin{vmatrix} -2\left(-2\ln r^2\right)^{-1/2} r^{-1}\cos\theta & -\left(-2\ln r^2\right)^{1/2}\sin\theta \\ -2\left(-2\ln r^2\right)^{-1/2} r^{-1}\sin\theta & \left(-2\ln r^2\right)^{1/2}\cos\theta \end{vmatrix} \\ &= -2r^{-1}\cos^2\theta - 2r^{-1}\sin^2\theta = -\frac{2}{r}.\end{aligned}$$

これらから

$$\left|\frac{\partial\left(z_1, z_2\right)}{\partial\left(y_1, y_2\right)}\right| = \left|\frac{\partial\left(z_1, z_2\right)}{\partial(r, \theta)}\right| \left|\frac{\partial\left(y_1, y_2\right)}{\partial(r, \theta)}\right|^{-1} = -\frac{r^2}{2} = -\frac{1}{2}\exp\left(-\frac{1}{2}\left(y_1^2 + y_2^2\right)\right)$$

となる．確率変数の変換の式に代入して

$$\begin{aligned} p\left(y_1, y_2\right) &= p\left(z_1, z_2\right)\left|\frac{\partial\left(z_1, z_2\right)}{\partial\left(y_1, y_2\right)}\right| \\ &= \frac{1}{\pi}\frac{1}{2}\exp\left(-\frac{1}{2}\left(y_1^2 + y_2^2\right)\right) \\ &= \left[\frac{1}{\sqrt{2\pi}}\exp\left(-\frac{y_1^2}{2}\right)\right]\left[\frac{1}{\sqrt{2\pi}}\exp\left(-\frac{y_2^2}{2}\right)\right] \end{aligned}$$

を得る．これで Marsaglia 法の正当性が示された．

■ 一般の多変数ガウス分布からのサンプリング

平均 $\boldsymbol{\mu}$，共分散 $\boldsymbol{\Sigma}$ の多変量ガウス分布にしたがう乱数を生成するには，

1. 共分散 $\boldsymbol{\Sigma}$ をコレスキー分解[9]し，$\boldsymbol{\Sigma} = \mathbf{L}\mathbf{L}^{\mathrm{T}}$，$\mathbf{L}$ は下三角行列，とする．
2. 各成分が独立で標準ガウス分布にしたがうベクトルを $\mathbf{z} = (z_1 \cdots z_D)^{\mathrm{T}}$ とし，
3. $\mathbf{z}$ を成分ごとに Marsaglia 法でサンプリングし，それを $\mathbf{y} = \boldsymbol{\mu} + \mathbf{L}\mathbf{z}$ と変換する．

このとき，$\mathbf{y}$ が求める乱数となる．なぜなら，

$$
\begin{aligned}
\mathbb{E}[\mathbf{y}] &= \mathbb{E}\left[\boldsymbol{\mu} + \mathbf{L}\mathbf{z}\right] = \boldsymbol{\mu} + \mathbf{0} = \boldsymbol{\mu}, \\
\mathrm{cov}[\mathbf{y}] &= \mathbb{E}\left[\mathbf{y}\mathbf{y}^{\mathrm{T}}\right] - \mathbb{E}[\mathbf{y}]\mathbb{E}\left[\mathbf{y}^{\mathrm{T}}\right] \\
&= \mathbb{E}\left[(\boldsymbol{\mu} + \mathbf{L}\mathbf{z})\,(\boldsymbol{\mu} + \mathbf{L}\mathbf{z})^{\mathrm{T}}\right] - \boldsymbol{\mu}\boldsymbol{\mu}^{\mathrm{T}} \\
&= \mathbb{E}\left[\boldsymbol{\mu}\boldsymbol{\mu}^{\mathrm{T}}\right] + \mathbb{E}\left[2\mathbf{L}\mathbf{z}\boldsymbol{\mu}^{\mathrm{T}}\right] + \mathbb{E}\left[\mathbf{L}\mathbf{z}\mathbf{z}^{\mathrm{T}}\mathbf{L}^{\mathrm{T}}\right] - \boldsymbol{\mu}\boldsymbol{\mu}^{\mathrm{T}} \\
&= \boldsymbol{\mu}\boldsymbol{\mu}^{\mathrm{T}} + 2\mathbf{L}\mathbb{E}[\mathbf{z}]\boldsymbol{\mu}^{\mathrm{T}} + \mathbf{L}\mathbb{E}\left[\mathbf{z}\mathbf{z}^{\mathrm{T}}\right]\mathbf{L}^{\mathrm{T}} - \boldsymbol{\mu}\boldsymbol{\mu}^{\mathrm{T}} \\
&= \mathbf{L}\mathbf{L}^{\mathrm{T}} = \boldsymbol{\Sigma}
\end{aligned}
$$

となるからである．なお，$\mathrm{cov}[\mathbf{y}]$ の4番めの等号の右辺の $\mathbf{z}\mathbf{z}^{\mathrm{T}}$ は，標準ガウス分布にしたがう $\mathbf{z}$ の2次モーメントなので，$\mathbf{I}$（単位行列）である．

8.6.8　画像サイズの拡大

画像生成や画像変換では，画像サイズを拡大する必要がしばしば起こる．画像生成における画像拡大は，画像の中身が圧縮表現（特徴表現）された $1 \times 1 \times K$ のテンソルから徐々に拡大する処理である（図8.13）．画像変換では，通常，画像をいったん圧縮し，特徴抽出してから拡大する処理をともなう（図8.14）．

画像サイズの拡大手法として，代表的なアップサンプリングと転置たたみ

---

[9] 任意の正定値対称行列 $\mathbf{A}$ は，対角成分がすべて正の下三角行列（対角成分より右上の成分がすべて0の行列）$\mathbf{L}$ とその転置 $\mathbf{L}^{\mathrm{T}}$ の積に分解できる：$\mathbf{A} = \mathbf{L}\mathbf{L}^{\mathrm{T}}$．証明は，ほとんどの線形代数の教科書にのっている．

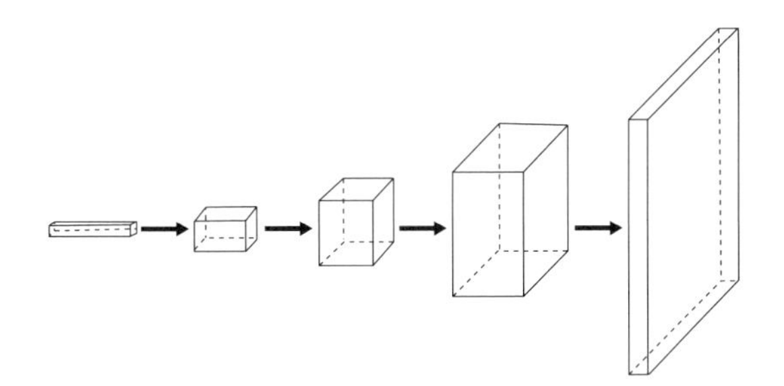

図 **8.13** 画像生成による画像サイズの拡大.

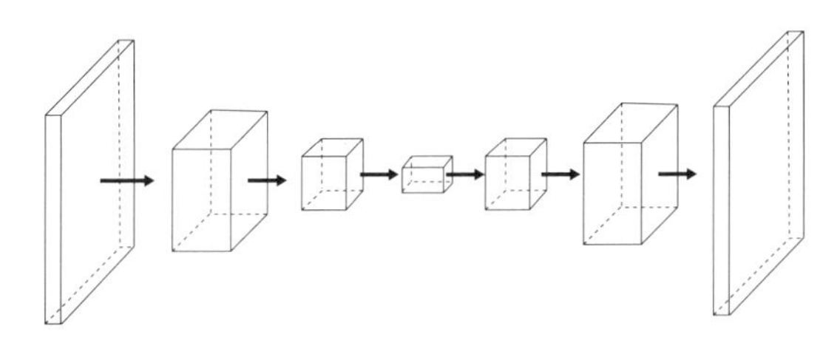

図 **8.14** 画像変換による画像サイズの拡大.

こみを説明しよう．アップサンプリングは，画像の画素値 x_{ij} を間隔 r 画素で飛びとびに配置し，それらの間の画素の画素値を補間する拡大法である（図 8.15）．ただし，補間のやり方は一意ではなく，利用する補間法がデータに対して最適である保証がないという欠点がある．

転置たたみこみは，たたみこみ（図 8.16a）を行列計算で表現したときの行列を $\mathbf{W}_h$ としたとき，$\mathbf{W}_h$ の転置を画像にかけることによりサイズを拡大する方法である（図 8.16b）．

転置たたみこみは単純な線形計算なので，ニューラルネットワークで実現可能である．また，行列の成分は，学習によりデータから定めるため，最適性の保証が担保される．以下で，例をもちいて転置たたみこみを詳しく解説しよう．

まず，画像のたたみこみを復習し，画像のフィルタによるたたみこみの行列表記を導入する．$W \times W$ の画像の $H \times H$ のフィルタによるたたみこみは

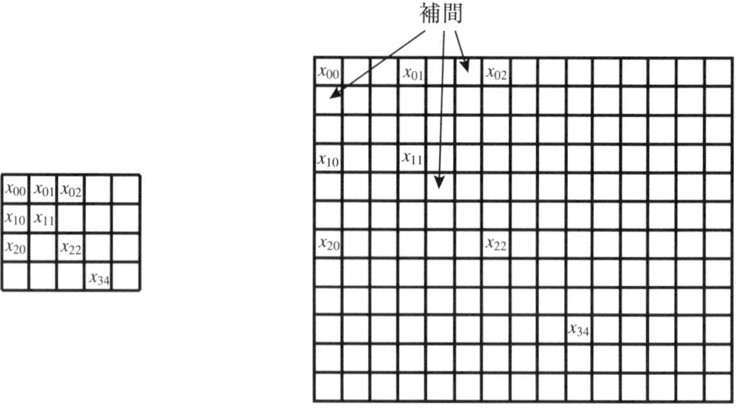

図 **8.15**　アップサンプリング．

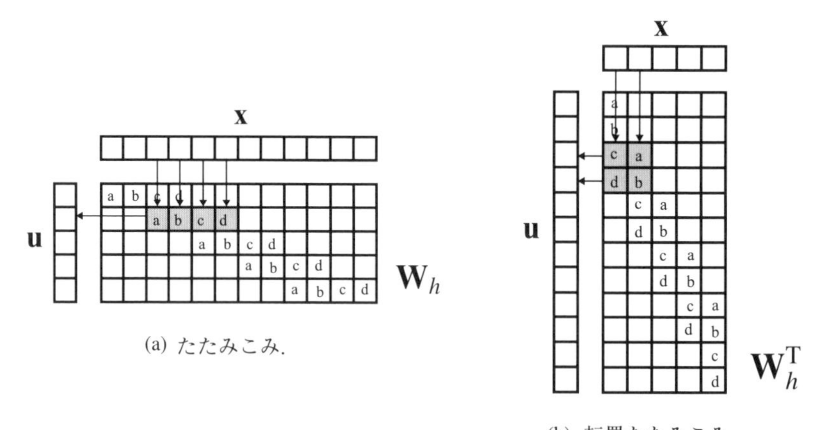

図 **8.16**　行列とベクトルの積で表現したたたみこみと転置たたみこみのイメージ．

$$u_{ij} = \sum_{p=0}^{H-1} \sum_{q=0}^{H-1} x_{i+p,\, j+q} h_{pq}, \quad i,\, j = 0,\, \ldots,\, W-1$$

と表現される．図 8.17 は，4 × 4 の画像を 3 × 3 のフィルタでたたみこんだ例である．たたみこみの結果は 2 × 2 の画像となる．このたたみこみの結果

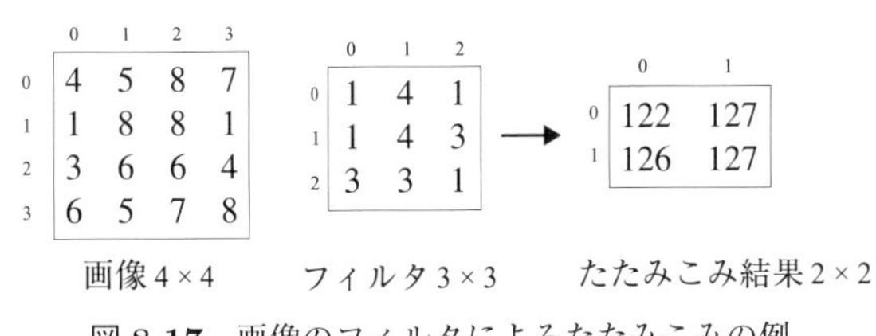

図 **8.17** 画像のフィルタによるたたみこみの例.

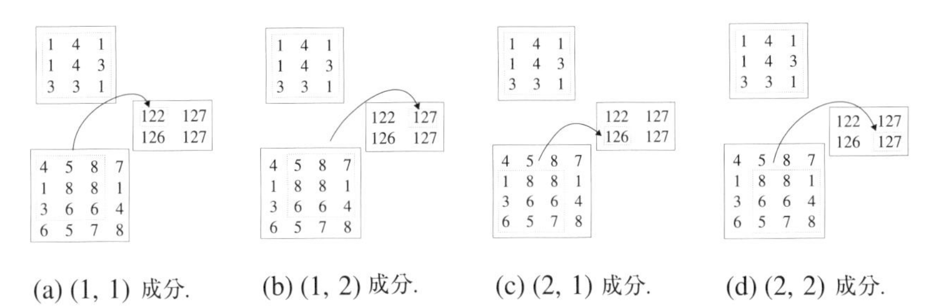

図 **8.18** 画像のフィルタによるたたみこみの演算詳細例.

の (1, 1) 成分は，画像の左上 3×3 の部分とフィルタを重ねて同じ成分どうしをかけて総和をとったもので，(1, 2) 成分は，画像の右上 3×3 の部分と，(2, 1) 成分は，画像の左下 3×3 の部分と，(2, 2) 成分は，画像の右下 3×3 の部分と同じ計算をしたものである（図 8.18）．以下では，少々まぎらわしいが，たたみこみ演算とともに，たたみこみの結果（画像）もたたみこみという．

さて，画像のフィルタによるたたみこみを行列表記しよう．まず，たたみこまれる画像をベクトル表記する（図 8.19）．すなわち，画像の第 1 行をそのまま縦にならべ，つづいて，第 2 行をそれに連結し，第 3 行と第 4 行を同様につづけて連結した 16 次元ベクトル（以下，画像ベクトルとよぶ）をつくる．この画像ベクトルにおいては，たとえば，左上の 3×3 の部分画像に相当するのは，1, 2, 3, 5, 6, 7, 9, 10, 11 の各成分（4, 8, 12, 13, 14, 15, 16 の各成分は無関係）であることに注意してほしい．

つぎに，フィルタからたたみこみ行列を構成する（図 8.20）．たたみこみ行列と，画像ベクトルとの積がたたみこみとなる．すなわち，たたみこみ行列の行ベクトルの次元は画像ベクトルの次元と同じで，列ベクトルの次元はたた

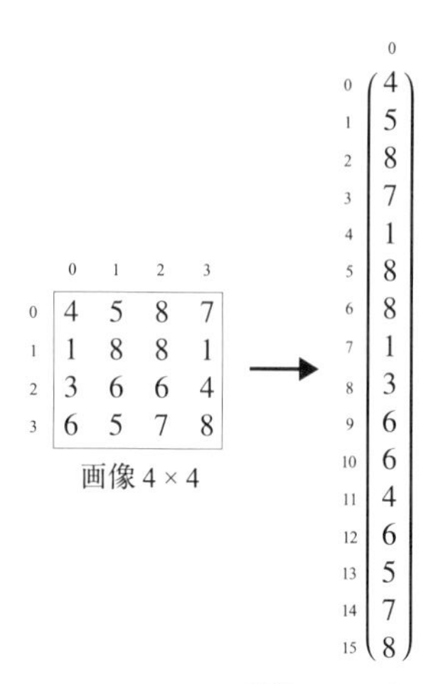

画像のベクトル表現 16 × 1

図 **8.19**　画像のベクトル表記.

$$
\begin{pmatrix}
1 & 4 & 1 & 0 & 1 & 4 & 3 & 0 & 3 & 3 & 1 & 0 & 0 & 0 & 0 & 0 \\
0 & 1 & 4 & 1 & 0 & 1 & 4 & 3 & 0 & 3 & 3 & 1 & 0 & 0 & 0 & 0 \\
0 & 0 & 0 & 0 & 1 & 4 & 1 & 0 & 1 & 4 & 3 & 0 & 3 & 3 & 1 & 0 \\
0 & 0 & 0 & 0 & 0 & 1 & 4 & 1 & 0 & 1 & 4 & 3 & 0 & 3 & 3 & 1
\end{pmatrix}
$$

たたみこみ行列 4 × 16

$\mathbf{W}_h$

図 **8.20**　たたみこみ行列：フィルタの行列表現.

みこみの結果の成分数と同じであり，たたみこみ行列の第 1 行めと画像ベクトルとの積がたたみこみの (1, 1) 成分で，第 2 行めとの積が (1, 2) 成分，第 3 行めとの積が (2, 1) 成分，第 4 行めとの積が (2, 2) 成分となる.

たたみこみ行列は，たたみこみが，たたみこみ行列と画像ベクトルの積となるように構成される．すなわち，たたみこみの (1, 1) 成分が，たたみこみ行列の第 1 行の成分と，画像の左上部分 3 × 3 に相当する画像ベクトルの成分との積和になるよう，フィルタの第 1 行と第 2 行と第 3 行の各成分をならべ，また，左上部分 3 × 3 に無関係な成分のところには 0 をいれた行ベクトルをつくる（図 8.21）．同様に，たたみこみの (1, 2) 成分が，たたみこみ行列の第 2 行と，画像の右上部分 3 × 3 に相当する画像ベクトルの成分との積和とな

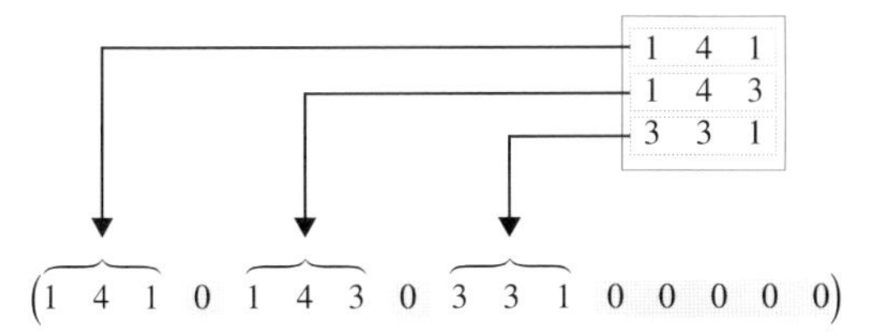

図 8.21 たたみこみ行列の構成．この図は，フィルタからのたたみこみ行列の第 1 行の構成を示しており，画像の左上 3 × 3 の部分とフィルタとの積和演算に無関係な成分には 0 がいれられる．

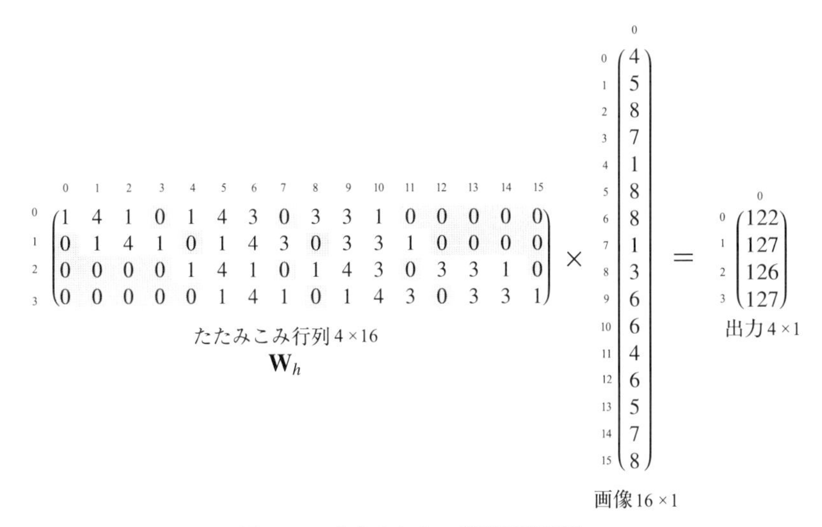

図 8.22 たたみこみの行列演算表現．

るよう，フィルタの第 1 行と第 2 行と第 3 行の各成分をならべ，また，右上部分 3 × 3 に無関係な成分のところには 0 をいれた行ベクトルをつくる（図 8.20 の第 2 行）．たたみこみ行列の第 3 行と第 4 行も同様に構成する．

図 8.22 に，画像ベクトルとたたみこみ行列とによるたたみこみ演算を示す．図 8.23 と図 8.24 は，それぞれ，たたみこみの行列演算の結果であるたたみこみの第 1 成分と第 3 成分，それを算出する積和（内積）をとる部分ベクトル（たたみこみ行列の部分と画像ベクトルの部分）を示す．以上の例では，たたみこまれる画像ベクトルは 16 次元で，たたみこみ行列は 4 × 16 の大きさな

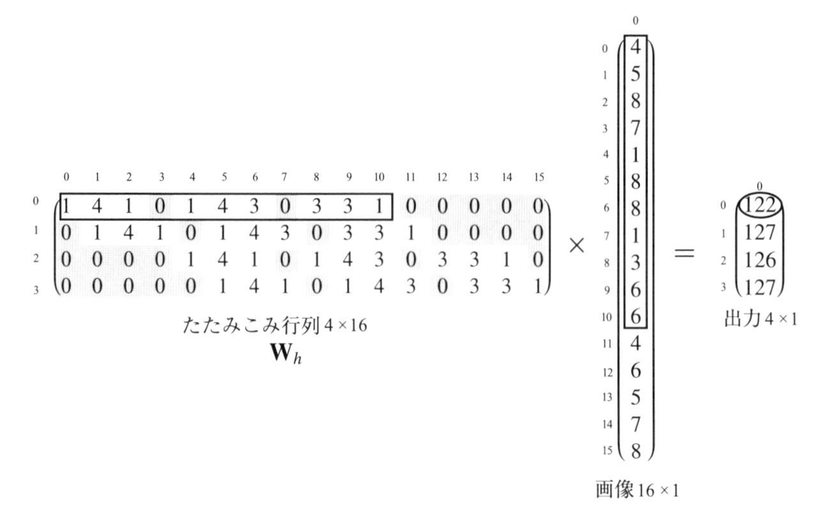

図 8.23　たたみこみの第1成分と，その積和計算に対応する部分ベクトル（たたみこみ行列の部分と画像ベクトルの部分）.

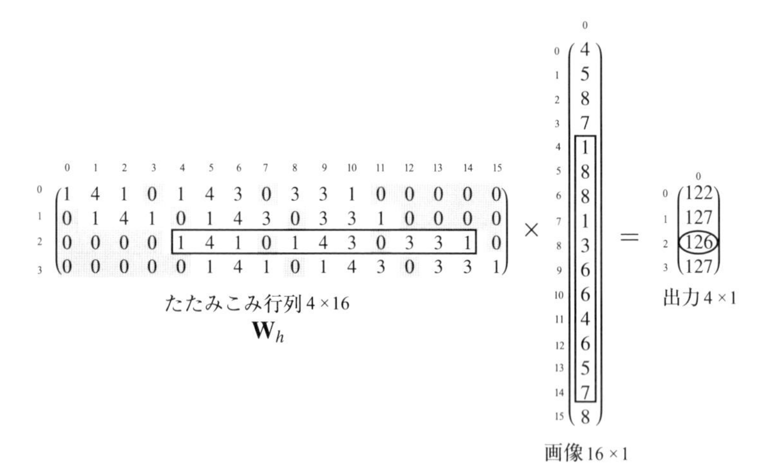

図 8.24　たたみこみの第3成分と，その積和計算に対応する部分ベクトル（たたみこみ行列の部分と画像ベクトルの部分）.

ので，それに画像ベクトルをかけたたたみこみは4次元となる.

これでようやく転置たたみこみを紹介できるところにきた．転置たたみこみは，たたみこみを，もとのサイズの画像に「復元」する（図 8.25）．ここで，

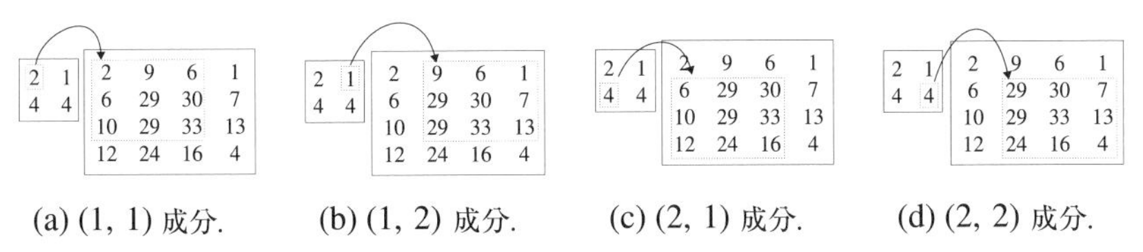

(a) (1, 1) 成分.　(b) (1, 2) 成分.　(c) (2, 1) 成分.　(d) (2, 2) 成分.

図 8.25　転置たたみこみのイメージ．たたみこみの逆の操作により画像を拡大する．

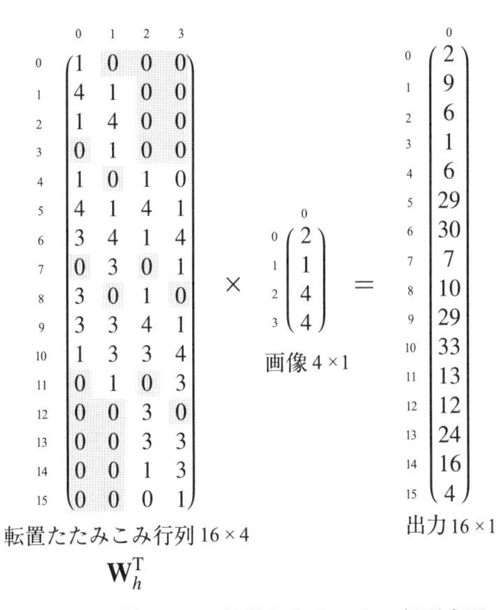

図 8.26　転置たたみこみの行列表現.

「復元」としたのは，得られる画像が，たたみこまれた（もとの）画像と同一になるとは限らないからである．転置たたみこみによる拡大画像は，たたみこみ行列の転置を（拡大したい）画像ベクトルにかけることにより得られる（図 8.26）．ただし，得られる「画像」はベクトルなので，それを 2 次元で表現すれば通常の画像となる．これまでの例では，転置たたみこみ行列は 16×4 であり，4 次元画像ベクトル（2×2 の画像）をかければ 16 次元画像ベクトル（4×4 の画像）となる．

第9章 GAN：生成的敵対ネットワーク

9.1 GANの基本

生成的敵対ネットワーク (generative adversarial network; **GAN**)[1] は，深層生成モデルの1つで，ノイズ（種）から，実データの生成分布にしたがう新たなデータ（フェイクデータ）を生成する生成器を最終構築物とする（図9.1）．GANには，構築したい生成器 (G) とは別に，受けとった入力が実データである確率を出力する識別器 (D) があり，生成器 G も識別器 D も多層パーセプトロンで構成される．学習において，生成器 G は，識別器 D をあざむく（誤らせる）ように学習し，識別器 D は，だまされない（正しく判定する）ように学習する（図9.2）．

具体的には，乱数 $\mathbf{z}$ に対する生成器の出力を $G(\mathbf{z})$[2]，識別器が，$\mathbf{x}$ を実デ

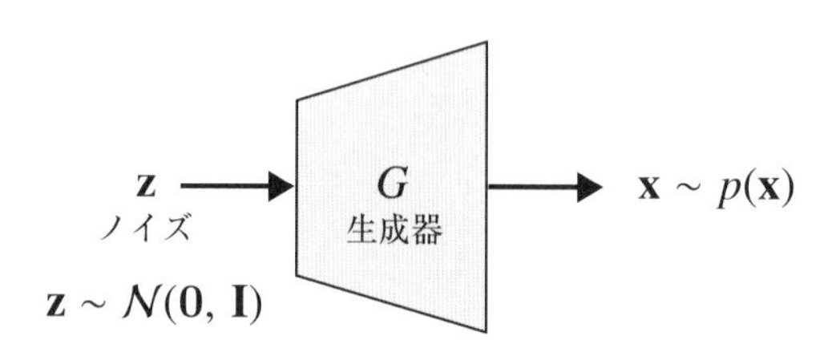

図 **9.1** GANの最終構築物としての生成器.

---

[1] Goodfellow, I. J., et al. (2014). Generative adversarial nets. *NIPS* 2014, 2672-2680.

[2] 本来は，ベクトル出力なので $\boldsymbol{G}$ と太字イタリックとすべきだが，ここでは慣習により $G(\mathbf{z})$ とする．

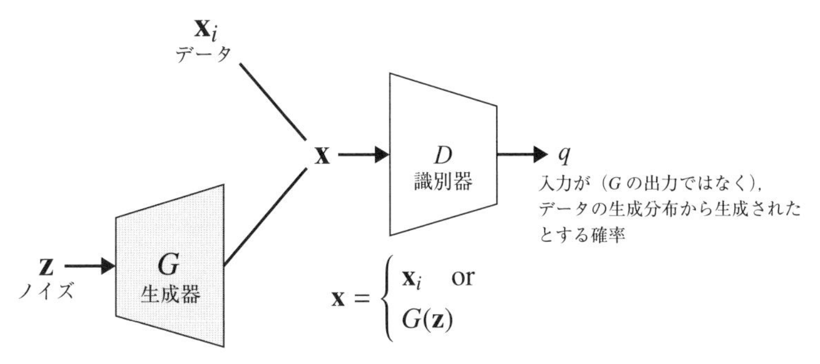

図 **9.2** GAN の学習の基本的な考え方.

ータの分布から生成されたとする確率を $D(\mathbf{x})$（識別器が，$\mathbf{x}$ を生成器 G から生成されたフェイクデータであるとする確率は $1 - D(\mathbf{x})$）としたとき，GAN は，評価関数

$$L(D, G) = \mathbb{E}_{\mathbf{x} \sim p(\mathbf{x})}[\ln D(\mathbf{x})] + \mathbb{E}_{\mathbf{z} \sim q(\mathbf{z})}[\ln(1 - D(G(\mathbf{z})))] \qquad (9.1.1)$$

が，D については大きく，G については小さくなるように学習する．ただし，$p(\mathbf{x})$ は実データがしたがう分布で，$q(\mathbf{z})$ は，一様分布やガウス分布など，サンプリングが簡単におこなえる分布とする．すなわち，GAN の最適化は

$$\min_G \max_D L(D, G)$$

とかける．実際の学習では，実データを $\mathbf{x}_1, \ldots, \mathbf{x}_N$ とし，$\mathbf{z}_1, \ldots, \mathbf{z}_M$ を分布 $q(\mathbf{z})$ からのサンプルとして，

$$\sum_{n=1}^{N} \ln D(\mathbf{x}_n) + \sum_{m=1}^{M} \ln(1 - D(G(\mathbf{z}_m)))$$

を，D については最大化し，G については最小化する．この式の第 1 項は，識別器 D への入力が実データであるときの負の交差エントロピー誤差で，第 2 項は，識別器 D への入力が，生成器 G の出力（フェイクデータ）であるときの負の交差エントロピー誤差である．

GAN の最適解の性質をいくつか見ていこう．まず，上記の学習方略をとる最適解が，識別器にとって，ベイズ推定の意味でも最適解であることを示す．

評価関数 (9.1.1) において，データの生成分布を $p_{dt}(\mathbf{x})$ と，生成器の出力分布を $p_{gen}(\mathbf{x})$[3] へと書きなおすと

$$L(D, G) = \int \left(p_{dt}(\mathbf{x}) \ln D(\mathbf{x}) + p_{gen}(\mathbf{x}) \ln(1 - D(\mathbf{x}))\right) d\mathbf{x}$$

となる．生成器 G を固定したもとでの識別器 D に関する上の評価関数に対する最適解は，汎関数 $F[D] = L(G, D)$ を最大にする $D(\mathbf{x})$ を求める変分問題である．この変分問題をとくために

$$g(D(\mathbf{x})) = p_{dt}(\mathbf{x}) \ln D(\mathbf{x}) + p_{gen}(\mathbf{x}) \ln(1 - D(\mathbf{x}))$$

とおくと，最適解は

$$\frac{\partial g(D)}{\partial D} = 0 \Longleftrightarrow \frac{p_{dt}(\mathbf{x}) - (p_{dt}(\mathbf{x}) + p_{gen}(\mathbf{x}))D(\mathbf{x})}{D(\mathbf{x})(1 - D(\mathbf{x}))} = 0$$

をみたす，すなわち，評価関数 (9.1.1) の最適解は

$$D^*(\mathbf{x}) = \frac{p_{dt}(\mathbf{x})}{p_{dt}(\mathbf{x}) + p_{gen}(\mathbf{x})}$$

である．

ここで，実データとフェイクデータを 1/2 の確率でランダムに識別器に入力する場合を考えよう．識別器の入力が生成器の出力（フェイクデータ）であるとき $c = 0$，入力が実データであるとき $c = 1$ となる確率変数 $c \in \{0, 1\}$ を導入すれば，$p(c = 1) = p(c = 0) = 1/2$ で，$p(\mathbf{x} \,|\, c)$ は，c のもとで，識別器への入力 $\mathbf{x}$ が生成される確率であり

$$\begin{cases} p(\mathbf{x} \,|\, c = 0) = p_{gen}(\mathbf{x}), \\ p(\mathbf{x} \,|\, c = 1) = p_{dt}(\mathbf{x}) \end{cases}$$

である．識別器への入力の分布を $p_{D_{in}}(\mathbf{x})$ とすると，

$$p_{D_{in}}(\mathbf{x}) = p(\mathbf{x} \,|\, c = 0)p(c = 0) + p(\mathbf{x} \,|\, c = 1)p(c = 1) = \frac{1}{2}(p_{gen}(\mathbf{x}) + p_{dt}(\mathbf{x}))$$

となる．

---

[3] 分布 $q(\mathbf{z})$ は，生成器へ入力するサンプルの分布であるのに対し，$p_{gen}(\mathbf{x})$ は生成器の出力の分布である．

分類問題に対するベイズ推定の意味での最適解は事後確率 $p(c=1\,|\,\mathbf{x})$ であるから，それは

$$p(c=1\,|\,\mathbf{x}) = \frac{p(\mathbf{x}\,|\,c=1)p(c=1)}{p(\mathbf{x})} = \frac{p_{dt}(\mathbf{x})}{p_{dt}(\mathbf{x}) + p_{gen}(\mathbf{x})} = D^*(\mathbf{x})$$

と，評価関数 (9.1.1) の最適解と一致する．

一方，生成器の出力分布 p_{gen} が実データの生成分布 p_{dt} と完全に一致し，$p_{gen}(\mathbf{x}) = p_{dt}(\mathbf{x})$ となれば，これが最適な生成器である．このとき，

$$D^*(\mathbf{x}) = \frac{1}{2}$$

となり，これは，完璧な生成器のもとでは，識別器はまったく機能しないことを意味している．

つぎに，識別器が最適であるとき，評価関数 $L(D^*, G)$ は，p_{dt} と p_{gen} の JS ダイバージェンスと本質的に同一であることを示す．分布 p, q の **JS ダイバージェンス**は，KL ダイバージェンスを「対称化」した分布間距離尺度で，分布 p, q に対し

$$\mathbb{JS}(p\,\|\,q) \equiv \frac{1}{2}\left(\mathbb{KL}\left(p\,\middle\|\,\frac{p+q}{2}\right) + \mathbb{KL}\left(q\,\middle\|\,\frac{p+q}{2}\right)\right)$$

と定義される．KL ダイバージェンスと異なり，JS ダイバージェンスは距離の公理をみたす．たとえば，点 $\mathbf{x}, \mathbf{y} \in \boldsymbol{R}^d$ に対し，確率 1 でそれぞれ $\mathbf{x}$ と $\mathbf{y}$ となる確率分布 $\delta_{\mathbf{x}}, \delta_{\mathbf{y}}$ を考えれば（図 9.3），それらの KL ダイバージェンスは

$$\mathbb{KL}(\delta_{\mathbf{x}}\,\|\,\delta_{\mathbf{y}}) = \begin{cases} 1 \cdot \ln(1/1) = 0, & \mathbf{x} = \mathbf{y}, \\ 1 \cdot \ln(1/0) + 0 \cdot \ln(0/1) = \infty, & \mathbf{x} \neq \mathbf{y} \end{cases}$$

であり，$\mathbf{x} \neq \mathbf{y}$ のとき，発散してしまうのに対し，JS ダイバージェンスは

$$\mathbb{JS}(\delta_{\mathbf{x}}\,\|\,\delta_{\mathbf{y}}) = \begin{cases} 0, & \mathbf{x} = \mathbf{y}, \\ \ln 2, & \mathbf{x} \neq \mathbf{y} \end{cases}$$

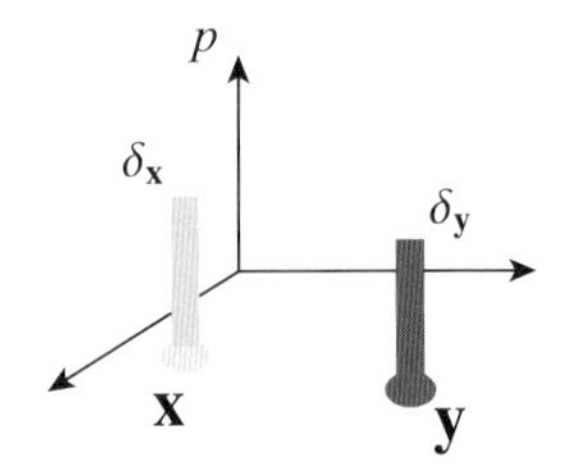

図 9.3　確率1で，それぞれ点 $\mathbf{x}$ と $\mathbf{y}$ となる確率分布 $\delta_{\mathbf{x}}$, $\delta_{\mathbf{y}}$.

と，有限の値をとる[4]．ただし，2つの分布で重なりがないところがあると，JSダイバージェンス（やKLダイバージェンス）は，$\mathbf{x}$ に関し不連続となり，勾配が存在しないところがある．また，この例のように，点群どうしのJSダイバージェンスは，不連続点以外の領域では定数となり，勾配がゼロとなる．

さて，分布 $p_{dt}(\mathbf{x})$ と $p_{gen}(\mathbf{x})$ のJSダイバージェンスを直接計算すれば

$$
\begin{aligned}
\mathbb{JS}(p_{dt} \,\|\, p_{gen}) &= \frac{1}{2}\mathbb{KL}\left(p_{dt} \,\middle\|\, \frac{p_{dt}+p_{gen}}{2}\right) + \frac{1}{2}\mathbb{KL}\left(p_{gen} \,\middle\|\, \frac{p_{dt}+p_{gen}}{2}\right) \\
&= \frac{1}{2}\left(\int p_{dt}(\mathbf{x}) \ln \frac{2p_{dt}(\mathbf{x})}{p_{dt}(\mathbf{x})+p_{gen}(\mathbf{x})} d\mathbf{x}\right) \\
&\quad + \frac{1}{2}\left(\int p_{gen}(\mathbf{x}) \ln \frac{2p_{gen}(\mathbf{x})}{p_{dt}(\mathbf{x})+p_{gen}(\mathbf{x})} d\mathbf{x}\right) \\
&= \frac{1}{2}\left(\int p_{dt}(\mathbf{x}) \ln 2 d\mathbf{x} + \int p_{dt}(\mathbf{x}) \ln \frac{p_{dt}(\mathbf{x})}{p_{dt}(\mathbf{x})+p_{gen}(\mathbf{x})} d\mathbf{x}\right) \\
&\quad + \frac{1}{2}\left(\int p_{gen}(\mathbf{x}) \ln 2 d\mathbf{x} + \int p_{gen}(\mathbf{x}) \ln \frac{p_{gen}(\mathbf{x})}{p_{dt}(\mathbf{x})+p_{gen}(\mathbf{x})} d\mathbf{x}\right) \\
&= \frac{1}{2}(\ln 4 + L(D^*, G))
\end{aligned}
$$

となる（最後の等式では，p_{dt} と p_{gen} は分布なので，積分すると1になることを利用した）．すなわち，識別器を最適解に固定したもとで，評価関数を G について最小化することは，データの分布と生成器の出力分布の距離（JSダイバージェンス）を最小にすることに相当する．

実際の最適化計算においては，生成器 G と識別器 D を

4) $\mathbf{x} - \mathbf{y}$ のとき，$\frac{1}{2}(\mathbb{KL}(\delta_{\mathbf{x}} \,\|\, \delta_{\mathbf{x}}) + \mathbb{KL}(\delta_{\mathbf{x}} \,\|\, \delta_{\mathbf{x}})) = 0$ で，$\mathbf{x} \neq \mathbf{y}$ のとき，$\frac{1}{2}(\mathbb{KL}(\delta_{\mathbf{x}} \,\|\, (\delta_{\mathbf{x}} + \delta_{\mathbf{y}})/2) + \mathbb{KL}(\delta_{\mathbf{y}} \,\|\, (\delta_{\mathbf{x}} + \delta_{\mathbf{y}})/2)) = \frac{1}{2}(1 \cdot \ln(\frac{1}{1/2}) + 1 \cdot \ln(\frac{1}{1/2})) = \ln 2$.

$$D_{t+1} = \arg\max_D L(D, G_t),$$
$$G_{t+1} = \arg\min_G L(D_t, G)$$

というように，逐次的に交互に最適化する．また，学習初期では，G はランダムに近い出力をだし，D は正しく判断できるが，$1 - D(G(\mathbf{z}))$ は 1 にきわめて近く，そのため勾配が 0 となり学習が進まなくなることが起きる．そこで，学習初期の勾配消失回避のため，式 (9.1.1) に代わって

$$L'(D, G) = \mathbb{E}_{\mathbf{x}\sim p(\mathbf{x})}[\ln D(\mathbf{x})] - \mathbb{E}_{\mathbf{z}\sim q(\mathbf{z})}[\ln D(G(\mathbf{z}))]$$

を採用することが多い．

また，$D(G(\mathbf{z}))$ の計算は，G を計算するネットワークと D を計算するネットワークとを連結したネットワークでおこなわれる．そのため，生成器 G のパラメータ学習は，D から伝播されてくる誤差を利用すればよく，G の出力分布（尤度）は G の学習には不要である．これは，GAN の 1 つの利点である．

GAN の欠点を列記しよう．

- 学習の進行途中で，つねに，生成器と識別器の性能のバランスをとる必要がある．
- 学習初期に勾配消失が起こる．また，先にのべたように，JS ダイバージェンスは，2 つの分布に重なりがない領域では定数となる．そのため，生成器の出力分布と識別器の入力分布に重なりがないところでも勾配消失が起こる．
- 本来は，データの生成分布から広くサンプリングしたいが，生成器 G は識別器 D をあざむけるサンプルを 1 つでも生成できればよく，それが見つかれば，新たなサンプルを生成する必要がない（モード崩壊）という問題がある．

これらのため，基本的な GAN では，安定した学習をおこなうことが困難で，64×64 の解像度の画像を生成することが限界であった．安定した学習を実現

し，生成画像の解像度をあげることを目的に，GAN のさまざまな発展形が考えられてきた．

以下で，GAN の発展形のいくつかの例をあげるが，その前に，上記のモード崩壊について補足しておこう．まず，分布 p_{dt} と p_{gen} の JS ダイバージェンス

$$\mathbb{JS}(p_{dt} \,\|\, p_{gen}) = \frac{1}{2}\left(\mathbb{KL}\left(p_{dt} \,\middle\|\, \frac{p_{dt}+p_{gen}}{2}\right) + \mathbb{KL}\left(p_{gen} \,\middle\|\, \frac{p_{dt}+p_{gen}}{2}\right)\right)$$

において，$p_{dt}(\mathbf{x})$ はデータの分布なので固定されており，最小化で動かすのは $p_{gen}(\mathbf{x})$ だけであることに注意する．JS ダイバージェンスの 2 つの項のうち，

$$\mathbb{KL}\left(p_{dt} \,\middle\|\, \frac{p_{dt}+p_{gen}}{2}\right)$$

は通常の KL ダイバージェンスで，

$$\mathbb{KL}\left(p_{gen} \,\middle\|\, \frac{p_{dt}+p_{gen}}{2}\right)$$

はリバース KL ダイバージェンスである．多峰性の分布に対し，KL ダイバージェンスの最小化では，峰の平均的なところが解として，また，リバース KL ダイバージェンス最小化では，1 つの峰が解として求まることが知られている．多くの場合，実データの分布 p_{dt} は多峰性であり，JS ダイバージェンスの最小化で動く p_{gen} は，場合によっては，リバース KL ダイバージェンスの項の極小解に落ち，p_{dt} の峰のうちの 1 つを近似する．これがモード崩壊が起きることの理論的な解釈である．

では，GAN の発展形の例として，PGGAN と条件つき GAN・ワッサースタイン GAN を紹介しよう．

9.2　GAN の発展

オリジナル GAN の生成器は，全結合層を積みあげる構成をとっていた．しかし，GAN の発展種の 1 つである DCGAN[5] 以降，生成器は，全結合層を積

[5] Radford, A., Metz, L. and Chintala, S. (2015). Unsupervised representation learning with deep convolutional generative adversarial networks. *arXiv:*

みあげるのではなく，たたみこみ層を積みあげ，徐々に画像サイズを拡大して最終画像を生成する方略がとられるようになった．

9.2.1 PGGAN と条件つき GAN

PGGAN (progressive growing GAN)[6] は，4×4 からはじめて，学習データの解像度を段階的にあげ，あわせて，生成器と識別器もアップサンプリングにより解像度をあげ，最終的に 1024×1024 の画像を得る（図 9.4）．また，PGGAN では，ピクセルごとに正規化

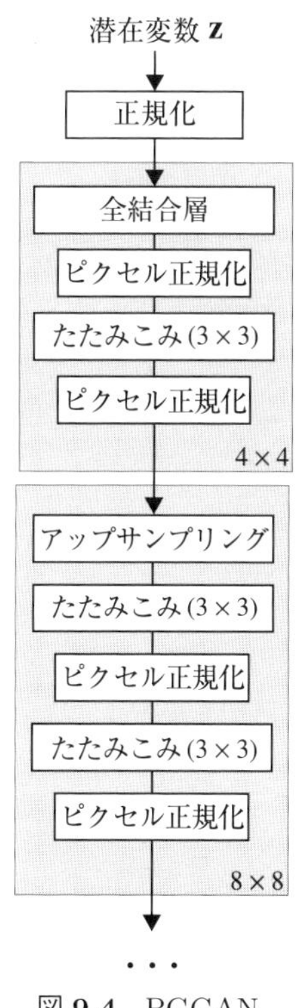

図 **9.4** PGGAN.

1511.06434.

[6] Karras, T., et al. (2017). Progressive growing of GANs for improved quality, stability, and variation.*arXiv:1710.10196.*

図 **9.5**　PGGAN の生成画像例．Karras, T., et al. (2017)[6]．
→ 口絵 2

$$b_{xy} = \frac{a_{xy}}{\sqrt{\frac{1}{N}\sum_{j=0}^{N-1}(a_{xy}^{j})^2 + \epsilon}}$$

をおこなう．ただし，a_{xy} は正規化前の特徴マップにおけるピクセル値で，b_{xy} は正規化後のピクセル値，N は特徴マップの数である．図 9.5（口絵 2）に，PGGAN により生成された画像の例を示す．

オリジナル GAN は，1つのノイズ $\mathbf{z}$ に対し，新たなデータを1つ生成する．そのため，たとえば，顔画像の生成であれば，男女どちらの顔画像が生成されるかは $\mathbf{z}$ 次第である．**条件つき GAN** (conditional GAN)[7]では，生成する画像の特徴を制御するための付加的情報 $\mathbf{a}$ を導入し，生成器は $G(\mathbf{z}, \mathbf{a})$，識別器は $D(\mathbf{x}, \mathbf{a})$ と，それらを2変数関数として構築する（図 9.6）．男女の顔画像例でいえば，$\mathbf{a}$ は男女のラベル，$(0\ 1)^{\mathrm{T}}, (1\ 0)^{\mathrm{T}}$，をとり，生成器 G は，$(\mathbf{z}^{\mathrm{T}}\ \mathbf{a}^{\mathrm{T}})$ を入力として新たなデータを作成し，識別器 D は，$\mathbf{a}$ で指定されたもとで，入力 $\mathbf{x}$ がデータの生成分布 $p(\mathbf{x})$ から生成されたとする確率を出力する．評価関数を

$$L(D, G) = \mathbb{E}_{\mathbf{x}\sim p(\mathbf{x})}[\ln D(\mathbf{x}, \mathbf{a})] + \mathbb{E}_{\mathbf{z}\sim q(\mathbf{z})}[\ln(1 - D(G(\mathbf{z}, \mathbf{a}), \mathbf{a}))]$$

として，最適化

[7] Mirza, M. and Osindero, S. (2014). Conditional generative adversarial nets. *arXiv:1411.1784*.

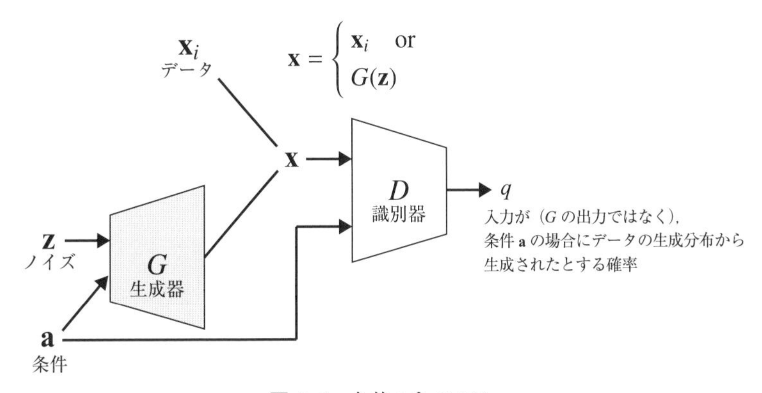

図 **9.6** 条件つき GAN.

$$\min_G \max_D L(D, G)$$

によりニューラルネットワークの重みを学習する．

9.2.2 ワッサースタイン GAN

ワッサースタイン **GAN** (WGAN)[8] は，評価関数

$$\mathbb{E}_{\mathbf{x}\sim p(\mathbf{x})}[D(\mathbf{x})] - \mathbb{E}_{\mathbf{z}\sim p(\mathbf{z})}[D(G(\mathbf{z}))]$$

をもちいる．この評価関数の最適化と，データの生成分布 $p_{dt}(\mathbf{x})$ と生成器 G の出力の分布 $p_{gen}(\mathbf{x})$ の距離尺度として（JS ダイバージェンスではなく）ワッサースタイン距離を採用し，$p_{dt}(\mathbf{x})$ と $p_{gen}(\mathbf{x})$ の距離を最適化することとは等価であることが示される．これによって，比較する 2 つの分布に重なりがないときに起こる JS ダイバージェンスの勾配消失を回避している．ワッサースタイン距離は，最適輸送問題の解として定義される最適輸送距離がそのもとになっている．最適輸送問題の適用先は広く，それだけでも紹介する価値が十分にある．これらについて要点をのべよう．

---

[8] Arjovsky, M., Chintala, S. and Bottou, L. (2017). Wasserstein GAN. *arXiv: 1701.07875.*

■ 最適輸送問題とワッサースタイン距離

形式的な定義はあとにして，はじめに，2つの確率分布の最適輸送距離の直観的な説明をしよう．2つの確率分布のうち，片方をなくなるまでけずり，そのけずった部分を移動させる．そして，移動した部分を積みあげていき，他方に重ねあわせる．この作業にかかる最小のコストを分布の距離とするのが最適輸送距離である（図9.7）．最適輸送距離は，earth mover's distanceともよばれる．たとえば，図9.8に示したような2つのヒストグラムμとνの比較において，まず，1つのクラスからほかのクラスへビンを移動させるコストを人手で設定する．たとえば，「もも」から「みかん」への移動は，「もも」から「りんご」よりもコストが低いという知見があればそれを利用する．その上で，μのビンを移動させてνに一致させることを考えよう．そのとき，この移動作業にかかる最小のコストがヒストグラムμとνの最適輸送距離である（νのビンを移動させてμのビンに一致させるとしてもコストは同じ）．

ところで，先にのべたように，GANの評価関数の最適化はJSダイバージェンスの最適化とみることができる．JSダイバージェンスは，KLダイバージェンスとリバースKLダイバージェンスの平均として定義される．KLダイ

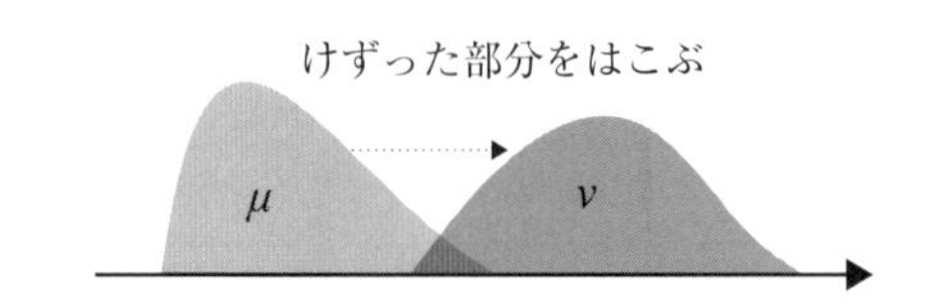

図 **9.7**　2つの分布間の最適輸送距離の直観的説明.

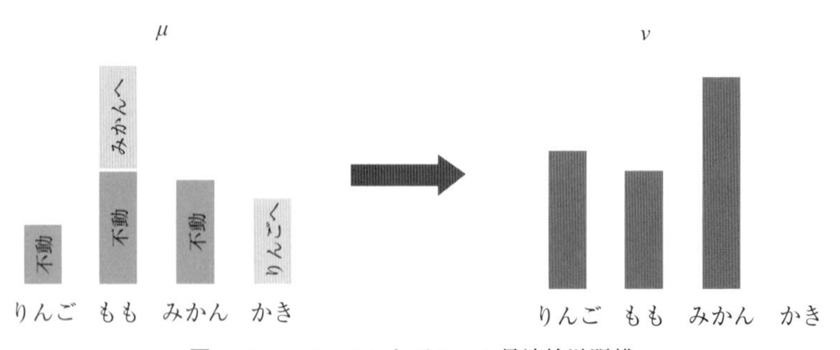

図 **9.8**　2つのヒストグラムの最適輸送距離.

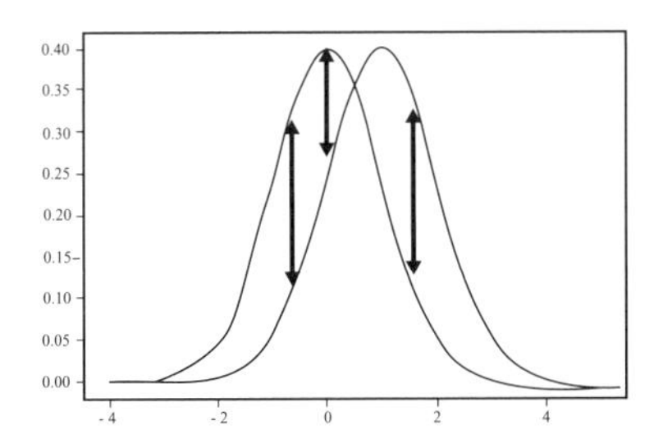

図 **9.9**　KL ダイバージェンスによる 2 つの分布の比較では，同じ位置にあるビンの大きさだけを考慮する．

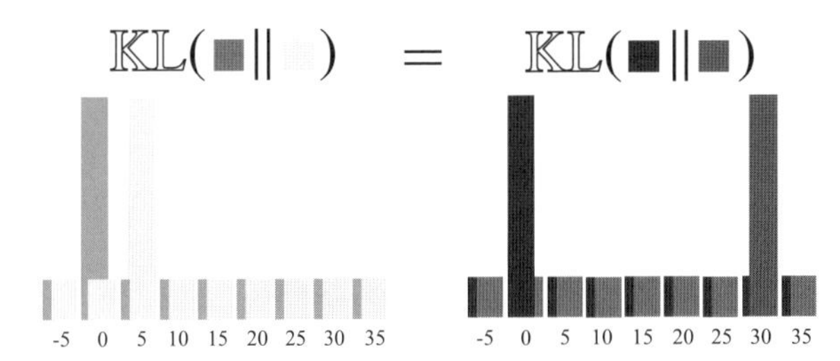

図 **9.10**　KL ダイバージェンスの欠点．一般に，離れたところの 2 点の気温のヒストグラムは大きく異なり，近くにある 2 点では気温のヒストグラムが似る傾向がある．しかし，この図の左と右では，KL ダイバージェンスが同一となってしまう．

バージェンスを距離尺度としてみた場合，以下のような欠点がある．まず，離散分布 $p = (p_1, \ldots, p_M)$ と $q = (q_1, \ldots, q_M)$ の KL ダイバージェンスは

$$\mathbb{KL}(p \,\|\, q) \equiv \sum_i p_i \cdot \ln \left(\frac{p_i}{q_i} \right)$$

であり，同じ位置にあるビンの大きさだけを考慮し，ビンの位置 i と j の近さ・遠さを考慮していない（図 9.9）．そのため，たとえば，気温の分布のちがいにより地域を分類したいときなどに，不都合が生じる（図 9.10）．また，KL ダイバージェンスは，2 つの分布のサポート（密度値が 0 でないところ）がかぶっていないと使えないという欠点もある．かぶっていないところでは KL ダイバージェンスの値が無限大になるからである．これが問題となるケー

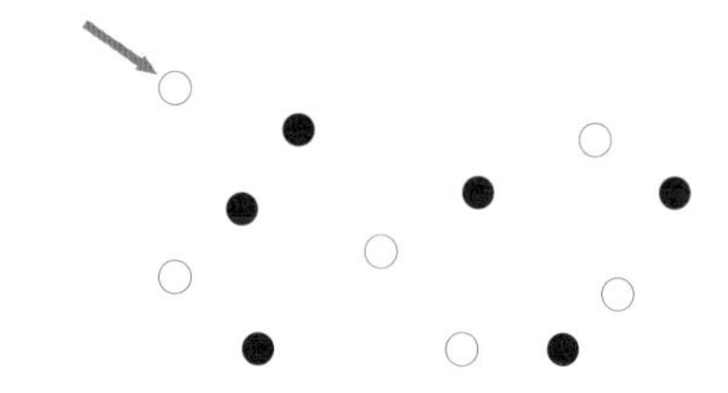

図 **9.11**　KL ダイバージェンスは，2つの点群の距離尺度としては不適切である．

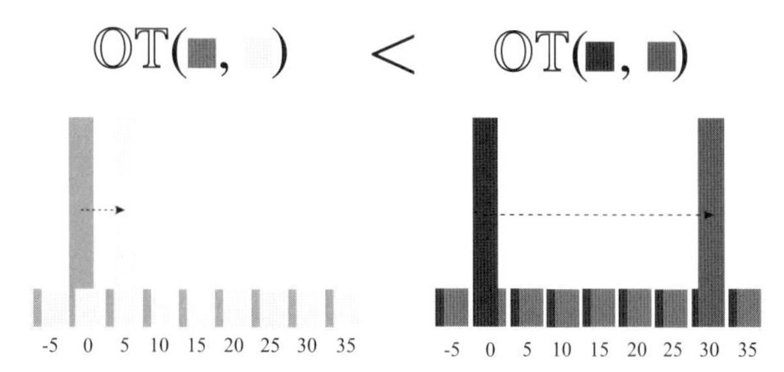

図 **9.12**　左図の2つのヒストグラムの最適輸送距離よりも，右図の2つのヒストグラムの最適輸送距離が大きくなる．$OT(\mathbf{a}, \mathbf{b})$ は，ヒストグラム $\mathbf{a}$ と $\mathbf{b}$ の最適輸送距離．

スとしては，2つの点群の距離がある（図 9.11）．すなわち，多次元空間中で，点の集合が2組（n 個の白点と m 個の黒点）あり，白点集合上の分布として各白点に確率 $1/n$ が，黒点集合上の分布として各黒点に確率 $1/m$ が付与されているときは，KL ダイバージェンスを分布「距離」としてもちいることは不適切である．

一方，最適輸送では，ヒストグラムにおけるビンの位置 i と j の距離を考慮できる．たとえば，図 9.12 に示すように，KL ダイバージェンスでは区別ができなかった分布の形のちがいが，左図の似ている2つの温度分布の KL ダイバージェンスよりも，右図の大きく異なる2つの温度分布の KL ダイバージェンスが大きくなる．また，最適輸送では，サポートがかぶっていなくても問題とならない．以上の解説からわかるとおり，対象に，自然な距離を導入できるときに最適輸送距離は適している．すなわち，回帰や分類対象が温度や湿度といった順序尺度のときや，たとえば，果物分類において，「ネーブル」と「温州みかん」は，「巨峰」と「温州みかん」より近いといった尺度があるとき，また，ユークリッド空間における点群（点集合）などをあつかうときに最適輸送距離をもちいるとよい．

では，ヒストグラムに対する最適輸送距離の定式化をあたえよう．入力を比較する正規化されたヒストグラムを $\mathbf{a} = (a_i)$, $\mathbf{b} = (b_j)$（n 次元ベクトル）とし，ビン間の距離を表わす $n \times n$ 行列を $\mathbf{C} = (c_{ij})$ とする．このとき，最適輸送距離は，総コスト

$$\min_{\mathbf{P}} \sum_{i=1}^{n} \sum_{j=1}^{n} c_{ij} P_{ij}$$

として定義される．ただし，$\mathbf{P} = (P_{ij})$ は以下をみたす $n \times n$ 行列である．決定変数 P_{ij} はビン i からビン j に輸送する量で，ビン i から i（自身）へ「でる量」もふくまれている．

$$\begin{aligned}
&P_{ij} \geq 0, \quad i, j = 1, \ldots, n, \\
&\sum_{j=1}^{n} P_{ij} = a_i, \quad i = 1, \ldots, n, \\
&\sum_{i=1}^{n} P_{ij} = b_j, \quad j = 1, \ldots, n.
\end{aligned}$$

最初の条件は，輸送量は非負であることを意味し，2 番めは，どのビンからもあまりなく輸送されることを，最後の条件は，どのビンへも不足なく輸送されることを意味している．最適輸送量を求める問題は，目的関数が $\mathbf{P}$ に関して線形で，$\mathbf{P}$ に関する制約もすべて線形なので線形計画問題であり，最適輸送量はよく知られた線形計画法により求めることができる．

この定義の適用例[9)]として，山梨県と青森県の (かき，もも，りんご，みかん) の収穫量をそれぞれ（規格化された）ヒストグラムで $\mathbf{a} = (0.2\ 0.5\ 0.2\ 0.1)^{\mathrm{T}}$, $\mathbf{b} = (0.3\ 0.3\ 0.4\ 0.0)^{\mathrm{T}}$ と表わし，それぞれのビン間の距離が行列

9) 佐藤竜馬著『最適輸送の理論とアルゴリズム』（講談社）の例 2.2 を改変.

$$\mathbf{C} = \begin{pmatrix} 0 & 2 & 2 & 2 \\ 2 & 0 & 1 & 2 \\ 2 & 1 & 0 & 2 \\ 2 & 2 & 2 & 0 \end{pmatrix}$$

であたえられているとする．このとき，最適輸送量は線形計画法でとくと

$$\mathbf{P}^* = \arg\min_{\mathbf{P}} \sum_{i=1}^{n}\sum_{j=1}^{n} c_{ij} P_{ij} = \begin{pmatrix} 0.2 & 0 & 0 & 0 \\ 0 & 0.3 & 0.2 & 0 \\ 0 & 0 & 0.2 & 0 \\ 0.1 & 0 & 0 & 0 \end{pmatrix}$$

となる．これより，

$$\mathbf{C} \odot \mathbf{P}^* = \begin{pmatrix} 0 & 0 & 0 & 0 \\ 0 & 0 & 0.2 & 0 \\ 0 & 0 & 0 & 0 \\ 0.2 & 0 & 0 & 0 \end{pmatrix}$$

を得る．ただし，$\odot$ はアダマール積（成分どうしのかけ算）である．よって，最適輸送距離は

$$\min_{\mathbf{P}} \sum_{i=1}^{n}\sum_{j=1}^{n} c_{ij} P_{ij} = 0.2 + 0.2 = 0.4$$

となる．

先にのべたように，最適輸送距離は，分布間の距離としての KL ダイバージェンスの欠点を回避した距離尺度である．しかし，最適輸送距離は，距離と銘打っているものの，コスト行列の設定によっては距離の公理をみたさない．

■ ワッサースタイン距離

ワッサースタイン距離は，最適輸送距離をもちいて定義され，距離の公理をみたす．集合 X 上の距離関数を1つ固定し $d : X \times X \to \boldsymbol{R}$ とし，$p \geq 1$ な

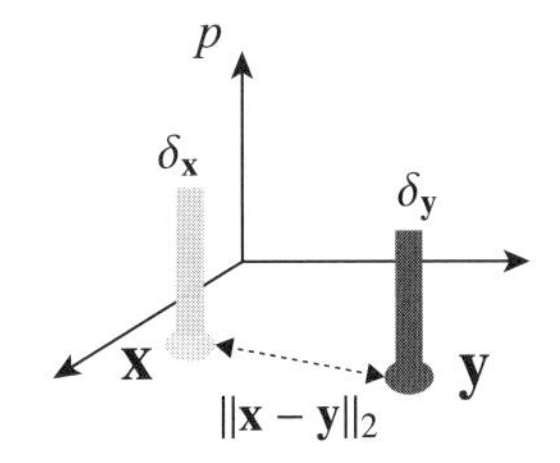

図 **9.13** 点 $\mathbf{x}, \mathbf{y} \in \boldsymbol{R}^d$ に対し，確率 1 でそれぞれ $\mathbf{x}$ と $\mathbf{y}$ となる確率分布 $\delta_{\mathbf{x}}, \delta_{\mathbf{y}}$ 間のワッサースタイン距離.

る実数をもちいて X 上の点間の距離 $C(x, y)$ を $C(x, y) \equiv d(x, y)^p$ を導入して，分布 μ と ν の最適輸送距離を $OT(\mu, \nu, C)$ とする．このとき，$\boldsymbol{p}$**-ワッサースタイン距離**は

$$W_p(\mu, \nu) = OT(\mu, \nu, C)^{1/p}$$

と定義される．とりわけ，1-ワッサースタイン $C(x, y) = \|x - y\|_2$ や，2-ワッサースタイン $C(x, y) = \|x - y\|_2^2$ がよくもちいられる．

先にのべた，点 $\mathbf{x}, \mathbf{y} \in \boldsymbol{R}^d$ に対し，確率 1 でそれぞれ $\mathbf{x}$ と $\mathbf{y}$ となる確率分布 $\delta_{\mathbf{x}}, \delta_{\mathbf{y}}$ のワッサースタイン距離は

$$W_1(\delta_{\mathbf{x}}, \delta_{\mathbf{y}}) = \|\mathbf{x} - \mathbf{y}\|_2$$

となり，d 次元空間でのユークリッド距離が分布間距離となる（図 9.13）．これは，KL ダイバージェンスが，$\mathbf{x} \neq \mathbf{y}$ のとき無限大となり，また，JS ダイバージェンスは定数 $(\ln 2)$ となるのと対照的である．

■ ワッサースタイン距離の最小化としての WGAN

正規化されたヒストグラム $\mathbf{a} = (a_i), \mathbf{b} = (b_j)$ の最適輸送距離にもどろう．それぞれは正規化されているので

$$\sum_{i=1}^{n} a_i = 1, \quad \sum_{j=1}^{n} b_j = 1$$

が成りたつ．これらと，制約

$$\sum_{j=1}^{n} P_{ij} = a_i, \quad i = 1, \ldots, n,$$
$$\sum_{i=1}^{n} P_{ij} = b_j, \quad j = 1, \ldots, n$$

から

$$\sum_{i=1}^{n} \sum_{j=1}^{n} P_{ij} = 1$$

がわかり，$P_{ij} \geq 0$ なので，$\mathbf{P} = (P_{ij})$ は確率分布（正規化された2次元ヒストグラム）とみなすことができる．そのみかたのもとで，最適輸送距離

$$\min_{\mathbf{P}} \sum_{i=1}^{n} \sum_{j=1}^{n} c_{ij} P_{ij}$$

は，コスト $\mathbf{C} = (c_{ij})$ の分布 $\mathbf{P} = (P_{ij})$ に関する期待値の最小化となる．すなわち，分布 $\mathbf{a} = (a_i)$ と $\mathbf{b} = (b_j)$ の最適輸送距離は

$$\min_{\mathbf{P}} \mathbb{E}_{\mathbf{P}}[c_{ij}]$$

である．ここで，c_{ij} を i, j のユークリッド距離 $\|i - j\|_2$ とすれば，上式は

$$\min_{\mathbf{P}} \mathbb{E}_{\mathbf{P}}[\|i - j\|_2] \tag{9.2.1}$$

となる．これは1-ワッサースタイン距離である．制約

$$P_{ij} \geq 0, \quad i, j = 1, \ldots, n,$$
$$\sum_{j=1}^{n} P_{ij} = a_i, \quad i = 1, \ldots, n,$$
$$\sum_{i=1}^{n} P_{ij} = b_j, \quad j = 1, \ldots, n$$

のもとでの最小化の式 (9.2.1) を主問題とする線形計画問題の双対問題は

$$\max_{\|f\|_L \leq 1} \{\mathbb{E}_{\mathbf{a}}[f(x)] - \mathbb{E}_{\mathbf{b}}[f(x)]\}$$

となることを示すことができる．ただし，$\|f\|_L \leq 1$ は，関数 f が，1-リプシッツ条件をみたす連続関数であること，すなわち，f は，すべての i, j で $|f(i) - f(j)| \leq \|i - j\|_2$ をみたす連続関数の略記である．分布 $\mathbf{a}$ を $p_{dt}(\mathbf{x})$ と置きかえ，$\mathbf{b}$ を $p_{gen}(\mathbf{x})$ に置きかえれば，ワッサースタイン GAN の最適化

$$\max_{D} \{\mathbb{E}_{\mathbf{x} \sim p_{dt}(\mathbf{x})}[D(\mathbf{x})] - \mathbb{E}_{\mathbf{x} \sim p_{gen}(\mathbf{x})}[D(\mathbf{x})]\}$$

を得る．

第 III 部
深層学習アラカルト

第10章　取りあつかい注意のデータ

深層学習にかぎらず，機械学習では，何の注意もはらわずに，学習データをそのまま利用できることはほとんどない．成分の大きさやばらつきが異なる多変量データの場合には，標準化や白色化をほどこすことはすでに紹介した．本章では，多クラス分類において，クラス間でデータ数が大きく異なる場合と，データ中に，ラベルのつけまちがいなどで起こるラベルエラーがある場合の対処法について解説する．

10.1　クラス間のデータ不均衡

たとえば，健常者の肺のレントゲン写真は10,000枚あるのに対し，肺がん患者の肺のレントゲン写真は10枚しかない，といった，クラス間でデータの量に偏りがある状況はしばしばみられる．得られたデータがクラス間で不均衡なときに，何も方策をたてずに学習した分類器は，新たなデータに対して数が多いほうのクラスに分類しがちになる．データ不均衡に対するおもな3つの対策として，サンプリングにより不均衡を是正する方法と，損失関数を改変する方法，また，特徴抽出と分類を分離する手法がある．

サンプリングによる不均衡の是正には，オーバーサンプリングによる方法とアンダーサンプリングによる方法とがある．オーバーサンプリングによる方法[1]では，少数派クラスのデータをサンプリングによって「増やす」ことを基本とする．これは，データ拡張と組みあわせてもよい．アンダーサンプリング

---

[1] Chawla, N. V., et al. (2002). SMOTE: synthetic minority over-sampling technique. *Journal of Artificial Intelligence Research*, **16**, 321–357.

による方法[2]では，多数派クラスのデータをまびくことで少数データにあわせる．しかし，あつめたデータすべてを有効活用できないという欠点がある．

つぎに，損失関数を改変する方法を 3 つ説明しよう．まず，one-hot 表現された正解クラスに対する交差誤差エントロピー損失に，クラスのサンプル数におうじて重みづける損失の簡易均衡化とよぶべき方法がある[3]．この方法では，正解クラス k の確率（スコア）を p_k としたとき，α_k を重みとした損失を $-\alpha_k \ln p_k$ とする．重み α_k は，サンプルが多いクラスほど小さくとるようにする．クラス均衡化損失とよばれる方法は，損失の簡易均衡化における重みの決定に，データ空間中でのサンプルがしめる「実質的な体積」を重み α に反映させる[4]．すなわち，クラス k のサンプル数を N_k としたときの「体積」を $(1-\beta^{N_k})/(1-\beta)$ として，重みを $\alpha_k = (1-\beta)/(1-\beta^{N_k})$ とする．ただし，β は超パラメータである．また，局在損失とよばれる方法では，学習途中で，正しく分類できているサンプル（p_k 大）を軽視するように，損失関数を $E = -(1-p_k)^{\gamma} \ln p_k$ とする．ここで，γ は超パラメータである．

最後に，特徴抽出と分類とを分離する手法[5]にふれる．ニューラルネットワークの出力層と，その 1 つ前（あるいは 2 つ，ないしは 3 つ前）までの層とを分離して考えると，前半のネットワークは入力の特徴を抽出するのに対し，後半のネットワークは分類をおこなっているとみなすことができる．実験によると，データのクラス間の不均衡は，特徴抽出には無関係で，分類に影響をおよぼす．これは，決定境界が，サンプルがより多いクラス側に引きずられるからと考えられる．これを考慮して，特徴抽出と分類とを分離する手法では，不均衡のまま，まず，ニューラルネットワークを学習し，その後，前半のネットワークを固定し，後半のネットワークを，上でのべた損失関数を改変する方法により再学習させる．

---

[2] Drummond, C. and Holte, R. C. (2003). C4.5, class imbalance, and cost sensitivity: why under-sampling beats oversampling. *ResearchGate:245593532*.

[3] Huang, C., et al. (2016). Learning deep representation for imbalanced classification. *CVPR* 2016, 5375–5384.

[4] Cui, Y., et al. (2019). Class-balanced loss based on effective number of samples. *CVPR* 2019, 9268–9277.

[5] Kang, B., et al. (2019). Decoupling representation and classifier for long-tailed recognition. *arXiv:1910.09217*.

10.2　クラスラベル誤り

実際に，たとえば，正しくは「犬」である画像に，ラベル「猫」を付与してしまうことが起こる（図10.1）．誤ったラベルを付与してしまう場合，ラベルの誤りがクラスによらずに対称的で一様な誤りと，ラベルの誤りがクラスによって偏りがある非対称な誤りがある．一般的に，後者の非対称な誤りのほうが対処が困難である．

データにラベル誤りがある場合に，その影響を最小化する学習法を紹介しよう．データのうちで，確実にラベル誤りがないとわかっている部分があるときと，すべてのデータについて，ラベル誤りがある可能性があるときが考えられる．後者のほうが対応がむずかしいので，その対処法についてみていく．以下では，ラベル誤りへのおもな3つの対処法，ラベル平滑化・ラベル誤り確率を考慮した最尤推定・損失の改変，を紹介する．

まず，ラベルをソフト化するラベル平滑化を取りあげる．ラベル誤りをふくむデータ集合に対し，目標出力が，確定的な値をとるのではなく，不確実な値をとるようにすることを，ラベル平滑化という[6)]．たとえば，目標出力をone-hot表現とする交差エントロピー誤差関数では，確定的な値をとる出力の場合，たとえ予測が正しいものであっても，ラベルが誤っていると判断して，誤りとして損失を計算してしまうことがある．ラベル平滑化は，この損失を軽減する効果がある．

より具体的には，ラベル平滑化では，正解クラスをk^*としたとき，クラス

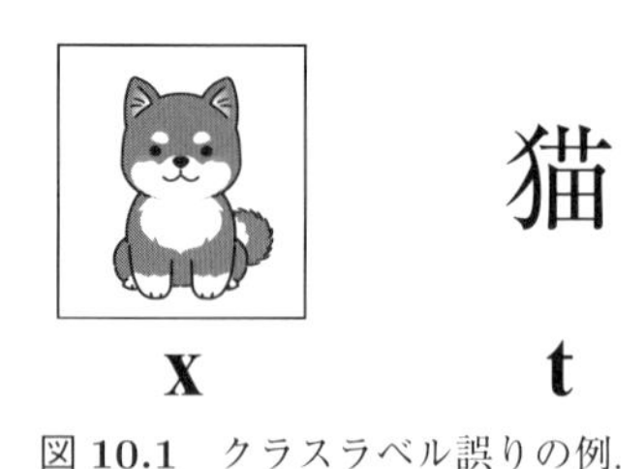

図 **10.1**　クラスラベル誤りの例．

[6)] Szegedy, C., et al. (2016). Rethinking the inception architecture for computer vision. *CVPR* 2016, 2818-2826.

k の目標値 $t_k,\ k=1,\ldots,K$, を

$$t_k = \begin{cases} 1-\alpha, & k = k^*, \\ \alpha/(K-1), & \text{otherwise}, \quad \alpha \in [0,\,1] \end{cases}$$

として，これをソフトラベルという．ただし，α は超パラメータである．ちなみに，ソフトラベルに対し通常のラベル

$$t_k = \begin{cases} 1, & \text{if class } k = k^*, \\ 0, & \text{otherwise} \end{cases}$$

を，ハードラベルとよぶことがある．

つぎに，ラベル誤り確率を考慮した最尤推定により，ラベル誤りに対応する手法を解説する[7]．まず，分類タスクをおこなうニューラルネットワークの出力をクラスの事後確率とみると，出力層の第 k ユニットの活性を u_k として

$$p(\mathcal{C}_k \,|\, \mathbf{x}) = \frac{\exp(u_k)}{\sum_{j=1}^{K} \exp(u_j)}$$

である．一方，条件つき確率の定義から，入力 $\mathbf{x}$ のクラスが k である事後確率は

$$p(\mathcal{C}_k \,|\, \mathbf{x}) = \frac{p(\mathcal{C}_k,\, \mathbf{x})}{\sum_{j=1}^{K} p(\mathcal{C}_j,\, \mathbf{x})}$$

であり，これは，$u_k = \ln p(\mathcal{C}_k,\, \mathbf{x})$ とおくことを意味する（この場合，u_k はロジットとよばれる）．

以上をふまえて，まず，2 クラス分類のときをあつかう．データ $\mathbf{x}$ の正解ラベル（真のラベル）を $t^* \in \{0,\,1\}$ とし，実際に $\mathbf{x}$ に付与されたラベルを $t \in \{0,\,1\}$ とする．ラベル誤りを起こす確率はデータに依存しないと仮定すると，その確率は

$$\theta_0 = p(t=1 \,|\, t^*=0),$$
$$\theta_1 = p(t=0 \,|\, t^*=1)$$

[7] Mnih, V. and Hinton, G. E. (2012). Learning to label aerial images from noisy data. *ICML* 2012, 203-210.

である．このとき，データ $\mathbf{x}_n$ に対しラベル t_n があたえられる確率は，$\mathbf{x}_n$ と t_n は条件つき独立であるから

$$\begin{aligned} p(t_n \mid \mathbf{x}_n) &= \sum_{t_n^* \in \{0,\,1\}} p(t_n,\, t_n^* \mid \mathbf{x}_n) = \sum_{t_n^* \in \{0,\,1\}} p(t_n \mid t_n^*,\, \mathbf{x}_n) p(t_n^* \mid \mathbf{x}_n) \\ &= \sum_{t_n^* \in \{0,\,1\}} p(t_n \mid t_n^*) p(t_n^* \mid \mathbf{x}_n) \end{aligned}$$

である．これを書きくだすと，

$$\begin{cases} p(t_n = 0 \mid \mathbf{x}_n) = (1 - \theta_0) \cdot p(t_n^* = 0 \mid \mathbf{x}_n) + \theta_1 \cdot p(t_n^* = 1 \mid \mathbf{x}_n), \\ p(t_n = 1 \mid \mathbf{x}_n) = \theta_0 \cdot p(t_n^* = 0 \mid \mathbf{x}_n) + (1 - \theta_1) \cdot p(t_n^* = 1 \mid \mathbf{x}_n) \end{cases}$$

となる．

ここで推定したいのは $\mathbf{x}$ の正解ラベルである t^* であるから，ニューラルネットワークの出力 $y(\mathbf{x},\,\mathbf{w})$ をもちいて $p(t^* = 1 \mid \mathbf{x}_n)$ を表現することを考える．すなわち，$y_n = y(\mathbf{x}_n,\,\mathbf{w})$ と表記して上式を書きなおすと

$$\begin{cases} p(t_n = 0 \mid \mathbf{x}_n) = (1 - \theta_0) \cdot (1 - y_n) + \theta_1 \cdot y_n, \\ p(t_n = 1 \mid \mathbf{x}_n) = \theta_0 \cdot (1 - y_n) + (1 - \theta_1) \cdot y_n \end{cases}$$

となる．データ集合 $\mathcal{D} = \{(\mathbf{x}_1,\, t_1),\, \ldots,\, (\mathbf{x}_N,\, t_N)\}$ の各データ $(\mathbf{x}_n,\, t_n)$ は，それぞれ独立に $p(t_n \mid \mathbf{x}_n)$ にしたがって生成されたと考えて，最尤推定によりニューラルネットワークのパラメータ $\mathbf{w}$ を決定する．このとき尤度は

$$\prod_{n=1}^{N} p(t_n = 1 \mid \mathbf{x}_n)^{t_n} p(t_n = 0 \mid \mathbf{x}_n)^{1-t_n}$$

で，損失（誤差関数；対数尤度の符号をかえたもの）は

$$E(\mathbf{w}) = -\sum_{n=1}^{N} t_n \cdot \ln p(t_n = 1 \mid \mathbf{x}_n) + (1 - t_n) \cdot \ln p(t_n = 0 \mid \mathbf{x}_n)$$

である．この損失の最小化に必要なユニットの誤差 δ を求める誤差逆伝播の実現には，出力ユニットの誤差

$$\delta_k = \frac{\partial E(\mathbf{w})}{\partial u_k}$$

が必要である．ただし，u_k は，出力のユニット k の活性である．

つぎに，多クラス分類を考える[8]．以下では，one-hot ベクトル $\mathbf{x}$ の第 k 成分を $\mathbf{x}^{(k)}$ で表わす．データ $\mathbf{x}$ の正解ラベルを $\mathbf{t}^*$（one-hot 表現）とし，実際に $\mathbf{x}$ に対して付与されたラベルを $\mathbf{t}$（one-hot 表現）としよう．やはり，ラベル誤りを起こす確率はデータに依存しないと仮定し，その確率を行列 $\boldsymbol{\Theta}$ で表現する．ただし，$\boldsymbol{\Theta}$ の (i, j) 成分は $p(\mathbf{t}^{(j)} = 1 \,|\, \mathbf{t}^{*(i)} = 1)$ である．これはクラス i が真であるとき，j とラベルが付与される確率である．学習データを $\mathcal{D} = \{(\mathbf{x}_1, \mathbf{t}_1), \ldots, (\mathbf{x}_N, \mathbf{t}_N)\}$ とし，ニューラルネットワークの出力 $\mathbf{y}(\mathbf{x}, \mathbf{w})$ の第 k 成分で $p(\mathbf{t}^{(k)} = 1 \,|\, \mathbf{x})$ を表現すると，損失は

$$E(\mathbf{w}) = -\sum_{n=1}^{N} \ln \mathbf{t}_n^{\mathrm{T}} \boldsymbol{\Theta} \mathbf{y}(\mathbf{x}_n, \mathbf{w})$$

となる．

最後に，ノイズ脆弱性を回避するため，損失関数を改変するアプローチを紹介する．出力ユニットの活性化関数をソフトマックス関数とし，交差エントロピー誤差を損失とすると，勾配は，出力 y_k と目標値 t_k との差である

$$y_k - t_k$$

である．これから，ラベル誤りがあるデータについての勾配は，符号が反対で絶対値が y_k のオーダーとなり，交差エントロピー損失はノイズに脆弱であることがわかる．

この交差エントロピー損失のノイズに対する脆弱性を回避するため，それに代えて以下の l_1 損失を考える．l_1 損失は，とりわけ対称的なラベル誤りに対して頑健であることが知られている[9]．

[8] Sukhbaatar, S., et al. (2014). Training convolutional networks with noisy labels. *arXiv:1406.2080.*

[9] Rooyen, B. v., Menon, A. K. and Williamson, R. C. (2015). Learning with symmetric label noise: the importance of being unhinged. *NIPS* 2015, 10-18.

$$\begin{aligned}\|\mathbf{y}(\mathbf{x},\,\mathbf{w})-\mathbf{t}\|_1 &= \sum_{k=1}^{K}|y_k - t_k| \\ &= y_1 + y_2 + \cdots + y_{k-1} + (1-y_k) + y_{k+1} + \cdots + y_K \\ &= 2 - 2y_k.\end{aligned}$$

出力層ユニット k の活性を u_k とすると，$\dfrac{\partial y_k}{\partial u_j} = y_k(1-y_k)$ であるから

$$\frac{\partial\|\mathbf{y}(\mathbf{x},\,\mathbf{w})-\mathbf{t}\|_1}{\partial u_k} = -2y_k(1-y_k)$$

となる．また，交差エントロピー損失の代わりに，逆交差エントロピーの近似損失（$\ln 0$ を定数 A で置きかえる）

$$-\sum_{k=1}^{K} y_k \ln t_k \to A(y_k - 1)$$

をとってもよい．両者とも，勾配（劣微分）は，ラベル誤りに対し y_k の 2 乗のオーダーであり，ラベル誤りに対して頑健である．しかし，損失として単独で利用したときには，ラベル誤りがないときの交差エントロピー損失最小により学習した分類器ほどには学習後の分類器の性能がでない．そこで，さらに改良した一般化交差エントロピー損失

$$L = \frac{1-y_k^q}{q}$$

をもちいる[10)]．ただし，$q \in (0,\,1]$ は超パラメータである．これは，$q \to 0$ で交差エントロピー損失 $L = -\ln y_k$ に，$q = 1$ で l_1 損失 $L = 1 - y_k = \|\mathbf{y}(\mathbf{x},\,\mathbf{w})-\mathbf{t}\|_1/2$ になる．また，対称交差エントロピー損失

$$L = -\alpha \cdot \ln y_k + \beta \cdot A(y_k - 1)$$

も，逆交差エントロピー損失の改変としてもちいられる[11)]．ただし，α, β は超パラメータである．

---

10) Zhang, Z. and Sabuncu, M. R. (2018). Generalized cross entropy loss for training deep neural networks with noisy labels. *NIPS* 2018, 8792-8802.

11) Wang, Y., et al. (2019). Symmetric cross entropy for robust learning with noisy labels. *arXiv:1908.06112*.

第11章　多様な学習の枠組み

深層学習では，その発展とともに，さまざまな学習の枠組みが考えられてきた．本章では，それらのうち，重要な距離計量学習と半教師あり学習を紹介しよう．半教師あり学習の1つの手法として，知識蒸留という小さなネットワークを構築する方法がもちいられる．知識蒸留はそれ自体がやはり実用的なので，それもあわせて解説する．

11.1　距離計量学習

11.1.1　定式化

データ空間 X から特徴空間 Y への写像を考えよう．**距離計量学習**とは，X における2つの要素（データ）の類似度が，Y における対応する点の距離に反映される写像 $\mathbf{f}$ を学習する枠組みである（図 11.1）．距離計量学習は，**計量学習**あるいは**類似度学習**ともいわれる．

距離計量学習の応用先として，訓練データにふくまれないクラスをあつかう分類，いわゆる，**開クラス集合**の分類があげられる．開クラス集合の分類には，身体的あるいは行動的特徴をもちいた個人認証である生体認証や，他人の購買履歴との類似性などを考慮して各人の好みを推定し提示するシステムである推薦システム，また，2枚の顔画像写真の人物が同一か否かを判定する顔画像の同一人物判定（図 11.2）などがある．以下では，顔画像における同一人物判定を題材に距離計量学習の方法を説明しよう．

まず，適当な特徴空間（埋めこみ空間）を設定し，データから，顔画像 $\mathbf{x}$ を特徴空間の点 $\mathbf{y}$ に落とす写像 $\mathbf{y} = \mathbf{f}(\mathbf{x})$ をニューラルネットワークで学習す

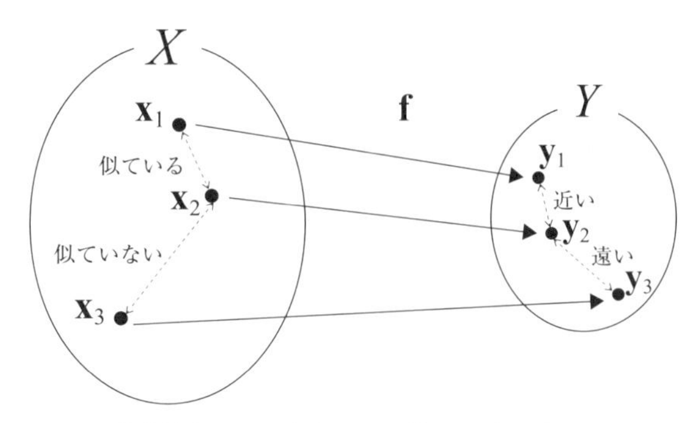

図 **11.1**　距離計量学習．たとえば，2 枚の写真にうつっている人物が同一人物かどうかを判断するニューラルネットワークを学習する．

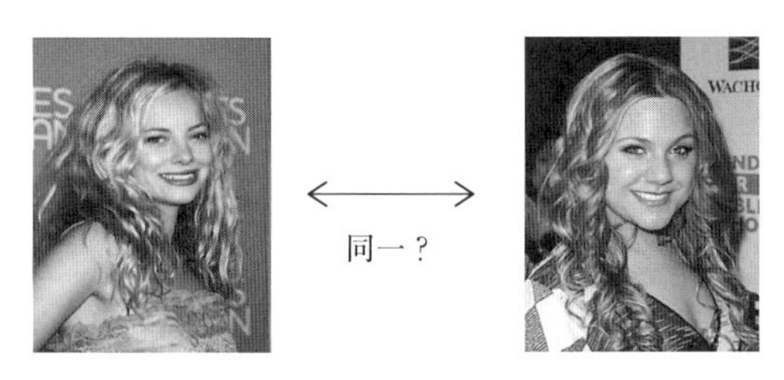

図 **11.2**　顔画像の同一人物判定．

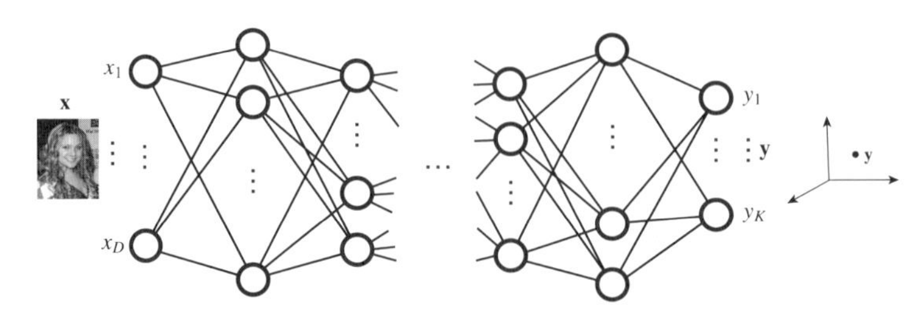

図 **11.3**　顔画像を特徴空間に写像するニューラルネットワーク．

る（図 11.3）．この学習したニューラルネットワークをもちいて，新たな 2 枚の画像 $\mathbf{x}_1$，$\mathbf{x}_2$ を特徴空間にうつした先を $\mathbf{f}(\mathbf{x}_1)$，$\mathbf{f}(\mathbf{x}_2)$ としよう．距離計量学習では，特徴空間における距離

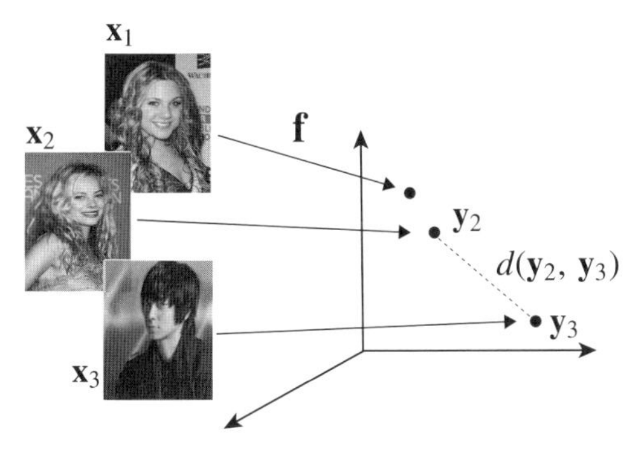

図 **11.4**　特徴空間の距離により，顔画像における同一人物判定をおこなう．

$$d(\mathbf{f}(\mathbf{x}_1), \mathbf{f}(\mathbf{x}_2))$$

により，人物（対象）の同一性を判断する（図 11.4）．学習の方略は，おもに，対象の同一性と多クラス分類とに大別される．

11.1.2　対象の同一性にもとづく手法

対象の同一性をもとにする学習では，対象が同一かそうでないかを損失に直接反映させる．すなわち，2 つのサンプルが同一対象である場合は距離が近く，かつ値が小さく，また，同一対象でないときは距離が遠く，かつ値が大きくなるように損失を定義し，損失の最小化をおこなう．単純に考えれば，損失は

$$\begin{cases} \|\mathbf{y}_1 - \mathbf{y}_2\|^2, & \text{if } \mathbf{x}_1 \text{ and } \mathbf{x}_2 \text{ refer to the identical target,} \\ -\|\mathbf{y}_1 - \mathbf{y}_2\|^2, & \text{otherwise} \end{cases}$$

で定義される．ところが，この損失では，同一対象でない場合には，埋めこみ空間での 2 点の距離が非常に大きくなってしまう（損失が負の無限大に近づく）．

そのため，つねに非負の値をとる以下の対照損失をもちいる[1]．

$$L(\mathbf{w};\, \mathbf{x}_i,\, \mathbf{x}_j) = \begin{cases} \|\mathbf{y}_i - \mathbf{y}_j\|^2, & \text{if } \mathbf{x}_1 \text{ and } \mathbf{x}_2 \text{ refer to the identical target,} \\ \max(0,\, m - \|\mathbf{y}_i - \mathbf{y}_j\|^2), & \text{othetrwise.} \end{cases}$$

ここで m はマージンとよばれる正の定数である．対照損失の最小化では m をこえては離れない．対照損失では，訓練データから，同一対象のデータ対と，そうでない対象のデータ対を選んで損失を最小化する．対照損失は，単純で計算が容易に実行できる．しかし，一般に，つぎにのべる三つ組損失よりも分類精度が低いことが知られている．

三つ組損失は

$$L(\mathbf{w};\, \mathbf{x},\, \mathbf{x}^+,\, \mathbf{x}^-) = \max(0,\, \|\mathbf{y} - \mathbf{y}^+\|_2^2 - \|\mathbf{y} - \mathbf{y}^-\|_2^2 + m)$$

で定義される[2]．ここで，$\mathbf{x}$ はアンカーとよばれる画像であり，$\mathbf{x}^+$ は $\mathbf{x}$ と同一対象のデータで，$\mathbf{x}^-$ は $\mathbf{x}$ と同一対象ではないデータである．やはり，m はマージンであり，この損失のもとでは，m をこえては離れない．訓練データから，アンカーと同一対象のデータと，そうでない対象のデータを選んで損失を最小化する．選んだ $\mathbf{x}^-$ が，$\mathbf{x}$ から遠くて簡単に分離できると学習の効果が小さく，近すぎると分離がむずかしく学習が進まないという問題がある．

そこで，アンカーと正例の数は変更せず，負例を多く（K 個）もちいて，特徴空間での距離をアンカーの特徴 $\mathbf{y}$ との内積 $\mathbf{y}^{\mathrm{T}}\mathbf{y}^+$, $\mathbf{y}^{\mathrm{T}}\mathbf{y}^-$ ではかる損失

$$L(\mathbf{w};\, \mathbf{x},\, \mathbf{x}^+,\, \{\mathbf{x}_i^-\}_{i=1,\,\ldots,\,K}) = \ln\left(1 + \sum_{i=1}^{K} \exp(\mathbf{y}^{\mathrm{T}}\mathbf{y}_i^- - \mathbf{y}^{\mathrm{T}}\mathbf{y}^+)\right)$$

が考案された[3]．距離とは反対に，内積は近いほど大きい値をとることに注意

---

[1] Hadsell, R., Chopra, S. and LeCun, Y. (2006). Dimensionality reduction by learning an invariant mapping. *CVPR* 2006, 1735-1742.

[2] Weinberger, K. Q. and Saul, L. K. (2009). Distance metric learning for large margin nearest neighbor classification. *Journal of Machine Learning Research*, **10**, 207-244.

[3] Sohn, K. (2016). Improved deep metric learning with multi-class N-pair loss objective. *NIPS* 2016, 1857-1865.

してほしい．この損失は，形式上，

$$L(\mathbf{w};\, \mathbf{x},\, \mathbf{x}^{+},\, \{\mathbf{x}_i^{-}\}_{i=1,\,\ldots,\,K}) = -\ln \frac{\exp(\mathbf{y}^{\mathrm{T}}\mathbf{y}^{+})}{\exp(\mathbf{y}^{\mathrm{T}}\mathbf{y}^{+}) + \sum_{i=1}^{K} \exp(\mathbf{y}^{\mathrm{T}}\mathbf{y}_i^{-})}$$

と，多クラス分類における交差エントロピー誤差関数に似た式に変形される．それゆえ，この損失の最小化は，ある意味，「尤度」の最大化とみなせる．この損失のもとでは，負例を多くとるので，アンカーに近い負例が出現する確率が高まり，負例が多いほど学習が安定する傾向がある．

しかし，単純な多数負例方式だと，ミニバッチあたり，1つのアンカーに関する損失しか評価できない．そこで，アンカーと正例の対 $\{(\mathbf{x}_i,\, \mathbf{x}_i^{+})\}_{i=1,\,\ldots,\,K}$ でミニバッチを構成し，負例は使用せず，自身以外の正例を「負例」としてあつかう．そして，ミニバッチあたり，K 個のアンカーに関する以下の損失を評価する．

$$L(\mathbf{w};\, \{(\mathbf{x}_i,\, \mathbf{x}_i^{+})\}_{i=1,\,\ldots,\,K}) = \sum_{i=1}^{K} \ln\left(1 + \sum_{j=1,\, j\neq i}^{K} \exp(\mathbf{y}_i^{\mathrm{T}}\mathbf{y}_j^{+} - \mathbf{y}_i^{\mathrm{T}}\mathbf{y}_i^{+})\right).$$

11.1.3 多クラス分類による方法

つぎに，多クラス分類による距離計量学習の方略[4)]を説明しよう．この方略では，訓練データ内の全クラスを対象に，通常の多クラス分類の学習をおこない，中間層の出力を入力の特徴として利用する．たとえば，100,000 人の人物同定であれば，まず，それぞれの人物の顔画像を異なる条件で撮影した顔画像写真を訓練データとして，100,000 クラス分類をする（図 11.5）．その上で，学習ずみのニューラルネットワークの中間層の出力を，入力 $\mathbf{x}$ の特徴 $\mathbf{y}$ として利用する（図 11.6）．ただし，通常の多クラス分類のニューラルネットワークと損失を以下のように改変する．まず，通常の多クラス分類のニューラルネットワークを復習すれば，そのニューラルネットワークの最終層のユニット i の活性は $u_i = \mathbf{w}_i^{\mathrm{T}}\mathbf{z} + b_i$，$\mathbf{w}_i$ は最終層 1 つ手前の層とのリンクの重み，b_i はバイアス，であり，ユニット i の出力（クラススコア）は

---

4) Ranjan, R., Castillo, C. D. and Chellappa, R. (2017). L_2-constrained softmax loss for discriminative face verification. *arXiv:1703.09507*.

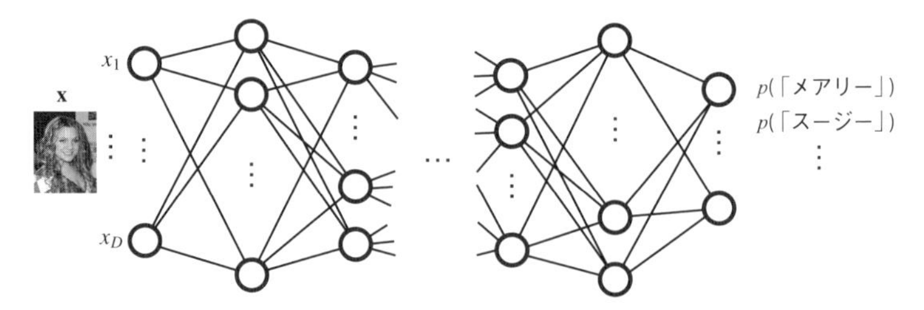

図 11.5　多クラス分類による距離計量学習では，多クラス分類をおこなうニューラルネットワークを学習する．

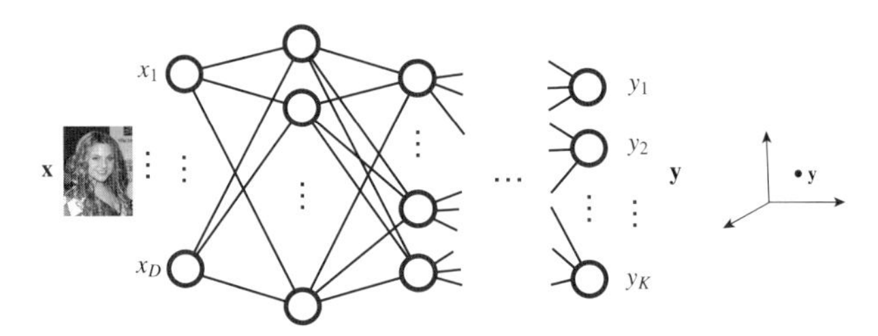

図 11.6　多クラス分類による距離計量学習では，ニューラルネットワークの中間層の出力を，入力 $\mathbf{x}$ の特徴 $\mathbf{y}$ として利用する．

$$p(\mathcal{C}_i \mid \mathbf{x}) = \frac{\exp(\mathbf{w}_i^{\mathrm{T}}\mathbf{z} + b_i)}{\sum_{i=1}^{K} \exp(\mathbf{w}_i^{\mathrm{T}}\mathbf{z} + b_i)}$$

である．また，通常の多クラス分類の損失は（入力 1 つあたり）

$$-\ln p(\mathcal{C}_i \mid \mathbf{x}) = -\ln \frac{\exp(\mathbf{w}_i^{\mathrm{T}}\mathbf{z} + b_i)}{\sum_{i=1}^{K} \exp(\mathbf{w}_i^{\mathrm{T}}\mathbf{z} + b_i)}$$

である．

それに対し，距離計量学習では，クラススコアにコサイン類似度

$$\cos\theta = \left(\frac{\mathbf{a}}{\|\mathbf{a}\|}\right)^{\mathrm{T}} \frac{\mathbf{b}}{\|\mathbf{b}\|}$$

をもちいる．ここで，$\mathbf{a}$, $\mathbf{b}$ は比較したい 2 つのベクトルである．クラススコアの計算にコサイン類似度をもちいると，損失は

$$L(\mathbf{w};\, \mathbf{x}) = -\ln \frac{\exp(\cos\theta_k/\tau)}{\sum_{i=1}^{K} \exp(\cos\theta_i/\tau)}$$

となる．ただし，$\mathbf{z}$ を，最終層の 1 つ手前の層の出力とし（バイアスをのぞ

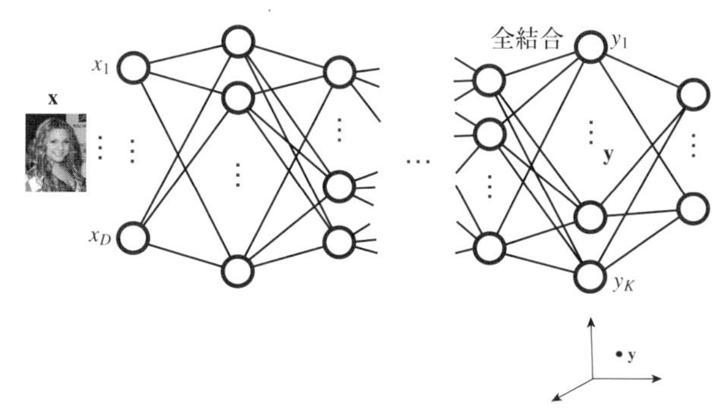

図 **11.7** 多クラス分類による距離計量学習のニューラルネットワーク．最終層 1 つ手前の層に全結合層を挿入し，その活性化関数を恒等関数とする．

く)，最終層のユニット i の入力を $u_i = \mathbf{w}_i^{\mathrm{T}}\mathbf{z} + b_i$ とすると，$\theta_i = (\mathbf{w}_i/\|\mathbf{w}_i\|)^{\mathrm{T}}(\mathbf{z}/\|\mathbf{z}\|)$ である．また，$\tau < 1$ は温度パラメータとよばれるパラメータで，類似度の値域を広げるはたらきをする．コサイン類似度は有界なので，通常の距離をつかうと損失の最小化で（マイナス）無限になることを回避できる．

クラススコアとして，コサイン類似度をもちいたことにともない，多クラス分類のニューラルネットワークの出力層付近を以下のような構造とする（図 11.7）．すなわち，出力層とその 1 つ手前の層を全結合層とし，その全結合層の出力を特徴ベクトルとしてコサイン類似度を計算する．また，全結合層の 1 つ入力側の層の活性化関数を恒等写像とする．これは，ReLU 関数をもちいると，全結合層のユニットに正の値しか入力されなくなるからである．

11.2 知識蒸留

小さいが高性能なニューラルネットワークをつくることを目的とし，大量の学習データをもちいて大規模な計算資源で学習したニューラルネットワークに埋めこまれた「知識」を小さなニューラルネットワークに移転することを，知識蒸留[5)]という（図 11.8）．たとえば，エッジコンピューティングなど，大き

5) Hinton, G. E., Vinyals, O. and Dean, J. (2015). Distilling the knowledge in a neural network. *arXiv:1503.02531.*

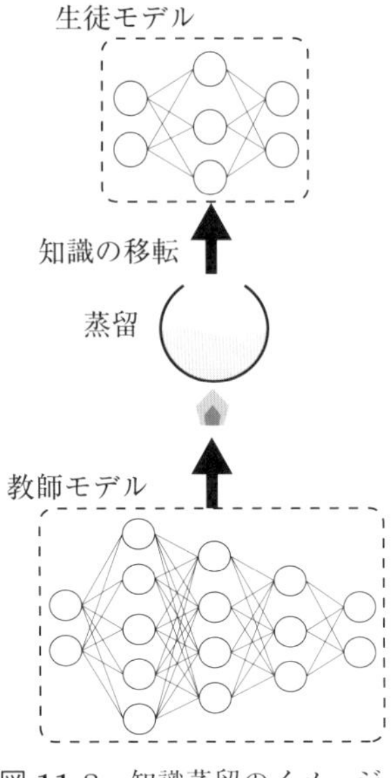

図 **11.8**　知識蒸留のイメージ．

なニューラルネットワークが搭載不可能な計算資源への対応や，自己回帰モデルなど，回帰構造をもつような複雑なニューラルネットワークを単純なニューラルネットワークで実現することなどがあげられる．

知識蒸留の具体的方法では，教師ネットワーク T をデータ $\mathcal{D}$ から学習し，生徒ネットワーク S もデータ $\mathcal{D}$ から学習する（図 11.9）．ただし，生徒ネットワーク S の出力が，データ $\mathbf{x} \in \mathcal{D}$ に対する T の出力と同じになるようにデータから S を学習する．これは，データに対する S と T のクラスの出力分布を近づけることを意味する．

知識蒸留では，損失として

$$L = \alpha \cdot C_E(\boldsymbol{\sigma}(\mathbf{u}_S),\, \mathbf{d}) + \beta \cdot C_E(\boldsymbol{\sigma}_\tau(\mathbf{u}_S),\, \boldsymbol{\sigma}_\tau(\mathbf{u}_T))$$

を採用することが多い．ただし，$C_E(\mathbf{x}, \mathbf{y})$ は $\mathbf{x}$ と $\mathbf{y}$ の交差エントロピー誤差関数で，$\boldsymbol{\sigma}(\mathbf{x})$, $\boldsymbol{\sigma}_\tau(\mathbf{x})$ は，それぞれソフトマックス関数と温度スケーリングつきソフトマックス関数，$\mathbf{d}$ は正解クラスの one-hot 表現，$\mathbf{u}_S$, $\mathbf{u}_T$ は，生徒ネットワークの最終層の入力（ロジット）と教師ネットワークの最終層の入力

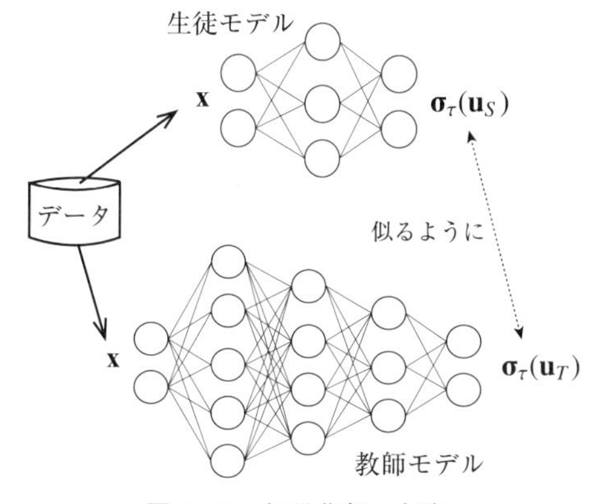

図 **11.9**　知識蒸留の方法.

（ロジット），α と β は定数である．この損失の右辺第 1 項は，通常の学習の損失であり，第 2 項は，データに対する S と T のクラスの出力分布を近づけるための損失である．

一般に，分類問題においては，決定境界付近のデータの所属クラスは曖昧である．たとえば，手書き数字では，左上から書きはじめた 0 は，しばしば，開始点よりも下で閉じて 6 のようにみえることがある．教師ネットワークでは，このような曖昧さを確率で表現するので，上記の数字の例では，たとえば，クラス「0」の所属確率が 0.55 で，クラス「6」の所属確率は 0.45 などとなる．生徒ネットワークの出力分布を教師ネットワークの出力分布に近づけることにより，生徒ネットワークは，所属クラスの曖昧さの表現を反映させることができる．

知識蒸留にはさまざまな亜種がある．その 1 つでは，$C_E(\boldsymbol{\sigma}_\tau(\mathbf{u}_S), \boldsymbol{\sigma}_\tau(\mathbf{u}_T))$ に代えて，中間層の出力 $\mathbf{z}_S$ と $\mathbf{z}_T$ の距離

$$d(\mathbf{g}_S(\mathbf{z}_S), \mathbf{g}_T(\mathbf{z}_T))$$

をもちいる．ここで，$\mathbf{g}_S$, $\mathbf{g}_T$ は，両方のネットワークの中間層のサイズをそろえる変換である．

また，複数の教師ネットワークを用意し，そのアンサンブル平均をもちいて生徒ネットワークを蒸留する手法もある．さらに，**オンライン蒸留**，あるいは

相互学習とよばれる方略では，教師ネットワークはもちいず，複数のネットワークが，最初から同時に学習をはじめて，たがいに蒸留をおこなって学習を進める．そこでは，ネットワーク S_1, S_2 が出力するクラスの確率 $\mathbf{u}_1$, $\mathbf{u}_2$ の JS ダイバージェンス

$$\mathbb{JS}(\mathbf{u}_1 \,\|\, \mathbf{u}_2)$$

を最小化する．

11.3　半教師あり学習

半教師あり学習では，ラベルつきの学習データ $\mathcal{D}_L$（教師ありデータ，一般に数が少ない）と，ラベルなしの学習データ $\mathcal{D}_U$（教師なしデータ，一般に数が多い）があたえられる．半教師あり学習の損失は

$$E(\mathbf{w}) = E_L(\mathbf{w}) + E_U(\mathbf{w})$$

の形をとる．ただし，$E_L(\mathbf{w})$ はラベルつきデータに対する損失で，$E_U(\mathbf{w})$ はラベルなしデータに対する損失である．

半教師あり学習のおもな方略としては，一致性正則化とエントロピー最小化・擬似ラベルの付与がある．以下，順に説明しよう．**一致性正則化**[6]では，ラベルなしデータ $\mathbf{x}$ を，ニューラルネットワークの予測正解 $\mathbf{y}(\mathbf{x})$ が適当な範囲（たとえば分類であれば，正解クラスがかわらない範囲）で $\mathbf{x}'$ にかえたとき，出力 $\mathbf{y}(\mathbf{x})$ もあまり変化しないという制約を導入する．すなわち，ラベルなしデータに対する損失が正則化項としてはたらくように

$$E_U(\mathbf{w}) = \lambda \cdot \sum_{\mathbf{x}_n \in \mathcal{D}_U} \delta(\mathbf{y}(\mathbf{x}_n), \mathbf{y}(\mathbf{x}'_n))$$

とする．ただし，λ は定数（超パラメータ）で，$\delta(\cdot, \cdot)$ は分類のときは交差エントロピー誤差とし，回帰のときは2乗誤差とする．また，$\mathbf{x}'$ はデータ増強の手法で生成される．

一致性正則化にはいくつかの亜種がある．それらを紹介しよう．確率的摂動

[6] Bachman, P., Alsharif, O. and Precup, D. (2014). Learning with pseudo-ensembles. *arXiv:1412.4864*.

法[7]では，ドロップアウトなどにより確率的にニューラルネットワークを変動させたとき，入力 $\mathbf{x}$ に対する出力 $\mathbf{y}(\mathbf{x})$ が極力変化しないことを要請する．また，時間アンサンブル法[8]では，入力 $\mathbf{x}$ に対し，学習時の重みの変動による出力 $\mathbf{y}(\mathbf{x})$ の変動を時間的に平均したものを入力 $\mathbf{x}$ の正解ラベルとみなす．平均教師法[9]では，ニューラルネットワークの重み $\mathbf{w}$ の時間方向移動平均 $\bar{\mathbf{w}}$ を求め，重みが $\bar{\mathbf{w}}$ のニューラルネットワークの出力 $\mathbf{y}(\mathbf{x})$ を $\mathbf{x}$ の正解ラベルとする．

つぎに，**エントロピー最小化**[10]による半教師あり学習について簡単にふれる．この枠組みでは，ラベルなしデータ $\mathcal{D}_U$ の各サンプル $\mathbf{x}$ に対し，ニューラルネットワークの出力クラス確率 $(y_1 \ \ldots \ y_K)^{\mathrm{T}}$ のエントロピーが小さくなるようにする．これは，正則化項を

$$E_U(\mathbf{w}) = -\lambda \cdot \sum_{k=1}^{K} y_k \ln y_k$$

とすることによって実現される．これを正則化項とすることは，各サンプル $\mathbf{x}$ について，クラスの事後確率分布が，特定のクラスに偏ることを要請している．

最後に，擬似ラベルの付与についてのべよう．**擬似ラベルの付与**[11]は，分類を対象とした，知識蒸留にもとづく半教師あり学習の手法である．これは以下の手順による．

1. ラベルつきデータ $\mathcal{D}_L$ をもちいて教師ネットワーク T を訓練し，

[7] Sajjadi, M., Javanmardi, M. and Tasdizen, T. (2016). Regularization with stochastic transformations and perturbations for deep semi-supervised learning. *arXiv:1606.04586.*

[8] Laine, S. and Aila, T. (2016). Temporal ensembling for semi-supervised learning. *arXiv:1610.02242.*

[9] Tarvainen, A. and Valpola, H. (2017). Mean teachers are better role models: weight-averaged consistency targets improve semi-supervised deep learning results. *arXiv:1703.01780.*

[10] Grandvalet, Y. and Bengio, Y. (2004). Semi-supervised learning by entropy minimization. *NIPS* 2004, 529-536.

[11] Lee, D.-H. (2013). Pseudo-label: the simple and efficient semi-supervised learning method for deep neural networks. *ICML* 2013 *Workshop* (*WREPL*).

2. ラベルなしデータ $\mathcal{D}_U = \{\mathbf{x}_1, \ldots, \mathbf{x}_N\}$ の各サンプル $\mathbf{x}_n$ に対する T の予測 y_n を計算する．
3. 擬似ラベルつきデータ $\mathcal{D}_{L_{pse}} = \{(\mathbf{x}_1, y_1), \ldots, (\mathbf{x}_N, y_N)\}$ を構築し，
4. 全ラベルつきデータ $\mathcal{D} = \mathcal{D} \cup \mathcal{D}_{L_{pse}}$ をもちいて生徒ネットワーク S を学習する．

擬似ラベルの作り方には，いくつかのバリエーションがある．まず，出力クラス確率の分布をソフトラベルとする方法がある．また，確率が最大であるクラスに対し，one-hot 表現によりハードラベルを付与することもおこなわれる．出力クラス確率の分布から，サンプリングによりハードラベルを付与する方法もある．

上記によって構築される生徒ネットワーク S は，条件次第で教師ネットワーク T よりも性能がよくなる．これは，生徒ネットワーク S が，教師ネットワーク T がもっていない情報をラベルなしデータから得ているからと考えることができる．しかし，教師ネットワーク T の予測がはずれているデータは，生徒ネットワーク S の学習に悪影響をおよぼし，汎化性能を劣化させる[12)]．また，擬似ラベルの付与による半教師あり学習が，転移学習よりも有利となる点がある．すなわち，転移学習では，事前学習において，タスクやデータが，本来の目的と異なるため，必ずしも成功するとはかぎらないのに対し，擬似ラベルの付与ではそのような齟齬はない．

12) Arazo, E. et al. (2019). Pseudo-labeling and confirmation bias in deep semi-supervised learning. *arXiv:1908.02983.*

第12章　微分可能演算機構

微分可能演算機構とは，ある計算全体のうち，通常，特定の部分の演算をになう機構をさし，その機構は，非ニューラルネットワークとニューラルネットワークの組みあわせで実現され，機構の出力は，機構内部で決定されるパラメータに依存する．全体の計算は，ニューラルネットワークと組みあわせて実現されるため，機構のパラメータに関する出力の勾配さえ計算できればニューラルネットワーク全体の重み（微分可能演算機構内部の重みをふくむ）を学習により決定することができる．以下では，微分可能データ増強と幾何学的変換機構を紹介する．

12.1　微分可能データ増強

微分可能データ増強は，GAN（図 12.1）のためのデータ増強で，識別器の学習だけでなく，生成器の学習も増強されたデータをもちいる[1)]．学習における誤差逆伝播では，識別器の誤差を生成器に伝播させる必要があり，そのため，元画像の回転や平行移動といったデータ増強方式が微分可能でなければならない．以下では，これについて解説する．

まず，オリジナル GAN の評価関数は

$$L(D, G) = \mathbb{E}_{\mathbf{x}\sim p(\mathbf{x})}[\ln D(\mathbf{x})] + \mathbb{E}_{\mathbf{z}\sim q(\mathbf{z})}[\ln(1 - D(G(\mathbf{z})))]$$

と表わされることを思いだそう．あるいは，学習初期の勾配消失回避のため，

[1)] Zhao, S., et al. (2020). Differentiable augmentation for data-efficient GAN training. *arXiv:2006.10738.*

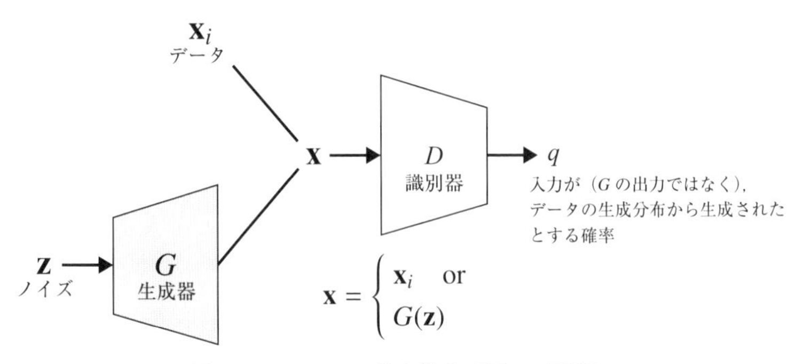

図 **12.1** GANの基本構成（図9.2再掲）.

評価関数を

$$L(D, G) = \mathbb{E}_{\mathbf{x}\sim p(\mathbf{x})}[\ln D(\mathbf{x})] - \mathbb{E}_{\mathbf{z}\sim q(\mathbf{z})}[\ln D(G(\mathbf{z}))]$$

とすることが多い．いずれにしろ，GANの最適化は $\min_G \max_D L(D, G)$ である．

ここでは，より一般的に，評価関数を分離して，生成器と識別器で別べつの損失関数を導入し

$$L(D) = \mathbb{E}_{\mathbf{x}\sim p(\mathbf{x})}[f_D(-D(\mathbf{x}))] - \mathbb{E}_{\mathbf{z}\sim q(\mathbf{z})}[f_D(D(G(\mathbf{z})))],$$
$$L(G) = \mathbb{E}_{\mathbf{z}\sim q(\mathbf{z})}[f_G(-D(G(\mathbf{z})))]$$

とする．ただし，f_D と f_G は損失関数で，たとえば，ヒンジ損失

$$f_D(x) = \max(0, 1 + x)$$

や，線形損失

$$f_G(x) = x$$

である．損失 $L(D)$ の右辺第1項と $L(G)$ の項の識別器の前に負の符号があることに注意してほしい．すると，GANの最適化は，D に対しても最大化ではなく，これら両方の損失関数の最小化

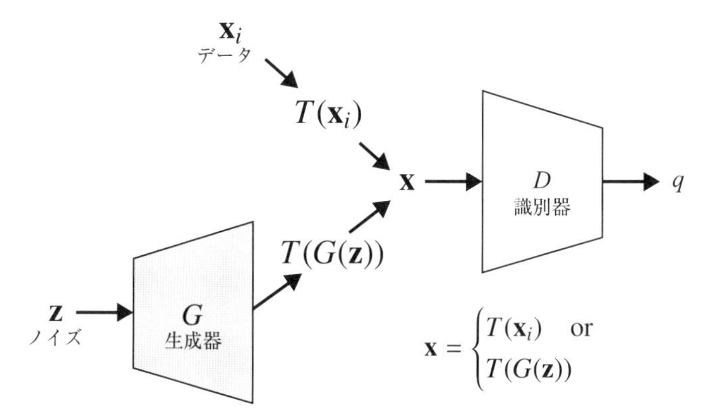

図 12.2 GAN のための微分可能データ増強．実データとともに，フェイクデータもデータ増強される．

$$\min_D L(D),$$

$$\min_G L(G)$$

となる．

さて，微分可能データ増強では，実データの増強とともに，フェイクデータも増強する．すなわち，カットアウトや縮小・輝度を下げるなどのデータ変換を T として，実データの増強 $\mathbf{x} = T(\mathbf{x}_i)$ とフェイクデータの増強 $\mathbf{x} = T(G(\mathbf{z}))$ を識別器へ入力する（図 12.2）．そのため，データ増強をおこなう場合の損失関数は

$$L(D) = \mathbb{E}_{\mathbf{x}\sim p(\mathbf{x})}[f_D(-D(T(\mathbf{x})))] - \mathbb{E}_{\mathbf{z}\sim q(\mathbf{z})}[f_D(D(T(G(\mathbf{z}))))],$$

$$L(G) = \mathbb{E}_{\mathbf{z}\sim q(\mathbf{z})}[f_G(-D(T(G(\mathbf{z}))))]$$

となる．なお，通常，データ増強のための乱数の種は，実とフェイクで別べつのものをもちいる．

増強データによる GAN の学習において，生成器に識別器の誤差を伝播させるためには，増強 T は（劣）微分可能[2]でなければならない（図 12.3）．こ

[2] 劣微分に関しては本章末の付録参照．

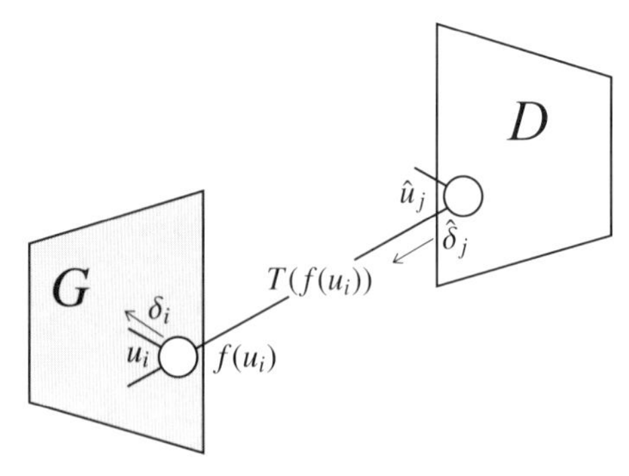

図 12.3　増強データによるGANの学習．データ変換 T は（劣）微分可能でなければならない．

れを示そう．生成器の出力ユニット i の活性を u_i とし，活性化関数を f とする．また，識別器の入力ユニット j の誤差を $\hat{\delta}_j$ とし，活性を $\hat{u}_j$ とする．このとき，生成器の出力層ユニット i の誤差 δ_i は

$$\delta_i = \frac{\partial L}{\partial u_i} = \sum_j \frac{\partial L}{\partial \hat{u}_j}\frac{\partial \hat{u}_j}{\partial u_i} = \sum_j \hat{\delta}_j \frac{\partial \hat{u}_j}{\partial u_i},$$

$$\hat{u}_j = \sum_k T(f(u_k))_j,$$

$$\frac{\partial \hat{u}_j}{\partial u_i} = \frac{\partial T}{\partial f}\frac{\partial f}{\partial u_i}$$

となり，識別器の入力ユニットの誤差を生成器の出力ユニットに伝播させるには，生成器の出力ユニットの出力に関する変換 T の微分が必要となる．微分不可能なため，GANのデータ増強につかえない操作としては画像の反転があげられる．

12.2　幾何学的変換機構

たとえば，手書き文字認識や顔画像認識において，画像の平行移動や回転移動・拡大縮小といった前処理をおこなうのが普通である．**幾何学的変換機構**は，このような処理をおこなう機構であり，その出力は，たとえば，CNNに

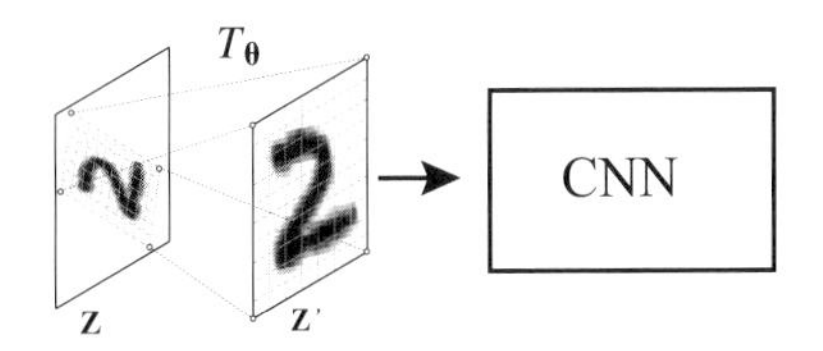

図 **12.4**　CNN の前処理を実現する幾何学的変換機構.

わたされる（図 12.4）[3]．通常，幾何学的変換機構は，ニューラルネットワークと非ニューラルネットワークを組みあわせて実現される．画像の前処理としての幾何学的変換機構の出力は，機構内部で決定される平行移動や回転などの量を表現するパラメータ値に依存したマップ（画像）である．また，誤差逆伝播のためのパラメータに関する出力の勾配を求めることができる．幾何学的変換機構を詳しくのべよう．

一般に，2 次元における幾何学的変換は，実数で表現される 2 次元座標の変換，すなわち，

$$(x, y) \mapsto (x', y')$$

である．ここで，x, y, x', y' は実数である．幾何学的変換としては，たとえば，回転や拡大縮小など，あるいはより一般的には平行移動をふくむアフィン変換（本章付録参照）がある．

しかし，画像（マップ）では，各座標が離散量（整数）で指定される．整数対 (p, q) を幾何学的変換すると

$$(p, q) \mapsto (x', y'),$$

ただし，x', y' は実数，となり，変換先は整数の対にはならない（図 12.5）．同様に，整数対 (i, j) の（幾何学的）逆変換は

$$(i, j) \mapsto (x, y),$$

ただし，x, y は実数であり，これも整数の対にはならない（図 12.6）．

[3] Jaderberg, M., et al. (2015). Spatial transformer networks. *NIPS* 2015, 2017-2025.

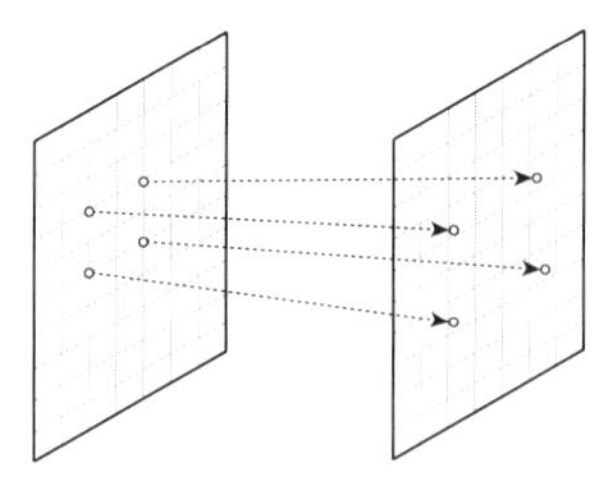

図 12.5　画像の幾何学的変換における座標点の写像先．一般に，整数対で表現される座標は，実数対に写像される．

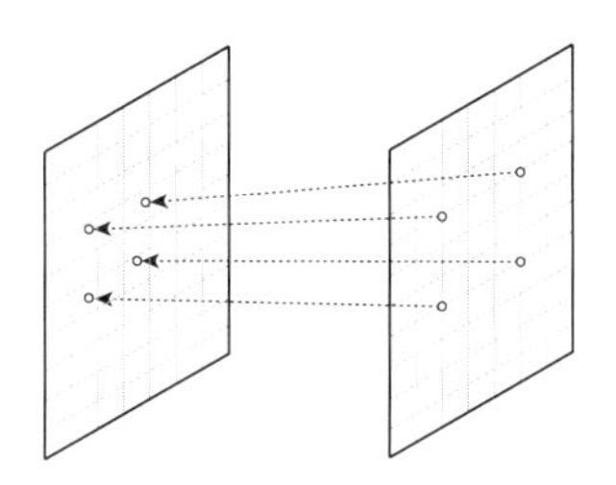

図 12.6　画像の幾何学的逆変換における座標点の写像先．一般に，整数対で表現される座標は，実数対に写像される．

そのため，画像の幾何学的変換には工夫が必要となる．幾何学的変換機構では，出力側画像（出力マップ）の座標の逆変換

$$\begin{cases} x = x(i,\ j; \boldsymbol{\theta}), \\ y = y(i,\ j; \boldsymbol{\theta}) \end{cases}$$

を考える（図 12.7）．アフィン変換を例にとれば，座標の逆変換は

$$\begin{pmatrix} x \\ y \end{pmatrix} = \begin{pmatrix} \theta_{11} & \theta_{12} & \theta_{13} \\ \theta_{21} & \theta_{22} & \theta_{23} \end{pmatrix} \begin{pmatrix} i \\ j \\ 1 \end{pmatrix}, \quad \boldsymbol{\theta} = (\theta_{11}\ \theta_{12}\ \theta_{13}\ \theta_{21}\ \theta_{22}\ \theta_{23})^{\mathrm{T}}$$

である．その上で，出力マップの画素値 z'_{ij} を以下のように定める．すなわち，出力マップの座標 $(i,\ j)$ を逆変換でもどした $(x,\ y)$（一般には実数の組）の入力マップの座標近傍点 $(p,\ q)$ における画素値を z_{pq} とし，各 z_{pq} を重みづけ，それらの和を z'_{ij} とする（図 12.8）．ただし，重みは，各 $(p,\ q)$ と $(x,\ y)$ に対するカーネルの積

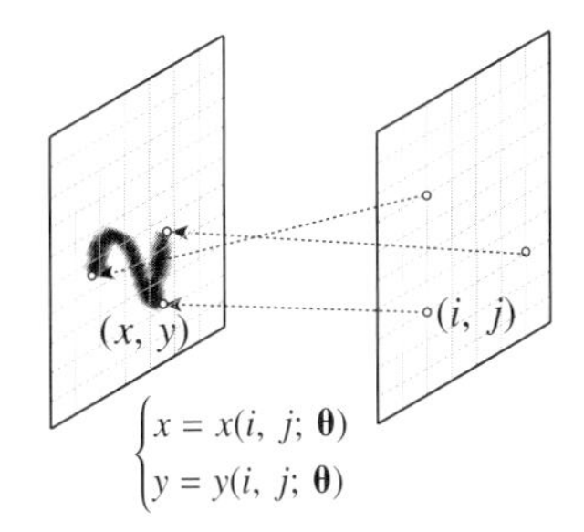

図 **12.7**　出力側画像（出力マップ）の座標の逆変換.

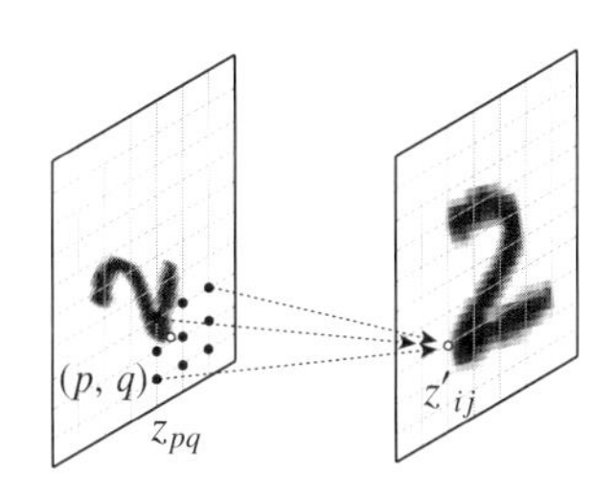

図 **12.8**　出力マップの画素値．逆変換でもどした点の入力マップの座標における近傍点の画素値をカーネル関数をつかって統合する.

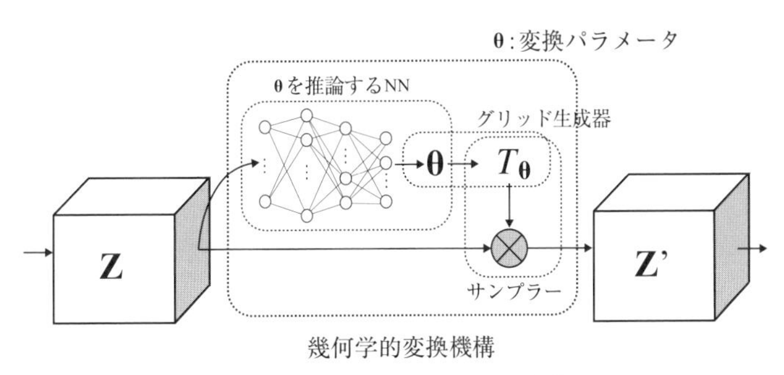

図 **12.9**　幾何学的変換機構の全体.

$k(p, x)k(q, y)$ である．上記の計算をおこなう幾何学的変換機構は，以下の 3 つの処理系からなる（図 12.9）．(a) 変換パラメータ推論ニューラルネットワーク，(b) グリッド生成器，(c) 画像サンプラー．これらの処理系を詳しくみていこう．

以下では，画像の回転角度などを表わす $\boldsymbol{\theta}$ を変換パラメータとし，$\boldsymbol{\theta}$ をパラメータとする幾何学的変換を $T_{\boldsymbol{\theta}}$ とする．また，変換前の特徴マップ（入力マップ）を $\mathbf{Z}$，変換後の特徴マップ（出力マップ）を $\mathbf{Z}'$ とし，z_{pqc} はチャネル c の入力マップ $\mathbf{Z}$ の (p, q) ユニット，z'_{ijc} はチャネル c の出力マップ $\mathbf{Z}'$ の (i, j) ユニットとする．

変換パラメータ推論ニューラルネットワークは，入力マップに対する変換パラメータ $\boldsymbol{\theta}$ を推論するニューラルネットワークである．出力層の活性関数は恒等関数で，重みは学習により決定される．

グリッド生成器は，出力マップの各ピクセルに対応する入力マップ上の座標を計算する．この計算は，出力側画像（出力マップ）の座標の逆変換

$$\begin{cases} x = x(i, j; \boldsymbol{\theta}), \\ y = y(i, j; \boldsymbol{\theta}) \end{cases}$$

である（図12.7）．たとえば，画像の s 倍の拡大縮小と $(t_x \ \ t_y)^{\mathrm{T}}$ の平行移動にかぎれば，アフィン変換

$$\begin{pmatrix} x \\ y \end{pmatrix} = \begin{pmatrix} s & 0 & t_x \\ 0 & s & t_y \end{pmatrix} \begin{pmatrix} i \\ j \\ 1 \end{pmatrix}$$

となり，$\boldsymbol{\theta} = (s \ \ t_x \ \ t_y)^{\mathrm{T}}$ である．

画像サンプラーは，カーネル関数をつかって，グリッド生成器の出力から出力マップの各ピクセル値を算出する．具体的には，チャネル c の出力マップの画素値 z'_{ijc} を，座標 (i, j) を逆変換でもどした (x, y)（一般には実数の組）の入力マップの座標近傍点[4] (p, q) と (x, y) に対するカーネルの積 $k(p, x)k(q, y)$ で重みづけて画素値 $\{z_{pqc}\}$ を統合し，

$$z'_{ijc} = \sum_{p=0}^{W-1} \sum_{q=0}^{H-1} z_{pqc} k(p, x(i, j; \boldsymbol{\theta})) k(q, y(i, j; \boldsymbol{\theta})) \tag{12.2.1}$$

[4] 式(12.2.1)からわかるように，点 (x, y) の「近傍」はカーネルによって決まる．あとであげるカーネルの例では，点 (x, y) に最も近い点1つ，あるいは，点 (x, y) をかこむ4つの格子点である．

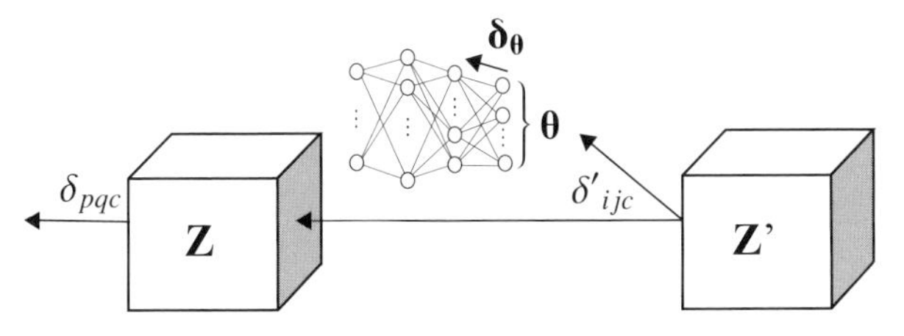

図 **12.10** 誤差逆伝播による学習.

とする．ここで，$k(u, v)$ はカーネル関数である（図 12.8).

さて，幾何学的変換機構をふくむニューラルネットワークに，誤差逆伝播による学習を組みこむには，機構内の変換パラメータ推論ニューラルネットワークの学習に必要な誤差 $\delta_\theta = \dfrac{\partial E}{\partial \theta}$ が必要である（図 12.10)．また，全体のニューラルネットワークの途中で機構をつかう場合には，入力マップの誤差 $\delta_{pqc} = \dfrac{\partial E}{\partial z_{pqc}}$ も必要である（図 12.10)．以下でこれらが計算可能であるための条件を求めよう．まず，出力マップの画素値 z'_{ijc} の計算において

$$w_{pq}(x(\theta), y(\theta)) \equiv k(p, x(i, j; \theta))k(q, y(i, j; \theta))$$

とおくと

$$\begin{aligned} z'_{ijc} = z'_{ijc}(z_{pqc}, \theta) &= \sum_{p=0}^{W-1}\sum_{q=0}^{H-1} z_{pqc} \underbrace{k(p, x(i, j; \theta))k(q, y(i, j; \theta))}_{w_{pq}(x(\theta), y(\theta))} \\ &= \sum_{p=0}^{W-1}\sum_{q=0}^{H-1} z_{pqc} w_{pq}(x(\theta), y(\theta)). \end{aligned}$$

損失関数（誤差関数）を E とすると，入力マップ z_{pqc} の誤差と，変換パラメータ推論ニューラルネットワークの出力ユニットの誤差は，それぞれ

$$\frac{\partial E}{\partial z_{pqc}} = \frac{\partial E}{\partial z'_{ijc}} \frac{\partial z'_{ijc}}{\partial z_{pqc}}, \quad \frac{\partial E}{\partial \theta} = \frac{\partial E}{\partial z'_{ijc}} \frac{\partial z'_{ijc}}{\partial \theta}$$

であり，

$$\frac{\partial z'_{ijc}}{\partial z_{pqc}}, \quad \frac{\partial z'_{ijc}}{\partial \theta}$$

が必要なことがわかる．前者は，

$$\frac{\partial z'_{ijc}}{\partial z_{pqc}} = \sum_{p=0}^{W-1}\sum_{q=0}^{H-1} k(p,\, x(i,\, j; \boldsymbol{\theta}))k(q,\, y(i,\, j; \boldsymbol{\theta})),$$

後者は，

$$\begin{aligned}\frac{\partial z'_{ijc}}{\partial \boldsymbol{\theta}} &= \sum_{p=0}^{W-1}\sum_{q=0}^{H-1} z_{pqc}\frac{\partial w_{pq}(x(\boldsymbol{\theta}),\, y(\boldsymbol{\theta}))}{\partial \boldsymbol{\theta}} \\ &= \sum_{p=0}^{W-1}\sum_{q=0}^{H-1} z_{pqc}\left(\frac{\partial w_{pq}}{\partial x}\frac{\partial x}{\partial \boldsymbol{\theta}} + \frac{\partial w_{pq}}{\partial y}\frac{\partial y}{\partial \boldsymbol{\theta}}\right)\end{aligned}$$

である．たとえば，

$$\begin{pmatrix} x \\ y \end{pmatrix} = \begin{pmatrix} \theta_{11} & \theta_{12} & \theta_{13} \\ \theta_{21} & \theta_{22} & \theta_{23} \end{pmatrix}\begin{pmatrix} i \\ j \\ 1 \end{pmatrix}$$

などであれば，$\dfrac{\partial x}{\partial \boldsymbol{\theta}}$ と $\dfrac{\partial y}{\partial \boldsymbol{\theta}}$ は計算できるので，結局，カーネル $k(u,\, v)$ が，v で（劣）微分可能であればよいことがわかる．

実際の計算において，幾何学的変換機構でもちいられるカーネルの例を2つあげる．まず，最も単純な選択として

$$k(u,\, v) = \max(0,\, 1 - |v - u|)$$

がある．このカーネルは，u を整数としたとき，u に最も近い実数 v について $1 - |v - u|$ が値となる．そのため，

$$z'_{ijc} = \sum_{p=0}^{W-1}\sum_{q=0}^{H-1} z_{pqc}\max(0,\, 1 - |x - p|)\max(0,\, 1 - |y - q|)$$

は，$(x,\, y)$ に近い $(p,\, q)$ の画素値 z_{pqc} に $\max(0,\, 1-|x-p|)\max(0,\, 1-|y-q|)$ をかけたものになる．このカーネル関数に対しては

$$\frac{\partial z'_{ijc}}{\partial z_{pqc}} = \sum_{p=0}^{W-1}\sum_{q=0}^{H-1} \max(0,\, 1-(|x-p|) \max(0,\, 1-|y-q|)$$

であり，また

$$\frac{\partial \max(0,\, 1-|x-p|)}{\partial x} = \begin{cases} \frac{\partial 0}{\partial x}, & |x-p| \geq 1, \\ \frac{\partial(1-x+p)}{\partial x}, & p \geq x,\, |x-p| < 1, \\ \frac{\partial(1+x-p)}{\partial x}, & p < x,\, |x-p| < 1 \end{cases}$$
$$= \begin{cases} 0, & |x-p| \geq 1, \\ 1, & p \geq x,\, |x-p| < 1, \\ -1, & p < x,\, |x-p| < 1 \end{cases}$$

であるから

$$\frac{\partial z'_{ijc}}{\partial x} = \sum_{p=0}^{W-1}\sum_{q=0}^{H-1} z_{pqc} \max(0,\, 1-|y-q|) \times \begin{cases} 0, & |x-p| \geq 1, \\ 1, & p \geq x,\, |x-p| < 1, \\ -1, & p < x,\, |x-p| < 1 \end{cases}$$

で，（劣）微分が存在する．

また，$\delta(u)$ を

$$\delta(u) = \begin{cases} 1, & u = 0, \\ 0, & u \neq 0 \end{cases}$$

としたとき，カーネル $k(u,\, v) = \delta(u - \lfloor v + 0.5 \rfloor)$ をもちいると

$$z'_{ijc} = \sum_{p=0}^{W-1}\sum_{q=0}^{H-1} z_{pqc}\delta(p - \lfloor x + 0.5 \rfloor)\delta(q - \lfloor y + 0.5 \rfloor)$$

は，$(x,\, y)$ に最も近い格子点の画素値を合計したものになる．やはり，先の例と同様に，このカーネルに対しても（劣）微分が存在することを示すことができる．

12.3 付　録

12.3.1 劣微分

凸関数 $f(x)$ の $x = a$ における**劣微分**は，$f(x)$ に対し，$x = a$ において

$$f(x) \geq f(a) + c \cdot (x - a)$$

をみたす c の集合

$$\{c \in \boldsymbol{R} \mid f(x) \geq f(a) + c \cdot (x - a)\}$$

として定義される（図 12.11）．いくつか例をあげよう．関数 $f(x) = |x|$ の $x = 0$ における劣微分は区間 $[-1, 1]$ である（図 12.12）．また，$f(x) = \max(0, x)$ の $x = 0$ における劣微分は区間 $[0, 1]$ である（図 12.13）．

最適化において，目的関数の劣微分が 0 をふくむ区間となるような点は極値をとる候補となる．これは，劣微分の定義より，あるいは上記の例をみれば

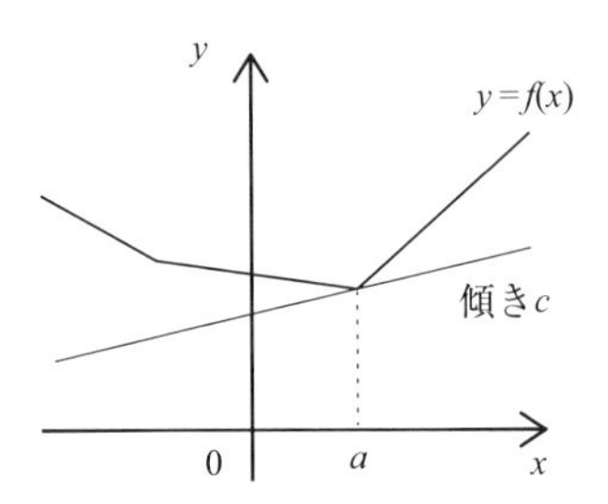

図 12.11　劣微分．一般に，劣微分は区間で表現され，図中の傾き c の直線の c は劣微分の要素である．

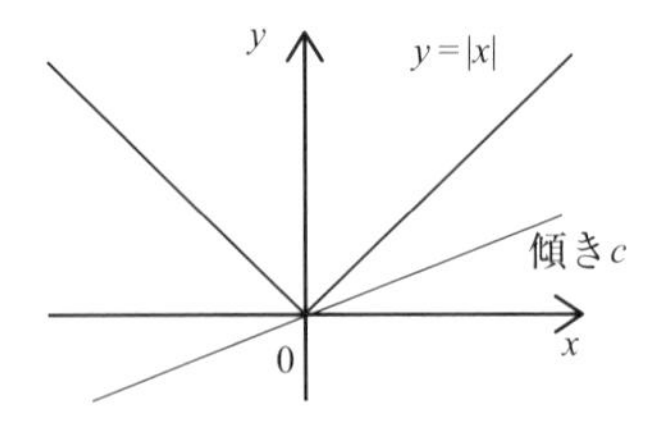

図 12.12　関数 $f(x) = |x|$ の $x = 0$ における劣微分．劣微分は区間 $[-1, 1]$ で，図中の傾き c の直線の c は劣微分の要素である．

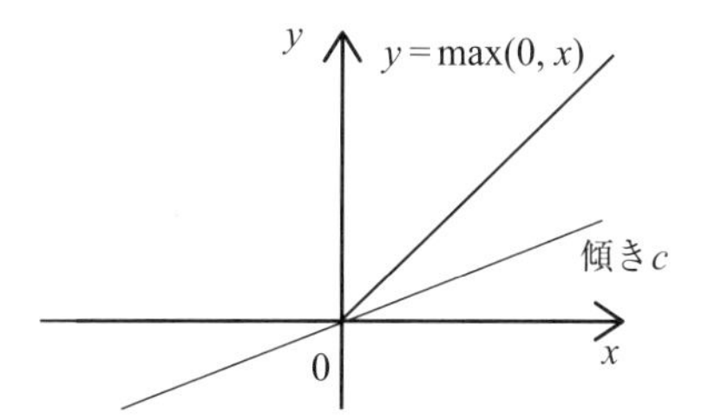

図 **12.13** $f(x) = \max(0, x)$ の $x = 0$ における劣微分．劣微分は区間 $[0, 1]$ で，図中の傾き c の直線の c は劣微分の要素である．

明らかであろう．

12.3.2 アフィン変換

V, V' を有限次元ベクトル空間とする．写像 $\mathbf{f} : V \to V'$ が

$$\mathbf{y} = \mathbf{f}(\mathbf{x}) = \mathbf{A}\mathbf{x} + \mathbf{b}$$

のとき，$\mathbf{f}$ はアフィン変換とよばれる．ここで，$\mathbf{A}$ は定行列，$\mathbf{b}$ は定ベクトルである．要するに，アフィン変換とは，回転や拡大縮小といった線形変換と，平行移動を組みあわせた写像である（線形変換 $h(\mathbf{x}) = \mathbf{A}\mathbf{x}$ は平行移動を表現できないことに注意）．

実際の計算には，斉次座標表現を利用する．すなわち，拡大係数行列

$$\begin{pmatrix} \mathbf{y} \\ 1 \end{pmatrix} = \begin{pmatrix} & \mathbf{A} & & b \\ 0 & \cdots & 0 & 1 \end{pmatrix}$$

を導入し

$$\begin{pmatrix} \mathbf{y} \\ 1 \end{pmatrix} = \begin{pmatrix} & \mathbf{A} & & b \\ 0 & \cdots & 0 & 1 \end{pmatrix} \begin{pmatrix} \mathbf{x} \\ 1 \end{pmatrix}$$

としてアフィン変換を表現する．斉次座標表現により，アフィン変換をふくむさまざまな変換の合成を行列の積で表現できる．

索　引

■ さ

■ た

■ な

■ は

■ ま

■ や

■ ら

■ わ

〈著者紹介〉

岡留　剛（おかどめ たけし）

1988 年　東京大学大学院理学系研究科情報科学専攻博士後期課程修了
同　年　日本電信電話株式会社入社 NTT 基礎研究所
2001 年　国際電気通信基礎技術研究所経営企画部
2003 年　日本電信電話株式会社 NTT コミュニケーション科学基礎研究所
2009 年　関西学院大学理工学部人間システム工学科 教授
現　在　関西学院大学工学部 教授（人工知能研究センター長）
博士（理学）
専　門　情報科学
主　著　『機械学習（1〜3）』（2022，共立出版）
『デジタル信号処理の基礎』（2018，共立出版）
『例解図説 オートマトンと形式言語入門』（2015，森北出版）

深層学習　生成 AI の基礎

Deep Learning:
Foundation of Generative AI

2024 年 3 月 30 日　初版 1 刷発行
2024 年 9 月 10 日　初版 2 刷発行

検印廃止
NDC 007.13

ISBN 978-4-320-12575-9

著　者　岡留　剛　© 2024
発行者　南條光章
発行所　**共立出版株式会社**
〒112-0006
東京都文京区小日向 4-6-19
電話番号　03-3947-2511（代表）
振替口座　00110-2-57035
www.kyoritsu-pub.co.jp

印　刷　大日本法令印刷
製　本　協栄製本

一般社団法人
自然科学書協会
会員

Printed in Japan